21世纪高等院校教材

数学基础教程系列

# 解析几何

吕　杰　陈奇斌　李健全　俞海波　编

科学出版社

北京

## 内 容 简 介

本书分 4 章介绍空间解析几何的基础知识：第 1 章为向量代数以及行列式与线性方程组的相关知识, 为先于高等代数学习解析几何提供了必要的代数准备; 第 2 章为平面与直线; 第 3 章为常见曲面以及空间区域作图举例; 第 4 章为二次曲线的分类以及二次曲线方程的化简.

本书可作为高等师范院校解析几何课程的教材, 也可作为广大读者学习解析几何的参考书.

**图书在版编目(CIP)数据**

解析几何/吕杰等编. —北京: 科学出版社, 2009

(21 世纪高等院校教材・数学基础教程系列)

ISBN 978-7-03-025086-5

I. 解… II. 吕… III. 解析几何-高等学校-教材 IV. O182

中国版本图书馆 CIP 数据核字(2009) 第 127814 号

责任编辑: 姚莉丽　唐保军 / 责任校对: 陈玉凤

责任印制: 赵　博 / 封面设计: 陈　敬

科学出版社 出版

北京东黄城根北街 16 号

邮政编码: 100717

http://www.sciencep.com

北京中石油彩色印刷有限责任公司印刷

科学出版社发行　各地新华书店经销

*

2009 年 7 月第　一　版　开本: 720 × 1000　1/16

2025 年 7 月第十六次印刷　印张: 10

字数: 188 000

**定价: 32.00 元**

(如有印装质量问题, 我社负责调换)

# 前　言

本书是以 1992 年华南师范大学数学系几何教研室集体编写的解析几何教材为蓝本, 参考了大量相关著作, 并结合本校的教学实际编写而成.

随着高等教育的普及, 其相应的教学计划和培养目标需要根据大众化教育的要求和特点进行适当调整; 由于高中新课程标准的实施, 平面向量的部分内容已纳入高中教材, 因此向量代数部分的教学内容需要进行适当调整; 根据当前的教学计划, 解析几何与高等代数这两门课程已由原来的同时讲授改为先后讲授, 因此学习解析几何课程时, 学生在代数知识准备方面已经有所不同. 基于上述原因, 本书在编写时兼顾了以下几个方面的问题:

第一, 解析几何学中的向量代数部分涉及了行列式与线性方程组等代数工具, 而在现有的许多解析几何教材中将此项内容作为附录或者作为已知结论. 然而, 目前多数院校已经采取了先于高等代数开设解析几何的教学安排, 所以有必要对本课程的教学内容进行相应调整. 本书专辟一节介绍行列式与线性方程组的基础知识, 借此兼顾知识体系的完备性和教学内容的完整性, 以期为教师的教学和学生的学习提供便利.

第二, 向量是解析几何中的核心概念之一, 目前多采用描述的方式定义向量, 而此种定义方式经常给初学者造成某些误解, 导致学生的概念错误时有发生. 本书采用了数学定义的方式定义向量, 力求澄清向量及其运算的相关误解, 以期培养学生思维的严谨性和数学表达的准确性.

第三, 空间中点、线、面的位置关系有度量关系和仿射关系之分, 即它们有刚体运动及镜面反射的不变量和仿射变换的不变量之分. 本书为突出度量关系与仿射关系的几何本质, 在讨论仿射关系时只使用一般仿射坐标系, 仅在需要讨论度量关系时才使用直角坐标系.

本书第 1~4 章分别由陈奇斌、俞海波、吕杰、李健全执笔, 最后集体讨论定稿. 在编写过程中, 编者参考和借鉴了诸多相关书籍, 在此谨向原作者表示衷心的谢意, 恕不一一列举. 同时, 向对本书的编写和出版给予大力支持的华南师范大学数学科学学院、科学出版社及对本书给予关注与指导的各位专家、老师和学生表示由衷的感谢.

由于编者水平所限, 书中难免有疏漏之处, 敬请各位老师和学生批评指正.

编　者<br>2008 年 8 月于华南师范大学

# 目　　录

# 第1章 向量代数

在物理学、生物学和工程技术等学科中, 人们除了要使用只有大小属性的量之外, 还经常需要使用这样一些量, 它们既有大小的属性, 又有方向的属性. 一般称这样的量为向量或矢量, 而只有大小属性的量一般称为数量或标量. 在使用各种向量的过程中, 还经常需要对向量进行各种运算. 不同的学科使用的向量对象各不相同, 仅物理学中常见的就有位移、速度、加速度、力、力矩、动量和冲量等向量概念. 更多的物理量大多都通过上述各种向量的运算来产生. 为了使向量及其相关运算表现得更加形象和直观, 人们经常用几何的方式表示它们, 这就是本章几何向量及其运算产生的背景.

本章中的几何向量及其运算可以看成是为各种不同学科背景的向量及其相关运算所建立的一种数学模型, 同时它们又是表示和解决几何问题的一种重要工具.

## 1.1 向量的概念

### 1.1.1 从有向线段到向量

设 $P$ 和 $Q$ 是空间中两点 (图 1.1), 从 $P$ 到 $Q$ 的**有向线段**就是从 $P$ 延伸到 $Q$ 的直线段, 用 $\overline{PQ}$ 表示, 注意有向线段 $\overline{PQ}$ 和 $\overline{QP}$ 是不同的, 因为它们有不同的方向. 在有向线段 $\overline{PQ}$ 中, 称点 $P$ 为这个有向线段的起点, 称 $Q$ 为终点. 一个有向线段除了其空间位置外, 还有两个重要的特征, 那就是它的大小 (长度) 和方向. 如果两个有向线段 $\overline{PQ}$ 和 $\overline{RS}$ 有相同的大小和方向, 不管它们是否具有相同的位置, 都称它们是**等价**的, 如图 1.1 所示. 两个有向线段等价, 也可以理解为它们可以通过空间中的平行移动完全重合. 从有向线段等价的概念我们可以抽象出向量的概念.

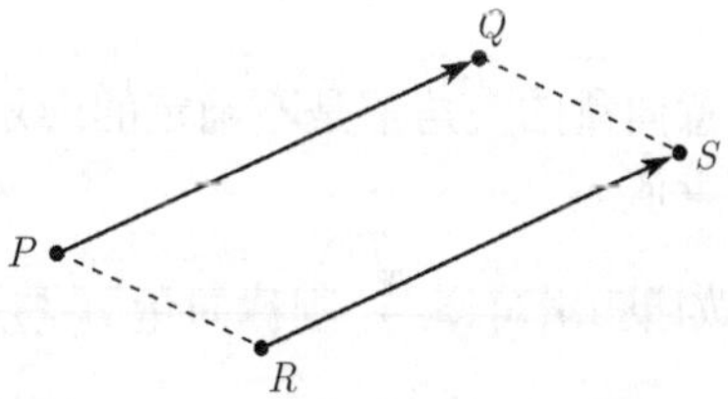

图 1.1

**定义 1.1** 与一个给定的有向线段等价的所有有向线段所组成的集合称为一个**向量**, 该集合中任意一个有向线段称为这个向量的一个**表示**.

可以看到, 向量的概念来自有向线段. 略去有向线段的空间位置, 提炼出其大小与方向, 便产生了向量的概念. 另外, 向量又可以用有向线段来表示, 只要一个有向线段的大小和方向与指定向量的大小和方向相同, 此有向线段就成为该向量的一个表示, 因此同一个向量就有了无穷多种表示, 两个有向线段可以表示同一个向量的充分必要条件是它们等价. 由于用有向线段表示向量时的自由性, 向量经常被称为**自由向量**.

向量的记号一般用小写黑体英文字母或黑体希腊字母表示, 如 $\boldsymbol{a}$, $\boldsymbol{b}$, $\boldsymbol{\alpha}$, $\boldsymbol{\beta}$ 等. 有向线段 $\overline{PQ}$ 所表示的向量记为 $\overrightarrow{PQ}$.

任意取定空间一点 $O$, 由空间任一点 $M$ 可以唯一确定一个向量 $\overrightarrow{OM}$; 由任一向量 $\boldsymbol{a}$ 可以唯一确定空间中一点 $M$, 使 $\overrightarrow{OM}=\boldsymbol{a}$.

### 1.1.2 向量的模、特殊向量、向量间的夹角

**向量的模**是指表示该向量的有向线段的长度. 当然, 此定义与表示该向量的有向线段的选择无关, 因此定义是有效的. 向量 $\boldsymbol{a}$ 的模记为 $|\boldsymbol{a}|$, $\overrightarrow{PQ}$ 的模记为 $|\overrightarrow{PQ}|$.

模为零的向量称为**零向量**, 记为 $\mathbf{0}$. 用有向线段表示零向量时, 有向线段的起点和终点必然是重合的, 因此零向量没有确定方向, 或者说零向量具有任意方向.

模为 1 的向量称为**单位向量**. 与非零向量 $\boldsymbol{a}$ 同方向的单位向量记为 $\boldsymbol{a}^{\circ}$, 称为向量 $\boldsymbol{a}$ 方向上的单位向量.

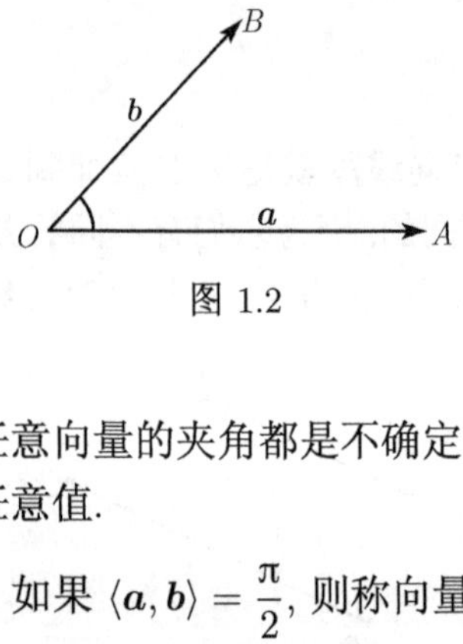

图 1.2

对于任意两个非零向量 $\boldsymbol{a}$, $\boldsymbol{b}$, 在空间中任取一点 $O$, 作有向线段 $\overline{OA}$, $\overline{OB}$, 使 $\overrightarrow{OA}=\boldsymbol{a}$, $\overrightarrow{OB}=\boldsymbol{b}$, 尽管点 $O$ 的选取不同会使 $\angle AOB$ 的位置不同, 但根据平面几何的知识, $\angle AOB$ 的角度与 $O$ 点的选取无关, 我们称此角度为向量 $\boldsymbol{a}$ 与 $\boldsymbol{b}$ 的**夹角**, 记为 $\langle\boldsymbol{a},\boldsymbol{b}\rangle$, 如图 1.2 所示. 我们规定, 零向量与任意向量的夹角都是不确定的, 或者说零向量与任意向量的夹角可以取 $[0,\pi]$ 中的任意值.

如果 $\langle\boldsymbol{a},\boldsymbol{b}\rangle=\dfrac{\pi}{2}$, 则称向量 $\boldsymbol{a}$ 与 $\boldsymbol{b}$ 垂直, 记为 $\boldsymbol{a}\perp\boldsymbol{b}$, 零向量与任意向量都垂直.

同方向的两向量夹角为 0, 反方向的两向量夹角为 $\pi$. 特别地, 称模相等而方向相反的两个向量互为**负向量**, $\boldsymbol{a}$ 的负向量记为 $-\boldsymbol{a}$.

### 1.1.3 向量与直线的关系

**定义 1.2** *设 $\boldsymbol{a}$ 为一个向量, $l$ 为一条直线. 如果存在直线 $l$ 上的两点 $P$ 和 $Q$, 使得 $\overrightarrow{PQ}=\boldsymbol{a}$, 则称向量 $\boldsymbol{a}$ 在直线 $l$ 上, 记为 $\boldsymbol{a}/\!/l$.*

明显地, 零向量在任意直线上. 直线上的每个非零向量都称为直线的**方向向量**.

**定义 1.3** 设 $\boldsymbol{a}$, $\boldsymbol{b}$ 为两个向量. 如果存在直线 $l$, 使得 $\boldsymbol{a}//l$, $\boldsymbol{b}//l$, 则称向量 $\boldsymbol{a}$ 与 $\boldsymbol{b}$ 共线, 记为 $\boldsymbol{a}//\boldsymbol{b}$.

由于零向量在任意直线上, 因此零向量与任意向量共线. 除零向量外, 两个共线的向量的方向或者相同, 或者相反. 由向量共线的概念可以得到下述命题.

**命题 1.1** 空间中三点 $A, B, C$ 共线的充分必要条件是 $\overrightarrow{AB}//\overrightarrow{AC}$.

### 1.1.4 向量与平面的关系

**定义 1.4** 设 $\boldsymbol{a}$ 是一个向量, $\pi$ 是一个平面. 如果存在平面 $\pi$ 上的两点 $P$ 和 $Q$, 使得 $\overrightarrow{PQ}=\boldsymbol{a}$, 则称向量 $\boldsymbol{a}$ 在平面 $\pi$ 上, 记为 $\boldsymbol{a}//\pi$.

已知平面上两个不共线的向量, 虽然不能完全确定平面在空间中的位置, 但是该平面被确定到不能进行任何翻转的程度, 称平面上两个不共线的向量为该平面的**方位向量组**.

**定义 1.5** 设 $\boldsymbol{a}, \boldsymbol{b}, \boldsymbol{c}$ 是三个向量. 如果存在平面 $\pi$, 使得 $\boldsymbol{a}//\pi, \boldsymbol{b}//\pi, \boldsymbol{c}//\pi$, 则称向量 $\boldsymbol{a}, \boldsymbol{b}, \boldsymbol{c}$ 共面.

向量组共面的概念可以推广到由更多向量构成的向量组的情形.

任意两个向量自然是共面的, 因此, 只有三个以上的向量才存在是否共面的问题. 三个向量中如果有两个向量共线, 则这三个向量一定共面.

**命题 1.2** 空间中四点 $A, B, C, D$ 共面的充分必要条件是向量 $\overrightarrow{AB}, \overrightarrow{AC}, \overrightarrow{AD}$ 共面.

**定义 1.6** 设 $\boldsymbol{n}$ 是一个向量, $\pi$ 是一个平面. 如果存在直线 $l$, 使得 $\boldsymbol{n}//l$, $l\perp\pi$, 则称向量 $\boldsymbol{n}$ 与平面 $\pi$ 垂直, 记为 $\boldsymbol{n}\perp\pi$.

零向量与任意平面垂直.

**命题 1.3** 非零向量 $\boldsymbol{n}$ 垂直于平面 $\pi$ 的充分必要条件是 $\boldsymbol{n}$ 垂直于平面 $\pi$ 上的两个不共线的向量.

## 习 题 1.1

1. 设点 $O$ 是正六边形 $ABCDEF$ 的中心, 在向量 $\overrightarrow{OA}$, $\overrightarrow{OB}$, $\overrightarrow{OC}$, $\overrightarrow{OD}$, $\overrightarrow{OE}$, $\overrightarrow{OF}$, $\overrightarrow{AB}$, $\overrightarrow{BC}$, $\overrightarrow{CD}$, $\overrightarrow{DE}$, $\overrightarrow{EF}$, $\overrightarrow{FA}$ 中, 哪些向量是相同的? 哪些向量互为负向量?

2. 取定空间中一点 $O$, 分别满足下列条件的点 $P$ 构成什么图形?

(1) $|\overrightarrow{OP}|=2$;

(2) $\overrightarrow{OP}//\pi$, 其中 $\pi$ 为给定平面;

(3) $\overrightarrow{OP}//l$, 其中 $l$ 为给定直线;

(4) $\overrightarrow{OP}\perp\pi$, 其中 $\pi$ 为给定平面.

3. 设有四边形 $ABCD$, 点 $K, L, M, N$ 分别是边 $AB, BC, CD, DA$ 的中点, 求证: $\overrightarrow{KL}=\overrightarrow{NM}$.

## 1.2　向量的线性运算

本节将定义向量间的加法和减法运算、实数与向量的乘法运算, 这些运算统称为向量的线性运算.

### 1.2.1　向量加法

**定义 1.7**　设 $\boldsymbol{a}, \boldsymbol{b}$ 为两个向量. 任取空间一点 $O$, 以 $O$ 为起点作有向线段 $\overline{OA}$, 使得 $\overrightarrow{OA} = \boldsymbol{a}$, 再以 $A$ 点为起点作有向线段 $\overline{AB}$, 使得 $\overrightarrow{AB} = \boldsymbol{b}$, 称向量 $\overrightarrow{OB}$ 为向量 $\boldsymbol{a}$ 与 $\boldsymbol{b}$ 的和, 记为 $\boldsymbol{a}+\boldsymbol{b}$. 求两个向量之和的运算称为**向量加法**.

上述定义向量加法的方式常称为**三角形法则**, 如图 1.3(a) 所示. 尽管 $OAB$ 不一定是真正意义上的三角形. 容易验证, 定义 1.7 中向量 $\overrightarrow{OB}$ 与点 $O$ 的选取无关.

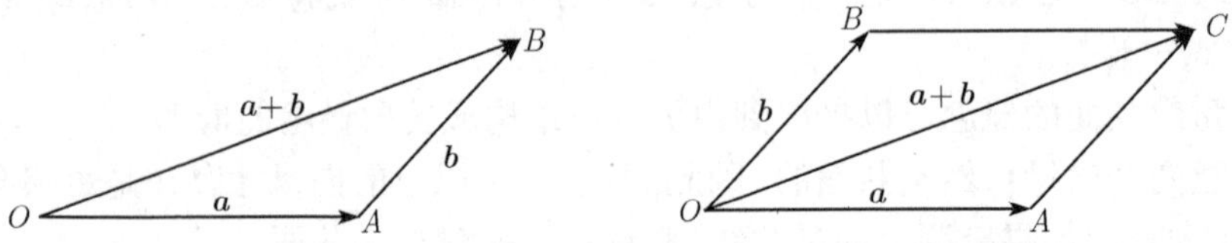


(a) 三角形法则　　(b) 平行四边形法则

图 1.3

当 $\boldsymbol{a} \not\parallel \boldsymbol{b}$ 时, 还可以用以下**平行四边形法则** 定义向量加法: 给定两向量 $\boldsymbol{a}$, $\boldsymbol{b}$, 任取空间一点 $O$, 以 $O$ 为起点作有向线段 $\overline{OA}$ 和 $\overline{OB}$, 使 $\overrightarrow{OA} = \boldsymbol{a}$, $\overrightarrow{OB} = \boldsymbol{b}$, 以线段 $OA$ 和 $OB$ 为邻边作平行四边形 $OACB$, 则称向量 $\overrightarrow{OC}$ 为向量 $\boldsymbol{a}$ 与 $\boldsymbol{b}$ 的和, 如图 1.3(b) 所示. 容易验证三角形法则和平行四边形法则的等价性.

由向量加法的定义, 容易证明向量加法的性质.

**定理 1.1**　向量的加法满足以下运算规律: 对任意向量 $\boldsymbol{a}, \boldsymbol{b}, \boldsymbol{c}$, 有

(1) 交换律: $\boldsymbol{a}+\boldsymbol{b} = \boldsymbol{b}+\boldsymbol{a}$;

(2) 结合律: $(\boldsymbol{a}+\boldsymbol{b})+\boldsymbol{c} = \boldsymbol{a}+(\boldsymbol{b}+\boldsymbol{c})$;

(3) $\boldsymbol{a}+\boldsymbol{0} = \boldsymbol{a}$;

(4) $\boldsymbol{a}+(-\boldsymbol{a}) = \boldsymbol{0}$.

**证**　(1) 对于向量 $\boldsymbol{a}, \boldsymbol{b}$ 不共线的情形, 加法定义的平行四边形法则本身意味着交换律成立. 对于向量 $\boldsymbol{a}, \boldsymbol{b}$ 共线的情形, 请读者自行证明.

(2) 如图 1.4 所示, 作 $\overrightarrow{OA} = \boldsymbol{a}$, $\overrightarrow{AB} = \boldsymbol{b}$, $\overrightarrow{BC} = \boldsymbol{c}$, 根据向量加法的三角形法则, 有 $\overrightarrow{OB} = \overrightarrow{OA} + \overrightarrow{AB} = \boldsymbol{a}+\boldsymbol{b}$, $\overrightarrow{AC} = \overrightarrow{AB} + \overrightarrow{BC} = \boldsymbol{b}+\boldsymbol{c}$, 因此

$$(\boldsymbol{a}+\boldsymbol{b})+\boldsymbol{c} = \overrightarrow{OB} + \overrightarrow{BC} = \overrightarrow{OC} = \overrightarrow{OA} + \overrightarrow{AC} = \boldsymbol{a}+(\boldsymbol{b}+\boldsymbol{c}).$$

(3) 作 $\overrightarrow{OA}=\boldsymbol{a}$, 则 $\boldsymbol{a}+\boldsymbol{0}=\overrightarrow{OA}+\overrightarrow{AA}=\overrightarrow{OA}=\boldsymbol{a}$.

(4) 作 $\overrightarrow{AB}=\boldsymbol{a}$, 则 $\overrightarrow{BA}=-\boldsymbol{a}$, 所以 $\boldsymbol{a}+(-\boldsymbol{a})=\overrightarrow{AB}+\overrightarrow{BA}=\overrightarrow{AA}=\boldsymbol{0}$. □

由于向量加法满足结合律与交换律, 所以三个向量相加, 不论它们的结合顺序或先后顺序如何变化, 它们的和总是相同的, 因此可以不加括号, 简单写成 $\boldsymbol{a}+\boldsymbol{b}+\boldsymbol{c}$, 这一原则还可以推广到有限多个向量相加的情形. 向量 $\boldsymbol{a}_1,\boldsymbol{a}_2,\cdots,\boldsymbol{a}_k$ 的和可记为 $\boldsymbol{a}_1+\boldsymbol{a}_2+\cdots+\boldsymbol{a}_k$.

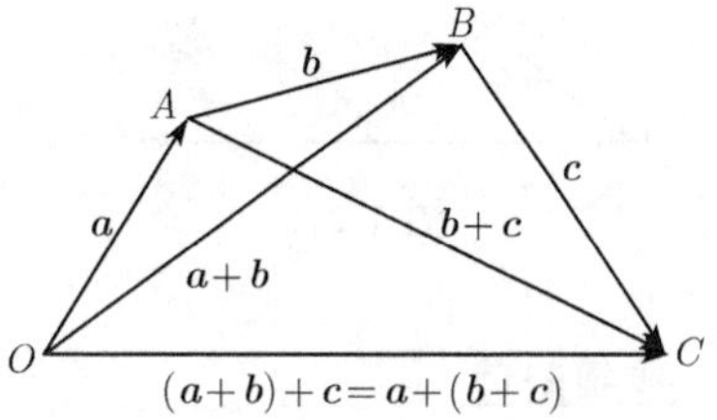


图 1.4

两个向量相加的三角形法则可以推广到 $n$ 个向量相加的多边形法则: 只要把代表这 $n$ 个向量的有向线段首尾相接, 以表示第一个向量的有向线段的起点为起点, 表示最后一个向量的有向线段的终点为终点, 这样得到的有向线段所表示的向量便是这 $n$ 个向量之和, 如图 1.5 所示.

利用向量的负向量的概念, 可以定义**向量减法**: $\boldsymbol{a}-\boldsymbol{b}=\boldsymbol{a}+(-\boldsymbol{b})$, 如图 1.6 所示.

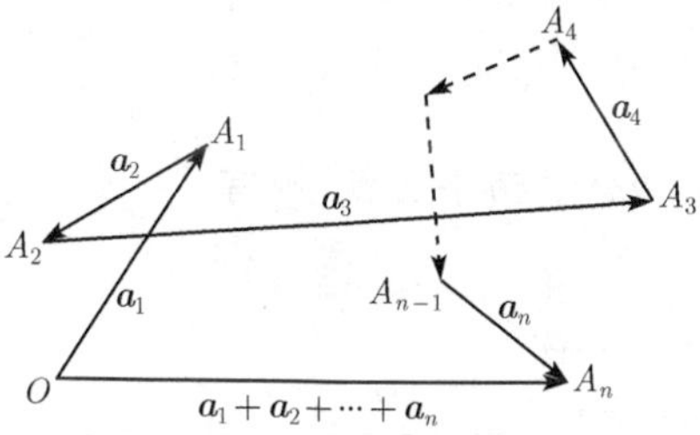


图 1.5

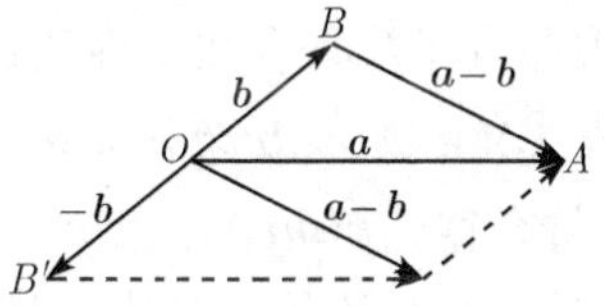


图 1.6

**命题 1.4** 设 $\boldsymbol{a},\boldsymbol{b},\boldsymbol{c}$ 是互不共线的三个向量. 可以选择分别表示这三个向量的有向线段使之顺次首尾相连形成一个三角形的充分必要条件是 $\boldsymbol{a}+\boldsymbol{b}+\boldsymbol{c}=\boldsymbol{0}$.

**证** 必要性. 设该三角形为 $ABC$ (图 1.7), $\boldsymbol{a}=\overrightarrow{AB}$, $\boldsymbol{b}=\overrightarrow{BC}$, $\boldsymbol{c}=\overrightarrow{CA}$, 根据向量相加的多边形法则, 有 $\boldsymbol{a}+\boldsymbol{b}+\boldsymbol{c}=\overrightarrow{AB}+\overrightarrow{BC}+\overrightarrow{CA}=\overrightarrow{AA}=\boldsymbol{0}$.

充分性. 作 $\overrightarrow{AB}=\boldsymbol{a}$, $\overrightarrow{BC}=\boldsymbol{b}$, 则 $\overrightarrow{AC}=\boldsymbol{a}+\boldsymbol{b}$. 由 $\boldsymbol{a}+\boldsymbol{b}+\boldsymbol{c}=\boldsymbol{0}$ 可得 $\overrightarrow{AC}+\boldsymbol{c}=\boldsymbol{0}$, 因此 $\boldsymbol{c}=-\overrightarrow{AC}=\overrightarrow{CA}$, 这表明分别表示向量 $\boldsymbol{a},\boldsymbol{b},\boldsymbol{c}$ 的有向线段 $\overline{AB},\overline{BC},\overline{CA}$ 首尾相连成三角形. □

**例 1.1** 用向量方法证明: 对角线互相平分的四边形是平行四边形.

**证** 设四边形 $ABCD$ 的对角线 $AC$、$BD$ 交于点 $O$ 且互相平分 (图 1.8), 则 $\overrightarrow{AB}=\overrightarrow{AO}+\overrightarrow{OB}=\overrightarrow{DO}+\overrightarrow{OC}=\overrightarrow{DC}$, 因此有向线段 $\overline{AB}$ 与 $\overline{DC}$ 平行且长度相等, 从而四边形 $ABCD$ 为平行四边形. □

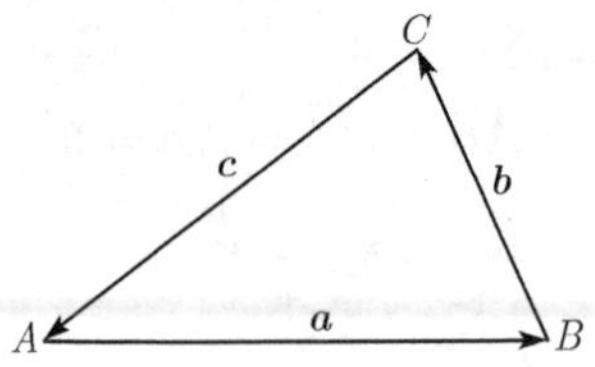


图 1.7

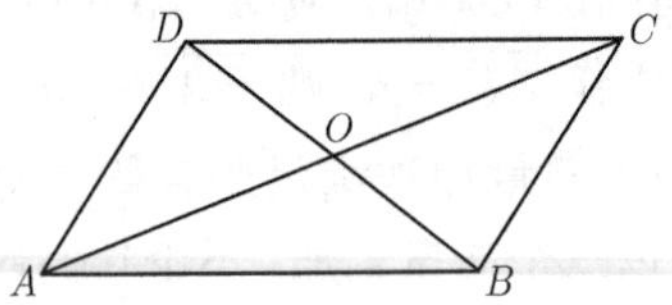


图 1.8

### 1.2.2　数乘向量

本小节将定义实数与向量的乘法并讨论其运算规律.

**定义 1.8**　设 $k$ 为一个实数, $\boldsymbol{a}$ 为一个向量. $k$ 与 $\boldsymbol{a}$ 的乘积是一个向量, 记为 $k\boldsymbol{a}$. $k\boldsymbol{a}$ 的模定义为 $k$ 的绝对值与 $\boldsymbol{a}$ 的模的乘积: $|k\boldsymbol{a}| = |k||\boldsymbol{a}|$. $k\boldsymbol{a}$ 的方向定义为: 当 $k > 0$ 时, $k\boldsymbol{a}$ 与 $\boldsymbol{a}$ 同方向; 当 $k < 0$ 时, $k\boldsymbol{a}$ 与 $\boldsymbol{a}$ 反方向. 实数与向量的乘法运算称为**数乘向量**.

根据定义 1.8, $0\boldsymbol{a} = k\boldsymbol{0} = \boldsymbol{0}$; 反之, 若 $k\boldsymbol{a} = \boldsymbol{0}$, 则有 $0 = |k\boldsymbol{a}| = |k| \cdot |\boldsymbol{a}|$, 因此 $k = 0$ 和 $\boldsymbol{a} = \boldsymbol{0}$ 至少有一个成立.

另外, 由定义 1.8 还可知, 对任意实数 $k$ 和任意向量 $\boldsymbol{a}$ 都有 $k\boldsymbol{a}//\boldsymbol{a}$. 特别地, $1\boldsymbol{a} = \boldsymbol{a}$, $(-1)\boldsymbol{a} = -\boldsymbol{a}$.

数乘向量运算具有如下性质:

**定理 1.2**　设 $\boldsymbol{a}, \boldsymbol{b}$ 为任意两个向量, $k, m$ 为任意两个实数, 则有

(1) 结合律: $k(m\boldsymbol{a}) = (km)\boldsymbol{a}$;

(2) 对实数加法的分配律: $(k+m)\boldsymbol{a} = k\boldsymbol{a} + m\boldsymbol{a}$;

(3) 对向量加法的分配律: $k(\boldsymbol{a}+\boldsymbol{b}) = k\boldsymbol{a} + k\boldsymbol{b}$.

**证**　如果 $k = 0$ 或 $\boldsymbol{a} = \boldsymbol{0}$, 通过定义直接计算可证明 (1), (2), (3) 成立. 以下设 $k \neq 0$, $\boldsymbol{a} \neq \boldsymbol{0}$.

(1) 如果 $m = 0$, 则 (1) 自然成立. 以下设 $m \neq 0$. 因为 $|k(m\boldsymbol{a})| = |k||m\boldsymbol{a}| = |k|(|m||\boldsymbol{a}|)$, $|(km)\boldsymbol{a}| = |km||\boldsymbol{a}| = (|k||m|)|\boldsymbol{a}|$, 所以 $|k(m\boldsymbol{a})| = |(km)\boldsymbol{a}|$. 再讨论两边向量的方向. 如果 $k, m$ 同号, 则等式两边的向量都与 $\boldsymbol{a}$ 同向; 如果 $k, m$ 异号, 则等式两边的向量都与 $\boldsymbol{a}$ 反向. 因此, 等式两边向量有相同的模和方向, 所以等式成立.

(2) 如果 $m = 0$ 或 $k + m = 0$, 容易验证等式成立. 以下设 $m \neq 0$, $k + m \neq 0$.

① 如果 $k, m$ 同号, 则 $(k+m)\boldsymbol{a}$, $k\boldsymbol{a}$, $m\boldsymbol{a}$, $k\boldsymbol{a} + m\boldsymbol{a}$ 彼此同向, 进一步还可得到

$$\begin{aligned}|(k+m)\boldsymbol{a}| &= |k+m||\boldsymbol{a}| = (|k|+|m|)|\boldsymbol{a}| = |k||\boldsymbol{a}| + |m||\boldsymbol{a}| \\ &= |k\boldsymbol{a}| + |m\boldsymbol{a}| = |k\boldsymbol{a} + m\boldsymbol{a}|.\end{aligned}$$

所以等式成立.

② 如果 $k, m$ 异号, 则 $k+m$ 与 $k, m$ 中的一个同号. 不妨设 $k+m$ 与 $k$ 同号, 则它们都与 $m$ 异号. 根据上面①的证明, 有

$$k\boldsymbol{a} = [(k+m)+(-m)]\boldsymbol{a} = (k+m)\boldsymbol{a} + (-m)\boldsymbol{a},$$

由于 $(-m)\boldsymbol{a} = [(-1)m]\boldsymbol{a} = (-1)(m\boldsymbol{a}) = -m\boldsymbol{a}$, 所以

$$(k+m)\boldsymbol{a} = k\boldsymbol{a} - (-m)\boldsymbol{a} = k\boldsymbol{a} - (-m\boldsymbol{a}) = k\boldsymbol{a} + m\boldsymbol{a}.$$

(3) 如果 $\boldsymbol{b} = \boldsymbol{0}$, 等式成立. 以下设 $\boldsymbol{b} \neq \boldsymbol{0}$.

① 如果 $\boldsymbol{a}//\boldsymbol{b}$, 则当 $\boldsymbol{a}, \boldsymbol{b}$ 同向时取 $m = |\boldsymbol{a}|/|\boldsymbol{b}|$, $\boldsymbol{a}, \boldsymbol{b}$ 反向时取 $m = -|\boldsymbol{a}|/|\boldsymbol{b}|$, 于是有 $\boldsymbol{a} = m\boldsymbol{b}$. 根据 (1), (2) 可得

$$\begin{aligned} k(\boldsymbol{a}+\boldsymbol{b}) &= k(m\boldsymbol{b}+\boldsymbol{b}) = k[(m+1)\boldsymbol{b}] = [k(m+1)]\boldsymbol{b} = (km+k)\boldsymbol{b} \\ &= (km)\boldsymbol{b} + k\boldsymbol{b} = k(m\boldsymbol{b}) + k\boldsymbol{b} = k\boldsymbol{a} + k\boldsymbol{b}. \end{aligned}$$

② 如果 $\boldsymbol{a} \not\parallel \boldsymbol{b}$, 则在空间取一点 $O$, 作 $\overrightarrow{OA} = \boldsymbol{a}$, $\overrightarrow{AB} = \boldsymbol{b}$, 于是 $\overrightarrow{OB} = \boldsymbol{a}+\boldsymbol{b}$, 如图 1.9 所示, 再作 $\overrightarrow{OA_1} = k\boldsymbol{a}$, $\overrightarrow{A_1B_1} = k\boldsymbol{b}$, 则 $\overrightarrow{OB_1} = k\boldsymbol{a}+k\boldsymbol{b}$. 由于 $\triangle OAB$ 相似于 $\triangle OA_1B_1$, 因此 $\overrightarrow{OB_1} = k\overrightarrow{OB}$, 即有 $k\boldsymbol{a}+k\boldsymbol{b} = k(\boldsymbol{a}+\boldsymbol{b})$. □

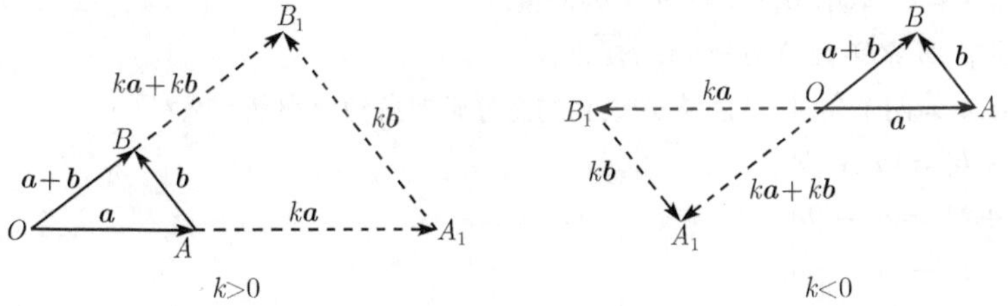


图 1.9

向量加法和数乘向量统称为向量的线性运算, 利用向量加法和数乘向量的性质, 可以对较复杂的线性运算进行化简和变形.

**例 1.2** 设 $\boldsymbol{a}, \boldsymbol{b}$ 是任意两个向量, $O, A, B, C$ 为空间四点, $\overrightarrow{OA} = 2\boldsymbol{a}-\boldsymbol{b}$, $\overrightarrow{OB} = 3\boldsymbol{a}+\boldsymbol{b}$, $\overrightarrow{OC} = 4\boldsymbol{a}+3\boldsymbol{b}$, 证明 $A, B, C$ 三点共线.

**证** 由于

$$\begin{aligned} \overrightarrow{AB} &= \overrightarrow{OB} - \overrightarrow{OA} = (3\boldsymbol{a}+\boldsymbol{b}) - (2\boldsymbol{a}-\boldsymbol{b}) = \boldsymbol{a}+2\boldsymbol{b}, \\ \overrightarrow{AC} &= \overrightarrow{OC} - \overrightarrow{OA} = (4\boldsymbol{a}+3\boldsymbol{b}) - (2\boldsymbol{a}-\boldsymbol{b}) = 2\boldsymbol{a}+4\boldsymbol{b}, \end{aligned}$$

所以 $\overrightarrow{AC} = 2\overrightarrow{AB}$, 从而有 $\overrightarrow{AC}//\overrightarrow{AB}$, 因此 $A, B, C$ 共线. □

**例 1.3** 设 $AM$ 是 $\triangle ABC$ 的中线, 求证: $\overrightarrow{AM} = \dfrac{1}{2}(\overrightarrow{AB}+\overrightarrow{AC})$.

**证**　$\overrightarrow{AM}=\overrightarrow{AB}+\overrightarrow{BM}$, $\overrightarrow{AM}=\overrightarrow{AC}+\overrightarrow{CM}$, 所以 $2\overrightarrow{AM}=(\overrightarrow{AB}+\overrightarrow{AC})+(\overrightarrow{BM}+\overrightarrow{CM})$, 但是$\overrightarrow{BM}+\overrightarrow{CM}=\overrightarrow{BM}+\overrightarrow{MB}=\mathbf{0}$, 所以 $2\overrightarrow{AM}=\overrightarrow{AB}+\overrightarrow{AC}$, 因此得 $\overrightarrow{AM}=\frac{1}{2}(\overrightarrow{AB}+\overrightarrow{AC})$. □

**例 1.4**(定比分点公式)　设 $A,B,P$ 是直线 $l$ 上三点 ($B$ 与 $A,P$ 均不重合), $O$是空间任一点, $\overrightarrow{AP}=\lambda\overrightarrow{PB}$. 求证: $\overrightarrow{OP}=\dfrac{\overrightarrow{OA}+\lambda\overrightarrow{OB}}{1+\lambda}$.

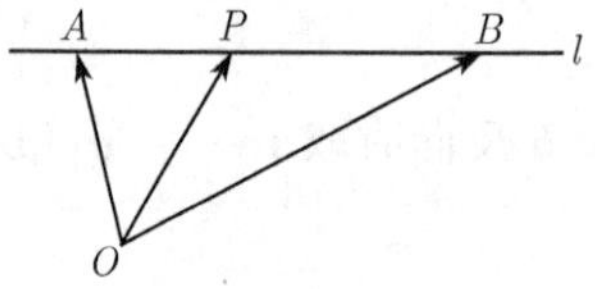

图 1.10

**证**　如图 1.10 所示, 由于 $\overrightarrow{OP}-\overrightarrow{OA}=\lambda(\overrightarrow{OB}-\overrightarrow{OP})$, 从而有 $(1+\lambda)\overrightarrow{OP}=\overrightarrow{OA}+\lambda\overrightarrow{OB}$. 因为 $\lambda\neq-1$, 所以 $\overrightarrow{OP}=\dfrac{\overrightarrow{OA}+\lambda\overrightarrow{OB}}{1+\lambda}$. □

## 习　题　1.2

1. 已知平行六面体 $ABCD-A_1B_1C_1D_1$, $E,F$ 分别是棱 $BC,C_1D_1$ 的中点. 设 $\overrightarrow{AB}=\boldsymbol{a}$, $\overrightarrow{AD}=\boldsymbol{b}$, $\overrightarrow{AA_1}=\boldsymbol{c}$. 试用 $\boldsymbol{a},\boldsymbol{b},\boldsymbol{c}$ 表示下列向量:

(1) $\overrightarrow{AC_1}$; (2) $\overrightarrow{BD_1}$; (3) $\overrightarrow{AF}$; (4) $\overrightarrow{EF}$.

2. 设 $\boldsymbol{a},\boldsymbol{b}$ 为两个向量. 下列各式成立的充分必要条件分别是什么?

(1) $|\boldsymbol{a}+\boldsymbol{b}|=|\boldsymbol{a}|+|\boldsymbol{b}|$;

(2) $|\boldsymbol{a}+\boldsymbol{b}|=|\boldsymbol{a}|-|\boldsymbol{b}|$;

(3) $|\boldsymbol{a}-\boldsymbol{b}|=|\boldsymbol{a}|-|\boldsymbol{b}|$;

(4) $|\boldsymbol{a}-\boldsymbol{b}|=|\boldsymbol{a}|+|\boldsymbol{b}|$;

(5) $|\boldsymbol{a}+\boldsymbol{b}|=|\boldsymbol{a}-\boldsymbol{b}|$.

3. 试解下列各题:

(1) 化简 $(x-y)(\boldsymbol{a}+\boldsymbol{b})+(x+y)(\boldsymbol{a}-\boldsymbol{b})$;

(2) 已知 $\boldsymbol{a}=\boldsymbol{e}_1+2\boldsymbol{e}_2-\boldsymbol{e}_3$, $\boldsymbol{b}=3\boldsymbol{e}_1-2\boldsymbol{e}_2+\boldsymbol{e}_3$, 求 $2\boldsymbol{a}+\boldsymbol{b}$, $3\boldsymbol{a}-2\boldsymbol{b}$;

(3) 已知向量 $\boldsymbol{e}_1,\boldsymbol{e}_2$, 从方程组 $\begin{cases}3\boldsymbol{a}+4\boldsymbol{b}=\boldsymbol{e}_1,\\2\boldsymbol{a}-3\boldsymbol{b}=\boldsymbol{e}_2\end{cases}$ 中解出向量 $\boldsymbol{a},\boldsymbol{b}$.

4. 在四边形 $ABCD$ 中, $\overrightarrow{AB}=\boldsymbol{a}-2\boldsymbol{c}$, $\overrightarrow{CD}=5\boldsymbol{a}+6\boldsymbol{b}-8\boldsymbol{c}$, 对角线 $AC,BD$ 的中点分别为 $E,F$. 求 $\overrightarrow{EF}$.

5. 在四边形 $ABCD$ 中, $\overrightarrow{AB}=\boldsymbol{a}+\boldsymbol{b}$, $\overrightarrow{BC}=2\boldsymbol{a}-\boldsymbol{b}$, $\overrightarrow{CD}=\boldsymbol{a}-2\boldsymbol{b}$ ($\boldsymbol{a}$, $\boldsymbol{b}$ 均为非零向量). 证明四边形 $ABCD$ 为梯形.

6. 设 $L,M,N$ 分别是三角形 $ABC$ 三边 $BC,CA,AB$ 的中点. 求证: $\overrightarrow{AL}+\overrightarrow{BM}+\overrightarrow{CN}=\mathbf{0}$.

7. 试证明: 在空间中, 点 $M$ 为三角形 $ABC$ 的重心的充分必要条件是 $\overrightarrow{MA}+\overrightarrow{MB}+\overrightarrow{MC}=\mathbf{0}$.

8. 设 $A,B,C,D$ 是一个四面体的顶点, $M,N$ 分别是边 $AB,CD$ 的中点. 求证: $\overrightarrow{MN}=$

$\frac{1}{2}(\overrightarrow{AD}+\overrightarrow{BC})$.

9. 设 $M$ 是平行四边形 $ABCD$ 的中心, $O$ 是空间任一点. 证明: $\overrightarrow{OA}+\overrightarrow{OB}+\overrightarrow{OC}+\overrightarrow{OD}=4\overrightarrow{OM}$.

## 1.3 向量间的线性关系

向量间共线或共面的关系称为线性关系. 本节将探讨向量间的线性关系的进一步的性质, 为此本节先建立以下一般概念.

**定义 1.9** 设 $\boldsymbol{a}_1,\boldsymbol{a}_2,\cdots,\boldsymbol{a}_n$ 是一组向量, $k_1,k_2,\cdots,k_n$ 是一组实数. 称向量 $\boldsymbol{b}=k_1\boldsymbol{a}_1+k_2\boldsymbol{a}_2+\cdots+k_n\boldsymbol{a}_n$ 为向量组 $\boldsymbol{a}_1,\boldsymbol{a}_2,\cdots,\boldsymbol{a}_n$ 的一个**线性组合**, 并称向量 $\boldsymbol{b}$ 可以由向量组 $\boldsymbol{a}_1,\boldsymbol{a}_2,\cdots,\boldsymbol{a}_n$ **线性表示**.

特别地, 单独一个向量也可称为向量组, 其线性组合就是数乘向量.

### 1.3.1 向量间的共线关系

关于两向量共线, 有以下命题.

**命题 1.5** 设 $\boldsymbol{a}$, $\boldsymbol{b}$ 为两个向量, $\boldsymbol{a}/\!/\boldsymbol{b}$ 且 $\boldsymbol{a}\neq\boldsymbol{0}$, 则存在唯一的实数 $k$ 使得 $\boldsymbol{b}=k\boldsymbol{a}$, 即 $\boldsymbol{b}$ 可由 $\boldsymbol{a}$ 线性表示, 且表示方法是唯一的.

**证** 先证 $k$ 的存在性. 若 $\boldsymbol{b}=\boldsymbol{0}$, 则显然有 $\boldsymbol{b}=0\boldsymbol{a}$. 若 $\boldsymbol{b}\neq\boldsymbol{0}$, 当 $\boldsymbol{a}$, $\boldsymbol{b}$ 同向时取 $k=\dfrac{|\boldsymbol{b}|}{|\boldsymbol{a}|}$; 当 $\boldsymbol{a}$, $\boldsymbol{b}$ 反向时取 $k=-\dfrac{|\boldsymbol{b}|}{|\boldsymbol{a}|}$. 根据数乘向量的定义可知 $\boldsymbol{b}=k\boldsymbol{a}$.

再证 $k$ 的唯一性. 如果 $\boldsymbol{b}=k\boldsymbol{a}=m\boldsymbol{a}$, 则有 $(k-m)\boldsymbol{a}=\boldsymbol{0}$, 由 $\boldsymbol{a}\neq\boldsymbol{0}$ 可得 $k-m=0$, 即 $k=m$. □

注意命题 1.5 中条件 $\boldsymbol{a}\neq\boldsymbol{0}$ 是必要的. 例如, $\boldsymbol{a}=\boldsymbol{0}$ 而 $\boldsymbol{b}\neq\boldsymbol{0}$, 虽然有 $\boldsymbol{a}/\!/\boldsymbol{b}$, 但对任意实数 $k$, $\boldsymbol{b}=k\boldsymbol{a}$ 都不成立, 即 $\boldsymbol{b}$ 不能由 $\boldsymbol{a}$ 线性表示.

由命题 1.5 可以得到如下结论: 已知直线 $l$ 上一个非零向量 $\boldsymbol{a}$, 则直线 $l$ 上任意向量都可由 $\boldsymbol{a}$ 线性表示, 且对直线 $l$ 上的每个向量, 表示方法都是唯一的.

**定理 1.3** 向量 $\boldsymbol{a},\boldsymbol{b}$ 共线的充分必要条件是: 存在不全为零的实数 $k$, $m$, 使得 $k\boldsymbol{a}+m\boldsymbol{b}=\boldsymbol{0}$.

**证** 必要性. 设 $\boldsymbol{a}/\!/\boldsymbol{b}$. 如果 $\boldsymbol{a}=\boldsymbol{b}=\boldsymbol{0}$, 则有 $1\boldsymbol{a}+1\boldsymbol{b}=\boldsymbol{0}$. 如果 $\boldsymbol{a},\boldsymbol{b}$ 不全为零向量, 不妨设 $\boldsymbol{a}\neq\boldsymbol{0}$, 根据命题 1.5, 存在实数 $k$ 使 $\boldsymbol{b}=k\boldsymbol{a}$, 因此有 $k\boldsymbol{a}+(-1)\boldsymbol{b}=\boldsymbol{0}$.

充分性. 设有不全为零的实数 $k,m$ 使 $k\boldsymbol{a}+m\boldsymbol{b}=\boldsymbol{0}$. 不妨设 $k\neq0$, 则有 $\boldsymbol{a}=\left(-\dfrac{m}{k}\right)\boldsymbol{b}$, 因此 $\boldsymbol{a}/\!/\boldsymbol{b}$. □

从以上定理立即可以得出如下结论: 向量 $\boldsymbol{a},\boldsymbol{b}$ 不共线的充分必要条件是, 只有当 $k=m=0$ 时才有 $k\boldsymbol{a}+m\boldsymbol{b}=\boldsymbol{0}$. 可以将它正式表示成以下推论.

**推论 1.1**　向量 $\boldsymbol{a},\boldsymbol{b}$ 不共线的充分必要条件是：若有实数 $k,m$ 使 $k\boldsymbol{a}+m\boldsymbol{b}=\boldsymbol{0}$，则必有 $k=m=0$.

### 1.3.2　向量间的共面关系

首先, 由向量加法和数乘向量的定义, 我们有下列命题:

**命题 1.6**　如果向量 $\boldsymbol{c}$ 可由向量 $\boldsymbol{a},\boldsymbol{b}$ 线性表示, 即存在实数 $k,m$ 使得 $\boldsymbol{c}=k\boldsymbol{a}+m\boldsymbol{b}$, 则 $\boldsymbol{a},\boldsymbol{b},\boldsymbol{c}$ 共面.

**证**　若 $\boldsymbol{a},\boldsymbol{b},\boldsymbol{c}$ 中有两个共线, 则 $\boldsymbol{a},\boldsymbol{b},\boldsymbol{c}$ 共面, 否则, 由于 $\boldsymbol{a},\boldsymbol{b}$ 都是非零向量, $k\boldsymbol{a},m\boldsymbol{b}$ 分别与 $\boldsymbol{a},\boldsymbol{b}$ 共线, 根据向量加法的平行四边形法则, $\boldsymbol{c}$, $\boldsymbol{a}$, $\boldsymbol{b}$ 必定共面. □

**命题 1.7**　如果向量 $\boldsymbol{a},\boldsymbol{b},\boldsymbol{c}$ 共面, 且 $\boldsymbol{a}\not\parallel\boldsymbol{b}$, 则 $\boldsymbol{c}$ 可由 $\boldsymbol{a},\boldsymbol{b}$ 线性表示, 并且这种表示方法是唯一的, 即存在唯一的一对实数 $k,m$, 使得 $\boldsymbol{c}=k\boldsymbol{a}+m\boldsymbol{b}$.

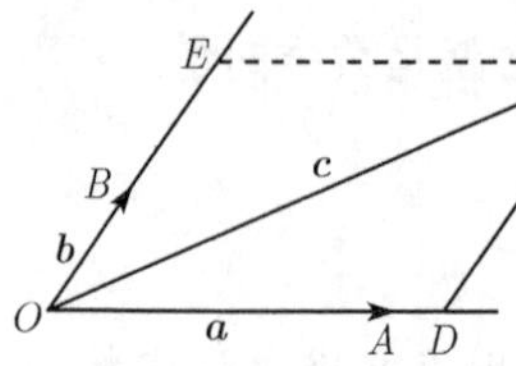


图 1.11

**证**　先证 $k,m$ 的存在性. 如图 1.11 所示, 任取空间中一点 $O$, 作 $\overrightarrow{OA}=\boldsymbol{a},\overrightarrow{OB}=\boldsymbol{b},\overrightarrow{OC}=\boldsymbol{c}$, 过 $C$ 作 $CD//OB$, 与 $OA$ 所在直线交于点 $D$. 因为 $\overrightarrow{OD}//\boldsymbol{a}$, 所以存在实数 $k$, 使得 $\overrightarrow{OD}=k\boldsymbol{a}$. 同理, 存在实数 $m$, 使得 $\overrightarrow{DC}=m\boldsymbol{b}$. 因此 $\boldsymbol{c}=\overrightarrow{OC}=\overrightarrow{OD}+\overrightarrow{DC}=k\boldsymbol{a}+m\boldsymbol{b}$.

再证 $k,m$ 的唯一性. 若 $\boldsymbol{c}=k\boldsymbol{a}+m\boldsymbol{b}=k'\boldsymbol{a}+m'\boldsymbol{b}$, 则有 $(k-k')\boldsymbol{a}+(m-m')\boldsymbol{b}=\boldsymbol{0}$. 由于 $\boldsymbol{a}\not\parallel\boldsymbol{b}$, 所以一定有 $k-k'=m-m'=0$, 即 $k=k',m=m'$. □

注意命题 1.7 中条件 $\boldsymbol{a}\not\parallel\boldsymbol{b}$ 是必要的, 否则结论将不成立. 例如, $\boldsymbol{a}//\boldsymbol{b}$, 且均为非零向量, $\boldsymbol{c}\not\parallel\boldsymbol{b}$, 虽然此时 $\boldsymbol{a},\boldsymbol{b},\boldsymbol{c}$ 共面, 但对于任意实数 $k,m$, $\boldsymbol{c}=k\boldsymbol{a}+m\boldsymbol{b}$ 均不成立, 即 $\boldsymbol{c}$ 不能由 $\boldsymbol{a},\boldsymbol{b}$ 线性表示.

由命题 1.7 可以得到如下结论：已知平面 $\pi$ 上两个不共线向量 $\boldsymbol{a},\boldsymbol{b}$, 则平面 $\pi$ 上任意向量 $\boldsymbol{c}$ 都可由 $\boldsymbol{a},\boldsymbol{b}$ 线性表示, 并且对平面 $\pi$ 上每个向量, 表示方法都是唯一的.

**定理 1.4**　向量 $\boldsymbol{a},\boldsymbol{b},\boldsymbol{c}$ 共面的充分必要条件是：存在不全为零的实数 $k,m,l$, 使得 $k\boldsymbol{a}+m\boldsymbol{b}+l\boldsymbol{c}=\boldsymbol{0}$.

**证**　必要性. 设 $\boldsymbol{a},\boldsymbol{b},\boldsymbol{c}$ 共面. 若 $\boldsymbol{a}\not\parallel\boldsymbol{b}$, 则存在实数 $k,m$, 使得 $\boldsymbol{c}=k\boldsymbol{a}+m\boldsymbol{b}$. 从而有 $k\boldsymbol{a}+m\boldsymbol{b}+(-1)\boldsymbol{c}=\boldsymbol{0}$. 若 $\boldsymbol{a}//\boldsymbol{b}$, 则存在不全为零的实数 $k,m$, 使得 $k\boldsymbol{a}+m\boldsymbol{b}=\boldsymbol{0}$. 从而有 $k\boldsymbol{a}+m\boldsymbol{b}+0\boldsymbol{c}=\boldsymbol{0}$.

充分性. 设存在不全为零的实数 $k,m,l$, 使得 $k\boldsymbol{a}+m\boldsymbol{b}+l\boldsymbol{c}=\boldsymbol{0}$, 不妨设 $k\neq 0$, 则有 $\boldsymbol{a}=-\dfrac{m}{k}\boldsymbol{b}-\dfrac{l}{k}\boldsymbol{c}$. 因此 $\boldsymbol{a},\boldsymbol{b},\boldsymbol{c}$ 共面. □

从定理 1.4 立即可以得到如下结论：向量 $\boldsymbol{a},\boldsymbol{b},\boldsymbol{c}$ 不共面的充分必要条件是, 只

有当 $k=m=l=0$ 时, 才有 $k\boldsymbol{a}+m\boldsymbol{b}+l\boldsymbol{c}=\mathbf{0}$. 下面将它正式表示成推论.

**推论 1.2** 向量 $\boldsymbol{a},\boldsymbol{b},\boldsymbol{c}$ 不共面的充分必要条件是: 若有实数 $k,m,l$ 使 $k\boldsymbol{a}+m\boldsymbol{b}+l\boldsymbol{c}=\mathbf{0}$, 则必有 $k=m=l=0$.

上述定理和推论可以这样理解: 三个向量总是可以线性表示零向量, 至少可以"平凡"地表示, 也就是三个向量前的系数都取零. 三向量共面的充分必要条件正是它们可以以非"平凡"的方式线性表示零向量, 而这又说明三向量内部存在一定线性表示关系. 将它表示为以下推论, 它可以由上面的定理证明过程直接得到, 请读者自己完成证明.

**推论 1.3** 三向量共面的充分必要条件是其中至少有一个向量可以由其余两个向量线性表示.

回顾前文中关于两向量共线的分析, 你是否可以得到并证明类似的推论?

**例 1.5** 设空间有点 $O,A,B$, 其中 $A,B$ 不重合, $M$ 为空间一点. 证明 $A$, $B,M$ 共线的充分必要条件是: 存在实数 $k_1,k_2$, 使得 $\overrightarrow{OM}=k_1\overrightarrow{OA}+k_2\overrightarrow{OB}$, 且 $k_1+k_2=1$.

**证** 必要性. 设 $A,B,M$ 共线. $\overrightarrow{AM}//\overrightarrow{AB}$, 而 $\overrightarrow{AB}\neq\mathbf{0}$, 因此, 存在实数 $m$, 使得 $\overrightarrow{AM}=m\overrightarrow{AB}$. 变形为 $\overrightarrow{OM}-\overrightarrow{OA}=m(\overrightarrow{OB}-\overrightarrow{OA})$, 即

$$\overrightarrow{OM}=(1-m)\overrightarrow{OA}+m\overrightarrow{OB}.$$

取 $k_1=1-m,k_2=m$, 即得 $k_1+k_2=1$.

充分性. 设 $\overrightarrow{OM}=k_1\overrightarrow{OA}+k_2\overrightarrow{OB}$, 且 $k_1+k_2=1$, 则有

$$\overrightarrow{AM}=\overrightarrow{OM}-\overrightarrow{OA}=\left(k_1\overrightarrow{OA}+k_2\overrightarrow{OB}\right)-(k_1+k_2)\overrightarrow{OA}=k_2\left(\overrightarrow{OB}-\overrightarrow{OA}\right)=k_2\overrightarrow{AB}.$$

于是 $\overrightarrow{AM}//\overrightarrow{AB}$, 从而 $A,B,M$ 共线. □

## 习 题 1.3

1. 下列说法是否正确? 为什么?

(1) 设 $\boldsymbol{a}//\boldsymbol{b},\boldsymbol{b}//\boldsymbol{c}$, 则 $\boldsymbol{a}//\boldsymbol{c}$;

(2) 设 $\boldsymbol{a},\boldsymbol{b},\boldsymbol{c}$ 共面, $\boldsymbol{b},\boldsymbol{c},\boldsymbol{d}$ 共面, 则 $\boldsymbol{a},\boldsymbol{b},\boldsymbol{d}$ 共面.

2. 设 $\boldsymbol{a}\not\parallel\boldsymbol{b}$. 向量 $\boldsymbol{c}=3\boldsymbol{a}+\boldsymbol{b}$ 与 $\boldsymbol{d}=2\boldsymbol{a}-\boldsymbol{b}$ 是否共线?

3. 证明: 三向量 $\boldsymbol{a}+2\boldsymbol{b}-\boldsymbol{c},\boldsymbol{a}-\boldsymbol{b}+2\boldsymbol{c},\boldsymbol{a}+\boldsymbol{b}$ 共面.

4. 设 $O$ 为定点, $A,B,C$ 为不共线的三点. 证明: 点 $M$ 在平面 $ABC$ 上的充分必要条件是存在实数 $k_1,k_2,k_3$ 使 $\overrightarrow{OM}=k_1\overrightarrow{OA}+k_2\overrightarrow{OB}+k_3\overrightarrow{OC}$, 且 $k_1+k_2+k_3=1$.

5. 设 $ABCD$ 是平行四边形, $P,Q$ 分别是边 $BC,CD$ 的中点, $AP,AQ$ 与对角线 $BD$ 相交于 $E,F$. 证明: 点 $E,F$ 将 $BD$ 三等分.

6. 设 $O,A,B,C$ 为空间中四点. 证明: $A,B,C$ 三点共线的充分必要条件是存在不全为零的实数 $k_1,k_2,k_3$, 使得 $k_1\overrightarrow{OA}+k_2\overrightarrow{OB}+k_3\overrightarrow{OC}=\mathbf{0}$, 且 $k_1+k_2+k_3=0$.

7. 设 $O, A, B, C, D$ 为空间中五点. 证明: $A, B, C, D$ 四点共面的充分必要条件是存在不全为零的实数 $k_1, k_2, k_3, k_4$, 使得 $k_1\overrightarrow{OA}+k_2\overrightarrow{OB}+k_3\overrightarrow{OC}+k_4\overrightarrow{OD}=\mathbf{0}$, 且 $k_1+k_2+k_3+k_4=0$.

## 1.4 行列式与线性方程组

行列式是高等代数的基础概念和工具, 在高等代数知识体系中占有重要地位, 其概念和性质将在高等代数中做详细阐述. 为了在向量代数以及解析几何中使用行列式这一工具, 本节将给出行列式的概念, 并不加证明地指出行列式的一些性质. 需要注意的是, 因为课时的限制, 本书将以与高等代数不同的方式给出行列式的定义, 但是这两种不同的定义具有等价性.

所谓**线性方程组**, 也就是一次方程组, 它的一般形式是

$$\begin{cases} a_{11}x_1+a_{12}x_2+\cdots+a_{1n}x_n=b_1, \\ a_{21}x_1+a_{22}x_2+\cdots+a_{2n}x_n=b_2, \\ \cdots\cdots \\ a_{m1}x_1+a_{m2}x_2+\cdots+a_{mn}x_n=b_m, \end{cases} \tag{1.1}$$

其中 $x_1, x_2, \cdots, x_n$ 为方程组的未知数, $a_{ij}$ $(i=1,2,\cdots,m, j=1,2,\cdots,n)$ 是方程组的系数, $b_1, b_2, \cdots, b_m$ 是方程组常数. 当 $b_1=b_2=\cdots=b_m=0$ 时, 方程组 (1.1) 称为**齐次线性方程组**.

一般情况下, 线性方程组的的未知数个数与方程个数可以不相等, 但本节将只考虑未知数个数与方程个数相同的情形.

### 1.4.1 二元线性方程组与二阶行列式

设有二元线性方程组

$$\begin{cases} a_{11}x_1+a_{12}x_2=b_1, \\ a_{21}x_1+a_{22}x_2=b_2. \end{cases} \tag{1.2}$$

用消元法解此方程组. 以 $a_{22}$ 乘第一式, 得

$$a_{22}a_{11}x_1+a_{22}a_{12}x_2=a_{22}b_1, \tag{1.3}$$

再以 $a_{12}$ 乘第二式, 又得

$$a_{12}a_{21}x_1+a_{12}a_{22}x_2=a_{12}b_2. \tag{1.4}$$

两式相减得

$$(a_{11}a_{22}-a_{12}a_{21})x_1=b_1a_{22}-b_2a_{12}. \tag{1.5}$$

如果 $a_{11}a_{22}-a_{12}a_{21}\neq 0$, 可解出

$$x_1=\frac{b_1a_{22}-b_2a_{12}}{a_{11}a_{22}-a_{12}a_{21}}.$$

同理, 在方程组 (1.2) 中用 $a_{21}$ 乘第一式, 用 $a_{11}$ 乘第二式, 再将两式相减, 可解出

$$x_2 = \frac{b_2a_{11} - b_1a_{21}}{a_{11}a_{22} - a_{12}a_{21}}.$$

因此, 方程组 (1.2) 只要满足条件 $a_{11}a_{22} - a_{12}a_{21} \neq 0$, 就有唯一解

$$\begin{cases} x_1 = \dfrac{b_1a_{22} - b_2a_{12}}{a_{11}a_{22} - a_{12}a_{21}}, \\ x_2 = \dfrac{b_2a_{11} - b_1a_{21}}{a_{11}a_{22} - a_{12}a_{21}}. \end{cases}$$

这是二元线性方程组 (1.2) 的求解公式. 为了简化表达式, 引进二阶行列式的概念. 把 4 个数排成方形表, 再在两边加上两条竖线, 就得到一个二阶行列式. 二阶行列式是一个数, 其计算规则为

$$\begin{vmatrix} a_{11} & a_{12} \\ a_{21} & a_{22} \end{vmatrix} = a_{11}a_{22} - a_{12}a_{21}.$$

构成行列式的每一个数称为行列式的元素; 同一水平位置的元素构成行列式的行; 同一竖直位置的元素构成行列式的列. 二阶行列式分别有两行和两列. 这样, 线性方程组 (1.2) 的求解公式可以记为

$$x_1 = \frac{\begin{vmatrix} b_1 & a_{12} \\ b_2 & a_{22} \end{vmatrix}}{\begin{vmatrix} a_{11} & a_{12} \\ a_{21} & a_{22} \end{vmatrix}}, \quad x_2 = \frac{\begin{vmatrix} a_{11} & b_1 \\ a_{21} & b_2 \end{vmatrix}}{\begin{vmatrix} a_{11} & a_{12} \\ a_{21} & a_{22} \end{vmatrix}}. \tag{1.6}$$

求解式 (1.6) 很容易记忆, 其中分母正是方程组 (1.2) 左边的 4 个系数构成的行列式, 称为系数行列式; $x_1$ 的分子正是方程组 (1.2) 右边的常数项 $b_1, b_2$ 替代系数行列式中的第一列元素所得到的行列式; $x_2$ 的分子是用常数项 $b_1, b_2$ 替代系数行列式中的第二列元素所得到的行列式.

根据以上讨论, 可以得出如下结论：当系数行列式不等于零时, 线性方程组 (1.2) 的解存在并且唯一.

### 1.4.2 三元线性方程组和三阶行列式

考虑三元线性方程组

$$\begin{cases} a_{11}x_1 + a_{12}x_2 + a_{13}x_3 = b_1, \\ a_{21}x_1 + a_{22}x_2 + a_{23}x_3 = b_2, \\ a_{31}x_1 + a_{32}x_2 + a_{33}x_3 = b_3. \end{cases} \tag{1.7}$$

分别用 $\begin{vmatrix} a_{22} & a_{23} \\ a_{32} & a_{33} \end{vmatrix} = a_{22}a_{33} - a_{23}a_{32}$ 乘方程组 (1.7) 的第一式, 用 $-\begin{vmatrix} a_{12} & a_{13} \\ a_{32} & a_{33} \end{vmatrix} = a_{13}a_{32} - a_{12}a_{33}$ 乘方程组 (1.7) 的第二式, 用 $\begin{vmatrix} a_{12} & a_{13} \\ a_{22} & a_{23} \end{vmatrix} = a_{12}a_{23} - a_{13}a_{22}$ 乘方程组 (1.7) 的第三式, 再把得到的三个式子相加, 便消去了 $x_2, x_3$ 的项, 即

$$\begin{aligned}&(a_{11}a_{22}a_{33} + a_{12}a_{23}a_{31} + a_{13}a_{21}a_{32} - a_{13}a_{22}a_{31} - a_{12}a_{21}a_{33} - a_{11}a_{23}a_{32})x_1 \\ &= b_1a_{22}a_{33} + a_{12}a_{23}b_3 + a_{13}b_2a_{32} - b_1a_{23}a_{32} - a_{13}a_{22}b_3 - a_{12}b_2a_{33}.\end{aligned}$$

故当 $D = a_{11}a_{22}a_{33} + a_{12}a_{23}a_{31} + a_{13}a_{21}a_{32} - a_{13}a_{22}a_{31} - a_{12}a_{21}a_{33} - a_{11}a_{23}a_{32} \neq 0$ 时, 可解出 $x_1$. 类似可解出 $x_2, x_3$.

为了简化求解公式, 将 9 个数排成 3 行 3 列的方形表, 两边各加一条竖线, 称为三阶行列式, 并定义其值为

$$\begin{aligned}D &= \begin{vmatrix} a_{11} & a_{12} & a_{13} \\ a_{21} & a_{22} & a_{23} \\ a_{31} & a_{32} & a_{33} \end{vmatrix} \\ &= a_{11}a_{22}a_{33} + a_{12}a_{23}a_{31} + a_{13}a_{21}a_{32} - a_{13}a_{22}a_{31} - a_{12}a_{21}a_{33} - a_{11}a_{23}a_{32}.\end{aligned}$$

三阶行列式的上述计算公式可用图 1.12 表示, 图中以实线相连的 3 个元素的乘积不变符号, 而以虚线相连的 3 个元素的乘积改变符号, 然后将得到的 6 个数相加.

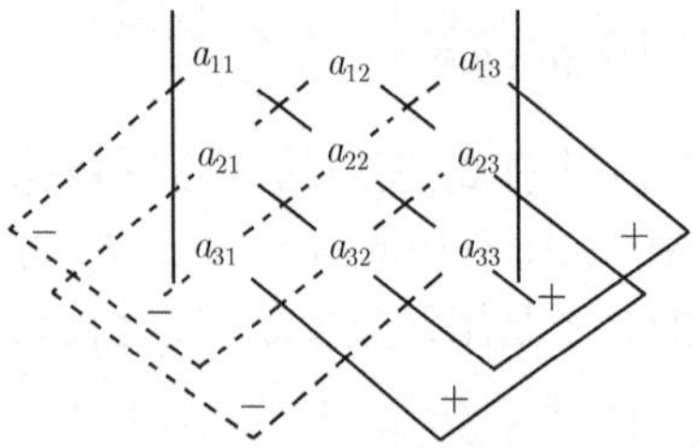

图 1.12

利用三阶行列式, 可以将三元线性方程组 (1.7) 的解表示成

$$x_1 = \frac{D_1}{D}, \quad x_2 = \frac{D_2}{D}, \quad x_3 = \frac{D_3}{D}, \tag{1.8}$$

其中 $D$ 为方程组 (1.7) 左边的系数所构成的三阶行列式, 称为方程组的系数行列式; $D_1, D_2, D_3$ 分别为用方程组右边的常数列替代系数行列式的第一、第二、第三列所得到的行列式.

根据以上讨论, 可以得出如下结论: 当系数行列式不等于零时, 线性方程组 (1.7) 的解必定存在并且是唯一的.

### 1.4.3 行列式的定义

1.4.1~1.4.2 节中, 我们从二元和三元线性方程组的求解过程中分别引进了二阶和三阶行列式, 如果说这种直接以计算公式给出行列式定义的方式对于二阶和三阶

行列式还算基本可行的话, 那么对于更高阶的行列式这种定义方式就基本上失去了可操作性. 下面给出行列式的递推式定义.

**定义 1.10** 把 $n^2$ 个数排成如下 $n$ 行 $n$ 列的方形表, 左右两边各加一条竖线, 此表达式称为一个 $n$ 阶**行列式**:

$$D = \begin{vmatrix} a_{11} & a_{12} & \cdots & a_{1n} \\ a_{21} & a_{22} & \cdots & a_{2n} \\ \vdots & \vdots & & \vdots \\ a_{n1} & a_{n2} & \cdots & a_{nn} \end{vmatrix}, \tag{1.9}$$

其中每个数称为行列式的元素, 如 $a_{ij}$ 称为行列式的第 $i$ 行第 $j$ 列元素.

上述定义只是在形式上给出了什么是行列式, 但是并没有讲行列式作为一个数是如何由其元素确定的. 为了完成行列式的定义, 还需要以下概念.

**定义 1.11** 在行列式 (1.9) 中, 去掉第 $i$ 行和第 $j$ 列的所有元素, 由剩下的 $(n-1)^2$ 个元素按原来的排列方式所构成的 $n-1$ 阶行列式称为元素 $a_{ij}$ 的**余子式**, 记为 $M_{ij}$; 进一步称 $(-1)^{i+j}M_{ij}$ 为元素 $a_{ij}$ 的**代数余子式**, 记为 $A_{ij}$.

有了代数余子式的概念, 便可以给出一般行列式的以下递推式定义.

**定义 1.12** 一阶行列式等于其唯一元素. 对于二阶以上的 $n$ 阶行列式 $D$, 定义其值为第一列元素分别与其代数余子式的乘积之和, 即

$$D = a_{11}A_{11} + a_{21}A_{21} + \cdots + a_{n1}A_{n1}.$$

由于二阶行列式各元素的代数余子式是一阶行列式, 因此由一阶行列式的规定得到二阶行列式的定义; 进一步可知, 三阶行列式各元素的代数余子式是二阶行列式, 因此由二阶行列式的定义便得到三阶行列式的定义, 依此类推, 便实现了任意阶行列式的定义. 读者可以用此处的定义检验 1.4.1~1.4.2 节中对二阶和三阶行列式的规定.

上述定义中的式 (1.9) 称为行列式按第一列展开, 实际上行列式可以按任何一行或一列展开.

尽管至此已完成对于任意阶行列式的定义, 但是根据此定义直接计算行列式还是比较困难的, 尤其是对于较高阶的行列式. 在高等代数中, 将以另一种方式给出行列式的定义, 并证明行列式的若干重要性质, 可以利用这些性质对行列式进行化简, 从而简化行列式的计算. 由于目前需要使用的主要是二阶和三阶行列式, 以及学时的限制, 在此不详细证明这些性质, 在本节附录中直接将其主要性质列出. 读者可以根据以上定义直接计算行列式, 或者直接使用本节对二阶和三阶行列式的规定.

### 1.4.4 线性方程组解的唯一存在性与系数行列式的关系

由对二元和三元线性方程组的讨论知, 如果方程组的系数行列式不为零, 则方程组有唯一解. 一般地, 对于未知数个数与方程数相同的线性方程组, 有以下定理.

**定理 1.5** 线性方程组

$$\begin{cases} a_{11}x_1 + a_{12}x_2 + \cdots + a_{1n}x_n = b_1, \\ a_{21}x_1 + a_{22}x_2 + \cdots + a_{2n}x_n = b_2, \\ \quad\cdots\cdots \\ a_{n1}x_1 + a_{n2}x_2 + \cdots + a_{nn}x_n = b_n \end{cases}$$

有唯一解的充分必要条件是其系数行列式不为零.

定理的证明留到高等代数课程中完成. 需要注意的是, 如果方程组的系数行列式等于零, 方程组要么无解, 要么解不唯一.

注意到, 齐次线性方程组总是有解的, 至少所有未知数均取零就是一个解 (称为零解). 因此对于齐次线性方程组来说, 有意义的问题是, 方程组的解是否唯一, 也就是是否存在零解以外的解 (称为非零解). 对此有如下定理.

**定理 1.6** 齐次线性方程组

$$\begin{cases} a_{11}x_1 + a_{12}x_2 + \cdots + a_{1n}x_n = 0, \\ a_{21}x_1 + a_{22}x_2 + \cdots + a_{2n}x_n = 0, \\ \quad\cdots\cdots \\ a_{n1}x_1 + a_{n2}x_2 + \cdots + a_{nn}x_n = 0 \end{cases}$$

有非零解的充分必要条件是其系数行列式等于零.

**证** 对定理一般情形的证明留到高等代数课程中完成, 此处只对 $n = 3$ 的情形加以证明. 设三元齐次线性方程组为

$$\begin{cases} a_{11}x_1 + a_{12}x_2 + a_{13}x_3 = 0, \\ a_{21}x_1 + a_{22}x_2 + a_{23}x_3 = 0, \\ a_{31}x_1 + a_{32}x_2 + a_{33}x_3 = 0. \end{cases} \tag{1.10}$$

当系数行列式 $D \neq 0$ 时, 由求解式 (1.8) 可得方程组 (1.10) 只有零解.

设 $D = 0$, 分两种情况讨论:

(1) 系数行列式的第二、第三列元素对应成比例, 不妨设 $a_{i2} = ka_{i3}$ $(i = 1, 2, 3)$. 则 $x_1 = 0, x_2 = 1, x_3 = -k$ 是方程组 (1.10) 的一个非零解.

(2) 系数行列式的第二、第三列元素不成比例, 则 $d_1 = a_{22}a_{33} - a_{23}a_{32}$, $d_2 = a_{13}a_{32} - a_{12}a_{33}$, $d_3 = a_{12}a_{23} - a_{13}a_{22}$ 不全为零. 不妨设 $d_3 \neq 0$. 由于 $a_{11}d_1 + a_{21}d_2 +$

$a_{31}d_3 = D = 0$, 同时注意到 $a_{12}d_1 + a_{22}d_2 + a_{32}d_3 = 0$, $a_{13}d_1 + a_{23}d_2 + a_{33}d_3 = 0$, 用 $-\dfrac{d_1}{d_3}$ 乘方程组 (1.10) 的第一个方程, 用 $-\dfrac{d_2}{d_3}$ 乘方程组 (1.10) 的第二个方程, 将所得的两式相加可得到方程组 (1.10) 的第三个方程. 这说明方程组 (1.10) 的第三个方程可以由前两个方程推出, 因此第三个方程是多余的. 所以方程组 (1.10) 与方程组

$$\begin{cases} a_{12}x_2 + a_{13}x_3 = -a_{11}x_1, \\ a_{22}x_2 + a_{23}x_3 = -a_{21}x_1 \end{cases} \tag{1.11}$$

同解. 令 $x_1 = 1$, 得到的以 $x_2, x_3$ 为未知数二元线性方程组 (1.11) 的系数行列式 $d_3 \neq 0$, 因此方程组 (1.11) 有解, 这样便得到了方程组 (1.10) 的一个非零解. □

**例 1.6** 齐次线性方程组

$$\begin{cases} x_1 + x_2 - 2x_3 = 0, \\ 2x_1 - x_2 + x_3 = 0, \\ 4x_1 + x_2 - 3x_3 = 0 \end{cases} \tag{1.12}$$

的系数行列式为零, 因此有非零解. 事实上, 方程组的解具有如下形式: $x_1 = k, x_2 = 5k, x_3 = 3k$, 其中 $k$ 为任意实数.

由此可以利用线性方程组来解决与向量线性关系有关的一些问题.

**命题 1.8** 已知向量 $\boldsymbol{e}_1, \boldsymbol{e}_2, \boldsymbol{e}_3$ 不共面, 向量 $\boldsymbol{a} = a_1\boldsymbol{e}_1 + a_2\boldsymbol{e}_2 + a_3\boldsymbol{e}_3$, $\boldsymbol{b} = b_1\boldsymbol{e}_1 + b_2\boldsymbol{e}_2 + b_3\boldsymbol{e}_3$, $\boldsymbol{c} = c_1\boldsymbol{e}_1 + c_2\boldsymbol{e}_2 + c_3\boldsymbol{e}_3$, 则向量 $\boldsymbol{a}, \boldsymbol{b}, \boldsymbol{c}$ 共面的充分必要条件是

$$\begin{vmatrix} a_1 & b_1 & c_1 \\ a_2 & b_2 & c_2 \\ a_3 & b_3 & c_3 \end{vmatrix} = 0.$$

**证** 设有实数 $x, y, z$, 使得 $x\boldsymbol{a} + y\boldsymbol{b} + z\boldsymbol{c} = \boldsymbol{0}$ (这样的 $x, y, z$ 一定存在). 原式等价于

$$(a_1x + b_1y + c_1z)\boldsymbol{e}_1 + (a_2x + b_2y + c_2z)\boldsymbol{e}_2 + (a_3x + b_3y + c_3z)\boldsymbol{e}_3 = \boldsymbol{0}.$$

由于 $\boldsymbol{e}_1, \boldsymbol{e}_2, \boldsymbol{e}_3$ 不共面, 因此, 上式又等价于

$$\begin{cases} a_1x + b_1y + c_1z = 0, \\ a_2x + b_2y + c_2z = 0, \\ a_3x + b_3y + c_3z = 0. \end{cases} \tag{1.13}$$

因此, 向量 $\boldsymbol{a}, \boldsymbol{b}, \boldsymbol{c}$ 共面

$\Longleftrightarrow$ 存在不全为零的实数 $x, y, z$, 使得 $x\boldsymbol{a}+y\boldsymbol{b}+z\boldsymbol{c}=\boldsymbol{0}$,

$\Longleftrightarrow$ 存在不全为零的实数 $x, y, z$, 使得方程组 (1.13) 成立,

$\Longleftrightarrow$ 以 $x, y, z$ 为未知数的齐次线性方程组 (1.13) 有非零解,

$\Longleftrightarrow$ 方程组 (1.13) 的系数行列式等于零. □

读者还可以用同样的方法证明: 已知向量 $\boldsymbol{e}_1, \boldsymbol{e}_2$ 不共线, 向量 $\boldsymbol{a}=a_1\boldsymbol{e}_1+a_2\boldsymbol{e}_2$, $\boldsymbol{b}=b_1\boldsymbol{e}_1+b_2\boldsymbol{e}_2$, 则向量 $\boldsymbol{a}, \boldsymbol{b}$ 共线的充分必要条件是 $\begin{vmatrix} a_1 & b_1 \\ a_2 & b_2 \end{vmatrix}=0$.

## 习　题　1.4

1. 计算下列行列式:

(1) $\begin{vmatrix} -1 & 1 \\ 2 & 3 \end{vmatrix}$;　　(2) $\begin{vmatrix} \cos\theta & -\sin\theta \\ \sin\theta & \cos\theta \end{vmatrix}$;

(3) $\begin{vmatrix} 1 & 2 & 2 \\ 0 & -1 & 0 \\ 0 & 0 & -1 \end{vmatrix}$;　　(4) $\begin{vmatrix} 1 & 1 & 1 \\ 2 & 3 & 4 \\ 4 & 9 & 16 \end{vmatrix}$;

(5) $\begin{vmatrix} 2 & 1 & 1 \\ 1 & 1 & 5 \\ 2 & 3 & -3 \end{vmatrix}$;　　(6) $\begin{vmatrix} x & y & z \\ z & x & y \\ y & z & x \end{vmatrix}$.

2. 利用行列式解下列线性方程组:

(1) $\begin{cases} 2x-3y=5, \\ 3x+2y=1; \end{cases}$　　(2) $\begin{cases} 2x-y+3z=9, \\ 3x-5y+z=-3, \\ x+3y-2z=-6. \end{cases}$

3. 设 $\boldsymbol{e}_1, \boldsymbol{e}_2, \boldsymbol{e}_3$ 不共面, 判断下列向量组是否共面:

(1) $\boldsymbol{a}=\boldsymbol{e}_1+3\boldsymbol{e}_2-\boldsymbol{e}_3$, $\boldsymbol{b}=2\boldsymbol{e}_1-3\boldsymbol{e}_2-10\boldsymbol{e}_3$, $\boldsymbol{c}=-\boldsymbol{e}_1+2\boldsymbol{e}_2+6\boldsymbol{e}_3$;

(2) $\boldsymbol{a}=2\boldsymbol{e}_1+\boldsymbol{e}_2-3\boldsymbol{e}_3$, $\boldsymbol{b}=2\boldsymbol{e}_1+\boldsymbol{e}_2-4\boldsymbol{e}_3$, $\boldsymbol{c}=3\boldsymbol{e}_1+\boldsymbol{e}_2-2\boldsymbol{e}_3$.

4. 设 $\boldsymbol{e}_1, \boldsymbol{e}_2, \boldsymbol{e}_3$ 不共面, 向量 $\boldsymbol{v}$ 是否可以表示成 $\boldsymbol{a}, \boldsymbol{b}, \boldsymbol{c}$ 的线性组合? 如能, 则写出相应的表达式.

(1) $\boldsymbol{a}=\boldsymbol{e}_1+2\boldsymbol{e}_2+4\boldsymbol{e}_3$, $\boldsymbol{b}=\boldsymbol{e}_1-\boldsymbol{e}_2+\boldsymbol{e}_3$, $\boldsymbol{c}=\boldsymbol{e}_1+\boldsymbol{e}_2+3\boldsymbol{e}_3$, $\boldsymbol{v}=6\boldsymbol{e}_1+3\boldsymbol{e}_2+15\boldsymbol{e}_3$;

(2) $\boldsymbol{a}=\boldsymbol{e}_1-2\boldsymbol{e}_2+3\boldsymbol{e}_3$, $\boldsymbol{b}=\boldsymbol{e}_1+2\boldsymbol{e}_2+2\boldsymbol{e}_3$, $\boldsymbol{c}=-\boldsymbol{e}_1+6\boldsymbol{e}_2+5\boldsymbol{e}_3$, $\boldsymbol{v}=4\boldsymbol{e}_1-8\boldsymbol{e}_2+3\boldsymbol{e}_3$;

(3) $\boldsymbol{a}=2\boldsymbol{e}_1+\boldsymbol{e}_2-\boldsymbol{e}_3$, $\boldsymbol{b}=\boldsymbol{e}_1-2\boldsymbol{e}_2+\boldsymbol{e}_3$, $\boldsymbol{c}=\boldsymbol{e}_1+3\boldsymbol{e}_2-2\boldsymbol{e}_3$, $\boldsymbol{v}=3\boldsymbol{e}_1-\boldsymbol{e}_2+2\boldsymbol{e}_3$.

## 附录

### 行列式的性质

行列式的如下性质对任意阶行列式均成立, 由于本书主要使用二阶和三阶行列式, 为了表

示上简便, 此处只给出三阶行列式的相应表达式.

**性质 1** 将行列式的各行依次变为相应的各列, 所得行列式 (称为原行列式的**转置**) 与原行列式相等, 如

$$\begin{vmatrix} a_1 & b_1 & c_1 \\ a_2 & b_2 & c_2 \\ a_3 & b_3 & c_3 \end{vmatrix} = \begin{vmatrix} a_1 & a_2 & a_3 \\ b_1 & b_2 & b_3 \\ c_1 & c_2 & c_3 \end{vmatrix}. \tag{1.14}$$

**性质 2** 将行列式的任意两行 (或两列) 对调, 所得行列式为原行列式的相反数, 如

$$\begin{vmatrix} a_2 & b_2 & c_2 \\ a_1 & b_1 & c_1 \\ a_3 & b_3 & c_3 \end{vmatrix} = -\begin{vmatrix} a_1 & b_1 & c_1 \\ a_2 & b_2 & c_2 \\ a_3 & b_3 & c_3 \end{vmatrix}. \tag{1.15}$$

**性质 3** 如果行列式的某两行 (或两列) 对应相等, 则行列式等于零, 如

$$\begin{vmatrix} a_1 & b_1 & c_1 \\ a_1 & b_1 & c_1 \\ a_3 & b_3 & c_3 \end{vmatrix} = 0. \tag{1.16}$$

这可由性质 2 直接得到.

**性质 4** 如果行列式的某行 (或列) 有公因子, 可以把公因子提到行列式外, 如

$$\begin{vmatrix} a_1 & b_1 & c_1 \\ ka_2 & kb_2 & kc_2 \\ a_3 & b_3 & c_3 \end{vmatrix} = k\begin{vmatrix} a_1 & b_1 & c_1 \\ a_2 & b_2 & c_2 \\ a_3 & b_3 & c_3 \end{vmatrix}. \tag{1.17}$$

**性质 5** 如果行列式的某两行 (或两列) 元素对应成比例, 则行列式等于零, 如

$$\begin{vmatrix} a_1 & b_1 & c_1 \\ ka_1 & kb_1 & kc_1 \\ a_3 & b_3 & c_3 \end{vmatrix} = 0. \tag{1.18}$$

这可由性质 3 和性质 4 得到. 特别地, 若行列式的某行 (或列) 元素全为零, 则行列式等于零.

**性质 6** 如果将行列式的某行 (或列) 的所有元素分解为两数之和, 则行列式可表示为两个行列式之和, 如

$$\begin{vmatrix} a_1 & b_1 & c_1 \\ a_2+a_2' & b_2+b_2' & c_2+c_2' \\ a_3 & b_3 & c_3 \end{vmatrix} = \begin{vmatrix} a_1 & b_1 & c_1 \\ a_2 & b_2 & c_2 \\ a_3 & b_3 & c_3 \end{vmatrix} + \begin{vmatrix} a_1 & b_1 & c_1 \\ a_2' & b_2' & c_2' \\ a_3 & b_3 & c_3 \end{vmatrix}. \tag{1.19}$$

**性质 7** 把行列式的某一行 (或列) 的所有元素同乘以一个数 $k$, 加到另一行 (或列) 的对应元素上, 所得行列式与原行列式相等, 如

$$\begin{vmatrix} a_1 & b_1 & c_1 \\ ka_1+a_2 & kb_1+b_2 & kc_1+c_2 \\ a_3 & b_3 & c_3 \end{vmatrix} = \begin{vmatrix} a_1 & b_1 & c_1 \\ a_2 & b_2 & c_2 \\ a_3 & b_3 & c_3 \end{vmatrix}. \tag{1.20}$$

这可由性质 5 和性质 6 得到.

## 1.5　空间坐标系

从 1.3 节关于向量线性关系的分析知道: 在一条直线上, 一个非零向量可以线性表示所有的向量; 在一个平面上, 两个不共线向量可以线性表示所有的向量. 进一步的问题是, 在空间中什么样的向量组可以线性表示所有的向量? 对此, 有以下定理.

**定理 1.7**　*设 $\boldsymbol{a},\boldsymbol{b},\boldsymbol{c}$ 是不共面的三个向量. 空间中任意向量 $\boldsymbol{r}$ 都可由 $\boldsymbol{a}$, $\boldsymbol{b}$, $\boldsymbol{c}$ 线性表示, 并且对空间中每个向量, 表示方法都是唯一的.*

**证**　先证明任意向量 $\boldsymbol{r}$ 皆可由 $\boldsymbol{a},\boldsymbol{b},\boldsymbol{c}$ 线性表示. 若 $\boldsymbol{r}$ 与 $\boldsymbol{a},\boldsymbol{b},\boldsymbol{c}$ 中的某两个共面, 比如说 $\boldsymbol{a},\boldsymbol{b},\boldsymbol{r}$ 共面, 则 $\boldsymbol{r}$ 可由 $\boldsymbol{a},\boldsymbol{b}$ 线性表示, 从而可由 $\boldsymbol{a},\boldsymbol{b},\boldsymbol{c}$ 线性表示; 下面假设 $\boldsymbol{r}$ 与 $\boldsymbol{a},\boldsymbol{b},\boldsymbol{c}$ 中任意两个均不共面. 如图 1.13 所示, 在空间中任取点 $O$, 作 $\overrightarrow{OA}=\boldsymbol{a}$, $\overrightarrow{OB}=\boldsymbol{b}$, $\overrightarrow{OC}=\boldsymbol{c}$, $\overrightarrow{OR}=\boldsymbol{r}$. 过 $R$ 作直线与 $OC$ 平行, 交 $OAB$ 决定的平面于 $M$, 因为 $\boldsymbol{a},\boldsymbol{b},\boldsymbol{c}$ 不共面, 点 $M$ 必定存在. 再过 $R$ 作与 $OAB$ 决定的平面平行的平面, 与过 $OC$ 的直线交于点 $N$, 同样因为 $\boldsymbol{a},\boldsymbol{b},\boldsymbol{c}$ 不共面, 点 $N$ 必定存在.

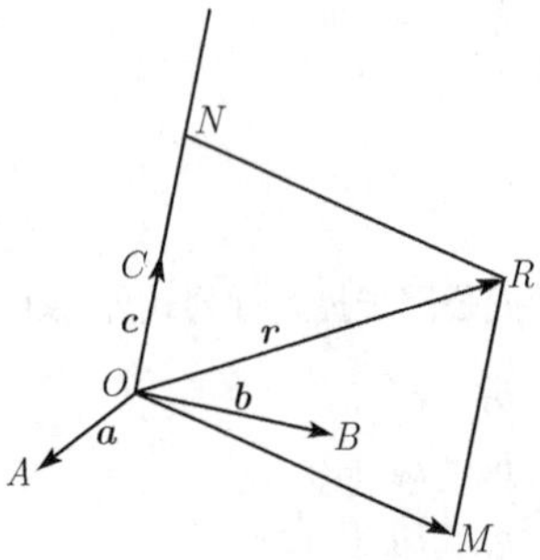


图 1.13

根据向量加法的定义, $\boldsymbol{r}=\overrightarrow{OM}+\overrightarrow{ON}$. 因为 $\overrightarrow{OM}$ 与 $\boldsymbol{a},\boldsymbol{b}$ 共面, 且 $\boldsymbol{a}\not\parallel\boldsymbol{b}$, 故存在实数 $k,l$ 使 $\overrightarrow{OM}=k\boldsymbol{a}+l\boldsymbol{b}$. 另一方面, 因为 $\overrightarrow{ON}/\!/\boldsymbol{c}$ 且 $\boldsymbol{c}\neq\boldsymbol{0}$, 故存在实数 $m$, 使得 $\overrightarrow{ON}=m\boldsymbol{c}$. 因此 $\boldsymbol{r}=k\boldsymbol{a}+l\boldsymbol{b}+m\boldsymbol{c}$.

再证明线性表示对 $\boldsymbol{r}$ 的唯一性. 若另有 $k',l',m'$, 使得 $\boldsymbol{r}=k'\boldsymbol{a}+l'\boldsymbol{b}+m'\boldsymbol{c}$, 则由 $\boldsymbol{r}=k\boldsymbol{a}+l\boldsymbol{b}+m\boldsymbol{c}=k'\boldsymbol{a}+l'\boldsymbol{b}+m'\boldsymbol{c}$ 得 $(k-k')\boldsymbol{a}+(l-l')\boldsymbol{b}+(m-m')\boldsymbol{c}=\boldsymbol{0}$. 因为 $\boldsymbol{a},\boldsymbol{b},\boldsymbol{c}$ 不共面, 故 $k-k'=l-l'=m-m'=0$. □

### 1.5.1　空间坐标系的概念

由 1.1 节知道: 任意取定空间一点 $O$, 由空间任一点 $M$ 可以唯一确定一个向量 $\overrightarrow{OM}$; 由任一向量 $\boldsymbol{a}$ 可以唯一确定空间中一点 $M$, 使得 $\overrightarrow{OM}=\boldsymbol{a}$. 因此, 可以建立空间所有点所组成的集合与空间所有向量所组成的集合之间的一一对应关系. 根据定理 1.7, 取定空间中三个不共面的向量, 空间所有向量所组成的集合与所有有序三数组所组成的集合 $\{k,l,m\}$ 之间又可以建立一一对应关系. 这样, 取定空间中一点和三个不共面的向量后, 空间所有点所组成的集合、空间所有向量所组成的集合、所有有序三数组所组成的集合之间就可以相互建立一一对应关系. 基于这一考虑, 便可以建立空间坐标系的概念.

**定义 1.13** 在空间中取定一点 $O$ 和三个有序的不共面向量 $\boldsymbol{e}_1, \boldsymbol{e}_2, \boldsymbol{e}_3$, 便构成了一个**空间仿射坐标系**, 简称仿射坐标系, 记为 $\{O;\ \boldsymbol{e}_1, \boldsymbol{e}_2, \boldsymbol{e}_3\}$, 如图 1.14 所示. 点 $O$ 称为**坐标原点**; $\boldsymbol{e}_1, \boldsymbol{e}_2, \boldsymbol{e}_3$ 称为**坐标向量**; 过点 $O$ 分别以 $\boldsymbol{e}_1, \boldsymbol{e}_2, \boldsymbol{e}_3$ 为方向向量的有向直线称为**坐标轴**, 依次叫做 $Ox$ 轴, $Oy$ 轴, $Oz$ 轴; 过 $Ox$ 轴与 $Oy$ 轴的平面叫做 $Oxy$ 平面, 过 $Oy$ 轴与 $Oz$ 轴的平面叫做 $Oyz$ 平面, 过 $Ox$ 轴与 $Oz$ 轴的平面叫做 $Oxz$ 平面, 三个平面统称为**坐标平面**.

仿射坐标系分为右手系和左手系. 如果将右 (左) 手的拇指和食指分别指向 $Ox$ 轴和 $Oy$ 轴的方向时, 中指就可以指向 $Oz$ 轴的方向, 这样的坐标系就称为**右 (左) 手系**. 在没有特别声明时, 本书所提及的坐标系都是右手系.

空间仿射坐标系的三个坐标平面将空间 (除三个坐标平面本身外) 分为八个部分, 分别称为 I, II, III, IV, V, VI, VII, VIII **卦限**, 如图 1.15 所示.

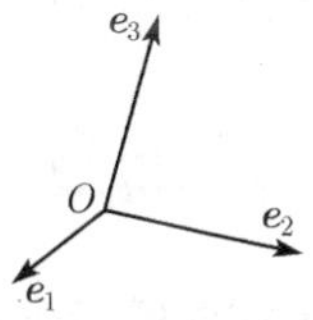


图 1.14

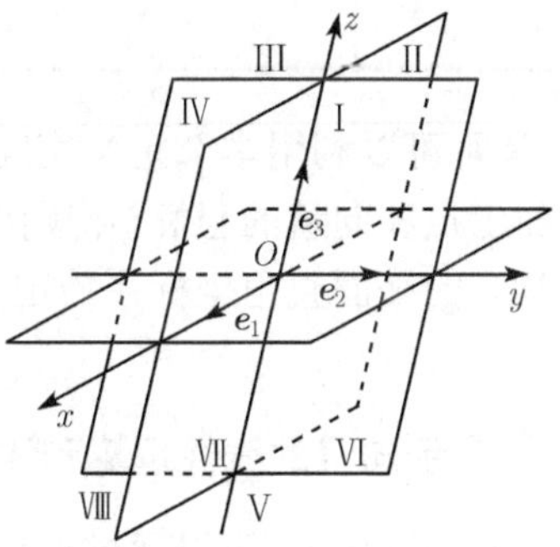


图 1.15

作为仿射坐标系的一种特例, 若坐标系的三个坐标向量是两两垂直的单位向量, 称该坐标系为**空间直角坐标系**, 简称直角坐标系, 通常记为 $\{O;\ \boldsymbol{i}, \boldsymbol{j}, \boldsymbol{k}\}$. 由于直角坐标系是一类特殊的仿射坐标系, 因此在仿射坐标系下进行的运算在直角坐标系下自然有效, 在仿射坐标系下得到的结论在直角坐标系下自然成立.

### 1.5.2 向量与点的坐标

给定空间仿射坐标系 $\{O; \boldsymbol{e}_1, \boldsymbol{e}_2, \boldsymbol{e}_3\}$. 根据定理 1.7, 对于任意给定的向量 $\boldsymbol{a}$, 存在唯一确定的三个实数 $x, y, z$, 使得 $\boldsymbol{a} = x\boldsymbol{e}_1 + y\boldsymbol{e}_2 + z\boldsymbol{e}_3$, 有序三数组 $\{x, y, z\}$ 称为向量 $\boldsymbol{a}$ 的**坐标**, 记为 $\boldsymbol{a} = \{x, y, z\}$.

需要注意的是, 对于给定向量, 其坐标只与坐标向量的选择有关而与坐标原点的选择无关.

任意给定空间一点 $M$, 有一个向量 $\overrightarrow{OM}$ 与之对应, $\overrightarrow{OM}$ 称为点 $M$ 的**向径**. 显然, 这种关系建立了空间所有点所组成的集合与空间所有向量所组成的集合之间的一一对应关系. 将向量 $\overrightarrow{OM}$ 的坐标定义为点 $M$ 的坐标. 例如, $\overrightarrow{OM}=\{x,y,z\}$, 则记点 $M$ 的坐标为 $M(x,y,z)$.

**例 1.7**　根据向量与点的坐标的定义, 容易得以下特殊点和特殊向量的坐标:

(1) 原点 $O(0,0,0)$, $\mathbf{0}=\{0,0,0\}$, $\boldsymbol{e}_1=\{1,0,0\}$, $\boldsymbol{e}_2=\{0,1,0\}$, $\boldsymbol{e}_3=\{0,0,1\}$;

(2) $Ox$ 轴, $Oy$ 轴, $Oz$ 轴上的点分别有 $(x,0,0),(0,y,0),(0,0,z)$ 形式的坐标;

(3) $Oxy$ 平面, $Oyz$ 平面, $Oxz$ 平面上的点分别有 $(x,y,0)$, $(0,y,z),(x,0,z)$ 形式的坐标;

(4) 八个卦限中点的坐标的符号具有如下特征:

| 卦限 / 坐标 | I | II | III | IV | V | VI | VII | VIII |
|---|---|---|---|---|---|---|---|---|
| $x$ | + | − | − | + | + | − | − | + |
| $y$ | + | + | − | − | + | + | − | − |
| $z$ | + | + | + | + | − | − | − | − |

**思考**　是否可以利用本节定义空间仿射坐标系的方法定义平面仿射坐标系? 如何定义平面上点和向量的坐标? 特别地, 平面直角坐标系又应如何定义? 试将它与中学阶段学习的平面直角坐标系的定义做个比较. 另外, 可以在直线上定义仿射坐标系吗?

### 1.5.3　用坐标表示向量的线性运算和线性关系

在空间仿射坐标系下, 可以通过点和向量的坐标计算由有向线段表示的向量的坐标, 进行向量间的加减运算、数乘向量运算.

**命题 1.9**　*在空间仿射坐标系 $\{O;\boldsymbol{e}_1,\boldsymbol{e}_2,\boldsymbol{e}_3\}$ 下, 已知向量 $\boldsymbol{a}=\{a_1,a_2,a_3\}$, $\boldsymbol{b}=\{b_1,b_2,b_3\}$, 点 $M(x_1,y_1,z_1)$ 和 $N(x_2,y_2,z_2)$ 以及实数 $k$, 则有以下等式:*

(1) $\boldsymbol{a}\pm\boldsymbol{b}=\{a_1\pm b_1,a_2\pm b_2,a_3\pm b_3\}$;

(2) $\overrightarrow{MN}=\{x_2-x_1,y_2-y_1,z_2-z_1\}$;

(3) $k\boldsymbol{a}=\{ka_1,ka_2,ka_3\}$.

**证**　(1) 此处只证明相加的情况, 相减的情形可类似证明. 由向量坐标的定义, $\boldsymbol{a}=a_1\boldsymbol{e}_1+a_2\boldsymbol{e}_2+a_3\boldsymbol{e}_3$, $\boldsymbol{b}=b_1\boldsymbol{e}_1+b_2\boldsymbol{e}_2+b_3\boldsymbol{e}_3$, 根据向量线性运算的性质, 整理可得

$$\boldsymbol{a}+\boldsymbol{b}=(a_1+b_1)\boldsymbol{e}_1+(a_2+b_2)\boldsymbol{e}_2+(a_3+b_3)\boldsymbol{e}_3,$$

再由向量坐标的定义可得结论.

(2) 由点的坐标的定义, $\overrightarrow{OM}=\{x_1,y_1,z_1\}$, $\overrightarrow{ON}=\{x_2,y_2,z_2\}$, 所以

$$\overrightarrow{MN}=\overrightarrow{ON}-\overrightarrow{OM}=\{x_2-x_1,y_2-y_1,z_2-z_1\}.$$

(3) $k\boldsymbol{a}=k(a_1\boldsymbol{e}_1+a_2\boldsymbol{e}_2+a_3\boldsymbol{e}_3)=ka_1\boldsymbol{e}_1+ka_2\boldsymbol{e}_2+ka_3\boldsymbol{e}_3$, 所以 $k\boldsymbol{a}$ 的坐标为

$$k\boldsymbol{a}=\{ka_1,ka_2,ka_3\}.$$ □

**例 1.8**(定比分点公式) 在仿射坐标系下, 已知两点 $A(a_1,a_2,a_3),B(b_1,b_2,b_3)$, 点 $P$ 分线段 $AB$ 成定比 $\lambda\ (\lambda\neq-1)$, 即 $\overrightarrow{AP}=\lambda\overrightarrow{PB}$, 求点 $P$ 的坐标.

**解** 由例 1.4 知, $\overrightarrow{OP}=\dfrac{\overrightarrow{OA}+\lambda\overrightarrow{OB}}{1+\lambda}$, 而根据已知条件 $\overrightarrow{OA}=\{a_1,a_2,a_3\},\overrightarrow{OB}=\{b_1,b_2,b_3\}$, 所以

$$\overrightarrow{OP}=\left\{\frac{a_1+\lambda b_1}{1+\lambda},\frac{a_2+\lambda b_2}{1+\lambda},\ \frac{a_3+\lambda b_3}{1+\lambda}\right\},$$

所以, 点 $P$ 的坐标为

$$P\left(\frac{a_1+\lambda b_1}{1+\lambda},\frac{a_2+\lambda b_2}{1+\lambda},\ \frac{a_3+\lambda b_3}{1+\lambda}\right).$$

**例 1.9**(三角形重心公式) 在仿射坐标系下, 设 $\triangle ABC$ 的顶点坐标分别是 $A(x_1,y_1,z_1),B(x_2,y_2,z_2),\ C(x_3,y_3,z_3)$, 则 $\triangle ABC$ 的重心 $G$ 的坐标为

$$\left(\frac{x_1+x_2+x_3}{3},\ \frac{y_1+y_2+y_3}{3},\frac{z_1+z_2+z_3}{3}\right).$$

**证** 设边 $BC$ 的中点为 $D$, 由定比分点公式有 $D\left(\dfrac{x_2+x_3}{2},\dfrac{y_2+y_3}{2},\dfrac{z_2+z_3}{2}\right)$. 重心 $G$ 为线段 $AD$ 的分点, 且 $AG=2GD$, 再由定比分点公式可以计算出 $G$ 的坐标.

由命题 1.5 可得以下定理.

**定理 1.8** *在仿射坐标系下, 已知向量 $\boldsymbol{a}=\{a_1,a_2,a_3\}$, $\boldsymbol{b}=\{b_1,b_2,b_3\}$, 其中 $\boldsymbol{b}\neq\boldsymbol{0}$, 则 $\boldsymbol{a}/\!/\boldsymbol{b}$ 的充分必要条件是它们的坐标对应成比例, 即存在实数 $k$, 使得*

$$a_1=kb_1,\quad a_2=kb_2,\quad a_3=kb_3. \tag{1.21}$$

*这一关系通常表示为*

$$\frac{a_1}{b_1}=\frac{a_2}{b_2}=\frac{a_3}{b_3}. \tag{1.22}$$

**约定** 此处式 (1.22) 的本意是表示存在实数 $k$, 使式 (1.21) 成立, 因为其简洁的格式, 式 (1.22) 经常在代数和几何中被使用. 由于分式表达式要求分母不为零, 因此特别对式 (1.22) 作如下约定: 首先, 分母不全为零; 第二, 分母均不为零时, 表示正常的等式; 第三, 分母中有一个为零时, 要求分母为零的分式的分子必须为零,

其余两分式正常相等, 如 $\frac{a_1}{3}=\frac{a_2}{0}=\frac{a_3}{5}$ 等价于 $\frac{a_1}{3}=\frac{a_3}{5}$ 且 $a_2=0$; 第四, 分母中有两个为零时, 要求分母为零的两个分式的分子均为零, 如 $\frac{a_1}{1}=\frac{a_2}{0}=\frac{a_3}{0}$ 等价于 $a_2=0$ 且 $a_3=0$.

由命题 1.8 又可以得到以下定理.

**定理 1.9**　在仿射坐标系下, 已知向量 $\boldsymbol{a}=\{a_1,a_2,a_3\},\boldsymbol{b}=\{b_1,b_2,b_3\},\boldsymbol{c}=\{c_1,c_2,c_3\}$, 则向量 $\boldsymbol{a},\boldsymbol{b},\boldsymbol{c}$ 共面的充分必要条件是

$$\begin{vmatrix} a_1 & b_1 & c_1 \\ a_2 & b_2 & c_2 \\ a_3 & b_3 & c_3 \end{vmatrix}=0.$$

## 习　题　1.5

1. 已知向量 $\boldsymbol{a}=\{1,5,2\},\boldsymbol{b}=\{0,-3,4\},\boldsymbol{c}=\{-2,3,-1\}$, 求向量 $2\boldsymbol{a}+\boldsymbol{c},-3\boldsymbol{a}+2\boldsymbol{b}+4\boldsymbol{c}$ 的坐标.

2. $ABCD$ 为平行四边形, $P$ 为对角线交点. 已知 $A(-3,1,5)$, $B(2,-3,4)$, $P(1,-1,2)$, 试确定 $C,D$ 的坐标.

3. 证明：四面体的四条中线 (即顶点与其对面重心的连线) 交于一点 (此点称为四面体的重心), 且此交点将每一条中线分成定比为 $3:1$ (由顶点起) 的两部分.

4. 四面体的不相交的两条棱称为对棱. 证明：四面体的对棱中点连线交于其重心 (四面体重心的概念见上题).

5. 在直角坐标系下, 求点 $P(2,-1,3)$ 关于各坐标轴、各坐标平面以及原点对称的点的坐标.

6. 已知 $A,B,C$ 三点坐标如下：

(1) 在坐标系 $\{O;\boldsymbol{e}_1,\boldsymbol{e}_2\}$ 下, $A(0,1),B(2,-2),C(-2,4)$;

(2) 在坐标系 $\{O;\boldsymbol{e}_1,\boldsymbol{e}_2,\boldsymbol{e}_3\}$ 下, $A(0,1,0),B(-1,0,-2),C(-2,3,4)$.

试判断它们是否共线, 若共线, 试写出 $\overrightarrow{AB}$ 和 $\overrightarrow{AC}$ 的线性关系式.

7. 已知向量 $\boldsymbol{a},\boldsymbol{b},\boldsymbol{c}$ 的坐标如下：

(1) $\boldsymbol{a}=\{0,-1,2\},\boldsymbol{b}=\{0,2,-4\},\boldsymbol{c}=\{1,2,-1\}$;

(2) $\boldsymbol{a}=\{1,2,3\},\boldsymbol{b}=\{2,-1,0\},\boldsymbol{c}=\{0,5,6\}$,

试判断它们是否共面, $\boldsymbol{c}$ 是否可由 $\boldsymbol{a},\boldsymbol{b}$ 线性表示? 若能, 写出表达式.

8. 在仿射坐标系下, 确定下列四点是否共面：

(1) $A(1,2,-1),B(0,1,5),C(-1,2,1),D(2,1,3)$;

(2) $A(3,-2,1),B(2,0,-1),C(-1,-4,5),D(3,-2,4)$;

(3) $A(1,2,-3),B(3,5,-1),C(0,-2,7),D(2,1,3)$;

(4) $A(1,0,1),B(0,-1,2),C(1,2,-2),D(2,0,-21)$.

# 1.6 向量的数量积

## 1.6.1 向量在向量上的射影

先来定义向量在轴上的射影. 所谓**轴**, 是指空间中一条有向直线. 设 $P$ 为空间中一点, $l$ 为空间中一条轴, 过 $P$ 作与 $l$ 垂直的平面交 $l$ 于一点 $P'$, 称点 $P'$ 为点 $P$ 在轴 $l$ 上的射影. 设 $\overline{PQ}$ 为空间中一个有向线段, 点 $P$ 和 $Q$ 在轴 $l$ 上的射影分别是 $P'$ 和 $Q'$, 轴 $l$ 上的有向线段 $\overline{P'Q'}$ 的量值称为有向线段 $\overline{PQ}$ 在轴 $l$ 上的射影, 记作 $P'Q'$.

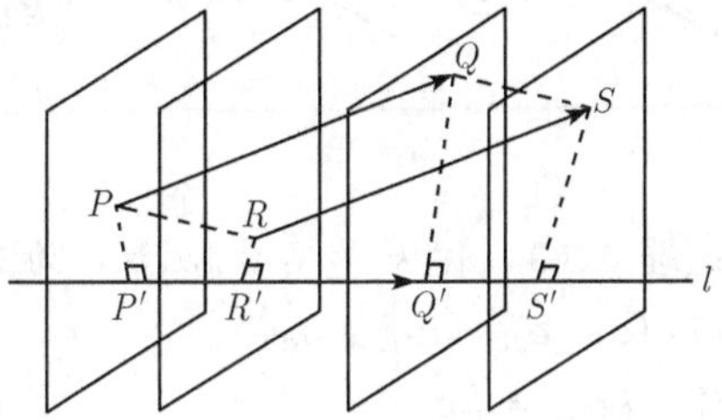

图 1.16

实际上, 由立体几何知识知道, 当有向线段在空间中平行移动时, 它在同一条轴上的射影不会改变, 因此, 如果两个有向线段表示同一个向量, 它们在同一轴上的射影是相同的. 如图 1.16 所示, 有向线段 $\overline{PQ}$ 和 $\overline{RS}$ 表示同一个向量, 它们在轴 $l$ 上的射影 $P'Q'$ 与 $R'S'$ 相等. 由此可以定义向量在轴上的射影.

**定义 1.14** *设 $l$ 为空间中一条轴, $\boldsymbol{a}$ 为一个向量, $\overline{PQ}$ 为一个有向线段, 且 $\boldsymbol{a}=\overrightarrow{PQ}$. 有向线段 $\overline{PQ}$ 在轴 $l$ 上的射影称为向量 $\boldsymbol{a}$ 在 $l$ 上的**射影**, 记为 $\boldsymbol{a}_l$.*

由定义 1.14, 对于给定的向量 $\boldsymbol{a}$, 其在轴 $l$ 上的射影只与轴 $l$ 的方向有关, 因此, 可以定义一个向量在另一向量上的射影.

**定义 1.15** *设 $\boldsymbol{a},\boldsymbol{b}$ 为两个向量, 其中 $\boldsymbol{b}\neq\boldsymbol{0}$. 在空间中取轴 $l$ 与 $\boldsymbol{b}$ 同向, 向量 $\boldsymbol{a}$ 在轴 $l$ 上的射影称为向量 $\boldsymbol{a}$ 在向量 $\boldsymbol{b}$ 上的**射影**, 记为 $\boldsymbol{a}_{\boldsymbol{b}}$.*

请读者注意, 此处关于向量在向量上的射影的定义过程: 由点在轴上的射影给出有向线段在轴上的射影的定义; 由于表示相同向量的有向线段在同一轴上有相同的射影, 即有向线段在给定轴上的射影是由其所表示的向量决定的, 因此给出了向量在轴上的射影的定义; 进一步, 给定一个向量, 它在一条轴上的射影实际上决定于轴的方向, 而轴的方向可以用一个非零向量来表示, 因此最后给出了向量在一个非零向量上的射影的定义. 显然, 当向量 $\boldsymbol{a}$ 给定时, $\boldsymbol{a}_{\boldsymbol{b}}$ 只与 $\boldsymbol{b}$ 的方向有关而与 $|\boldsymbol{b}|$ 无关.

在直观上, 可以这样理解和表示向量在一个非零向量上的射影: 对于给定的向量 $\boldsymbol{a},\boldsymbol{b}$, 其中 $\boldsymbol{b}\neq\boldsymbol{0}$. 作与 $\boldsymbol{b}$ 同方向的轴 $l$, 在空间取点 $P,Q$, 使得 $\overrightarrow{PQ}=\boldsymbol{a}$, 设点 $P,Q$ 在 $l$ 上的射影分别为 $P',Q'$, 则轴 $l$ 上的有向线段 $\overline{P'Q'}$ 的量值 $P'Q'$ 正是 $\boldsymbol{a}_{\boldsymbol{b}}$,

如图 1.17 所示. 根据这一直观表示, 可以发现 $\boldsymbol{a_b}$ 由 $|\boldsymbol{a}|$ 和 $\langle \boldsymbol{a}, \boldsymbol{b}\rangle$ 决定, 具体地有以下命题.

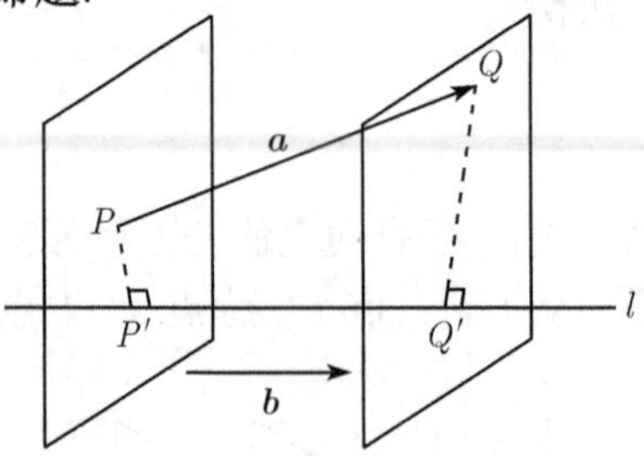


图 1.17

**命题 1.10**　设 $\boldsymbol{a}, \boldsymbol{b}$ 为两个向量, 且 $\boldsymbol{b} \neq \boldsymbol{0}$, 则

$$\boldsymbol{a_b} = |\boldsymbol{a}| \cos\langle \boldsymbol{a}, \boldsymbol{b}\rangle. \tag{1.23}$$

**例 1.10**　设在空间直角坐标系 $\{O; \boldsymbol{i}, \boldsymbol{j}, \boldsymbol{k}\}$ 下向量 $\boldsymbol{a}$ 的坐标是 $\boldsymbol{a} = \{x, y, z\}$, 则有

$$\boldsymbol{a_i} = x, \quad \boldsymbol{a_j} = y, \quad \boldsymbol{a_k} = z.$$

向量在非零向量上的射影满足以下性质.

**定理 1.10**　设 $k$ 为实数, $\boldsymbol{a}, \boldsymbol{b}, \boldsymbol{c}$ 为三个向量, 其中 $\boldsymbol{c} \neq \boldsymbol{0}$, 则有

(1) $(\boldsymbol{a} + \boldsymbol{b})_{\boldsymbol{c}} = \boldsymbol{a_c} + \boldsymbol{b_c}$;

(2) $(k\boldsymbol{a})_{\boldsymbol{c}} = k\boldsymbol{a_c}$.

**证**　(1) 如图 1.18(a) 所示, 作与 $\boldsymbol{c}$ 同方向的轴 $l$, 在 $l$ 上任取一点 $O$, 作点 $A$, $B$, 使得 $\overrightarrow{OA} = \boldsymbol{a}$, $\overrightarrow{AB} = \boldsymbol{b}$, 则 $\overrightarrow{OB} = \boldsymbol{a} + \boldsymbol{b}$. 设 $A, B$ 在 $l$ 上的射影分别是 $A', B'$, 则 $\boldsymbol{a_c} = OA'$, $\boldsymbol{b_c} = A'B'$, 因此有

$$(\boldsymbol{a} + \boldsymbol{b})_{\boldsymbol{c}} = OB' = OA' + A'B' = \boldsymbol{a_c} + \boldsymbol{b_c}.$$

(2) 如图 1.18(b) 所示, 作点 $P$ 使 $\overrightarrow{OP} = k\boldsymbol{a}$, 并设 $P'$ 为 $P$ 在 $l$ 上的射影, 则 $(k\boldsymbol{a})_{\boldsymbol{c}} = OP'$. 由 $\triangle OAA' \backsim \triangle OPP'$, 可得 $OP' = kOA'$, 因此有

$$(k\boldsymbol{a})_{\boldsymbol{c}} = OP' = kOA' = k\boldsymbol{a_c}.$$

□

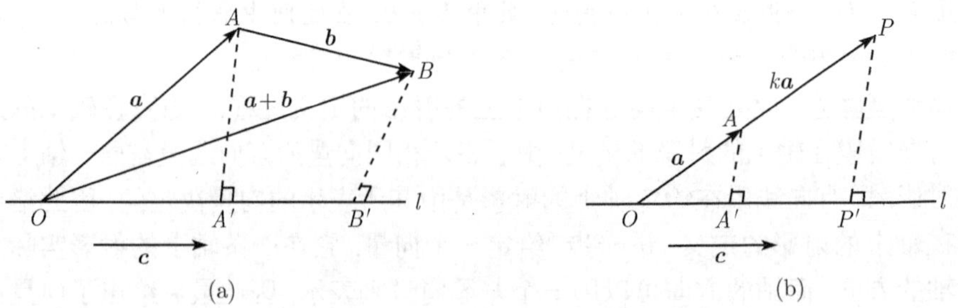


图 1.18

定理 1.10 说明, 向量在给定非零向量上的射影具有线性性质. 一般地, 对于任意实数 $k_1, k_2, \cdots, k_n$ 和任意向量 $\boldsymbol{a}_1, \boldsymbol{a}_2, \cdots, \boldsymbol{a}_n$ 以及任意非零向量 $\boldsymbol{b}$, 有

$$(k_1\boldsymbol{a}_1 + k_2\boldsymbol{a}_2 + \cdots + k_n\boldsymbol{a}_n)_{\boldsymbol{b}} = k_1(\boldsymbol{a}_1)_{\boldsymbol{b}} + k_2(\boldsymbol{a}_2)_{\boldsymbol{b}} + \cdots + k_n(\boldsymbol{a}_n)_{\boldsymbol{b}}.$$

### 1.6.2 数量积的定义与性质

**定义 1.16** 设 $\boldsymbol{a},\boldsymbol{b}$ 两个向量, 称实数 $|\boldsymbol{a}||\boldsymbol{b}|\cos\langle\boldsymbol{a},\boldsymbol{b}\rangle$ 为 $\boldsymbol{a}$ 和 $\boldsymbol{b}$ 的**数量积**, 也称为**内积**, 记为 $\boldsymbol{a}\cdot\boldsymbol{b}$. 两向量的内积运算也称为点乘.

当 $\boldsymbol{a},\boldsymbol{b}$ 均为非零向量时, $|\boldsymbol{a}|$, $|\boldsymbol{b}|$ 和 $\langle\boldsymbol{a},\boldsymbol{b}\rangle$ 被 $\boldsymbol{a},\boldsymbol{b}$ 完全确定; 当 $\boldsymbol{a},\boldsymbol{b}$ 中存在零向量时, 虽然 $\langle\boldsymbol{a},\boldsymbol{b}\rangle$ 不能确定, 但是 $|\boldsymbol{a}||\boldsymbol{b}|$ 为零, 故内积为零, 也是确定的. 因此, 定义 1.16 对任意两个向量均有效.

当 $\boldsymbol{b}\neq\boldsymbol{0}$ 时, 由数量积定义和式 (1.23) 可得

$$\boldsymbol{a}\cdot\boldsymbol{b}=|\boldsymbol{b}|\boldsymbol{a}_{\boldsymbol{b}}. \tag{1.24}$$

数量积在物理学中有很多应用. 例如, 质点在恒力 $\boldsymbol{f}$ 作用下产生位移 $\boldsymbol{s}$, 则 $\boldsymbol{f}$ 对该质点所做的功是 $\boldsymbol{f}\cdot\boldsymbol{s}$.

**例 1.11** 空间直角坐标系 $\{O;\boldsymbol{i},\boldsymbol{j},\boldsymbol{k}\}$ 下, 三个坐标向量满足

$$\boldsymbol{i}\cdot\boldsymbol{i}=\boldsymbol{j}\cdot\boldsymbol{j}=\boldsymbol{k}\cdot\boldsymbol{k}=1,\quad \boldsymbol{i}\cdot\boldsymbol{j}=\boldsymbol{j}\cdot\boldsymbol{k}=\boldsymbol{k}\cdot\boldsymbol{i}=0.$$

以下结论可以直接从数量积的定义得到.

(1) $\boldsymbol{a}$ 与 $\boldsymbol{b}$ 同向的充分必要条件是 $\boldsymbol{a}\cdot\boldsymbol{b}=|\boldsymbol{a}||\boldsymbol{b}|$. 特别地, 向量 $\boldsymbol{a}$ 与自身的数量积 $\boldsymbol{a}\cdot\boldsymbol{a}=|\boldsymbol{a}|^2$, 常记为 $\boldsymbol{a}^2$;

(2) $\boldsymbol{a}$ 与 $\boldsymbol{b}$ 反向的充分必要条件是 $\boldsymbol{a}\cdot\boldsymbol{b}=-|\boldsymbol{a}||\boldsymbol{b}|$;

(3) $\boldsymbol{a}\perp\boldsymbol{b}$ 的充分必要条件是 $\boldsymbol{a}\cdot\boldsymbol{b}=0$.

两向量的数量积具有如下性质.

**定理 1.11** 对任意向量 $\boldsymbol{a},\boldsymbol{b},\boldsymbol{c}$ 和任意实数 $k$, 有

(1) 交换律: $\boldsymbol{a}\cdot\boldsymbol{b}=\boldsymbol{b}\cdot\boldsymbol{a}$;

(2) 结合律: $(k\boldsymbol{a})\cdot\boldsymbol{b}=k(\boldsymbol{a}\cdot\boldsymbol{b})$;

(3) 分配律: $(\boldsymbol{a}+\boldsymbol{b})\cdot\boldsymbol{c}=\boldsymbol{a}\cdot\boldsymbol{c}+\boldsymbol{b}\cdot\boldsymbol{c}$.

**证** (1) 直接由数量积的定义可得.

(2) 若 $\boldsymbol{b}=\boldsymbol{0}$, 等式两边均为零, 显然成立; 若 $\boldsymbol{b}\neq\boldsymbol{0}$, 则有

$$(k\boldsymbol{a})\cdot\boldsymbol{b}=|\boldsymbol{b}|(k\boldsymbol{a})_{\boldsymbol{b}}=k|\boldsymbol{b}|\boldsymbol{a}_{\boldsymbol{b}}=k(\boldsymbol{a}\cdot\boldsymbol{b}).$$

(3) 若 $\boldsymbol{c}=\boldsymbol{0}$, 等式两边均为零, 显然成立; 若 $\boldsymbol{c}\neq\boldsymbol{0}$, 则有

$$\begin{aligned}(\boldsymbol{a}+\boldsymbol{b})\cdot\boldsymbol{c}&=|\boldsymbol{c}|(\boldsymbol{a}+\boldsymbol{b})_{\boldsymbol{c}}=|\boldsymbol{c}|(\boldsymbol{a}_{\boldsymbol{c}}+\boldsymbol{b}_{\boldsymbol{c}})\\&=|\boldsymbol{c}|\boldsymbol{a}_{\boldsymbol{c}}+|\boldsymbol{c}|\boldsymbol{b}_{\boldsymbol{c}}=\boldsymbol{a}\cdot\boldsymbol{c}+\boldsymbol{b}\cdot\boldsymbol{c}.\end{aligned}$$ □

**例 1.12** 证明三角形的三条高线交于一点.

**证**　如图 1.19 所示, 在 $\triangle ABC$ 中, 作高线 $AD$ 和 $BE$ 交于 $H$, 连接 $CH$ 并延长, 交 $AB$ 于 $F$, 只需证明 $CF$ 也是高线, 即证明 $CH \perp AB$.

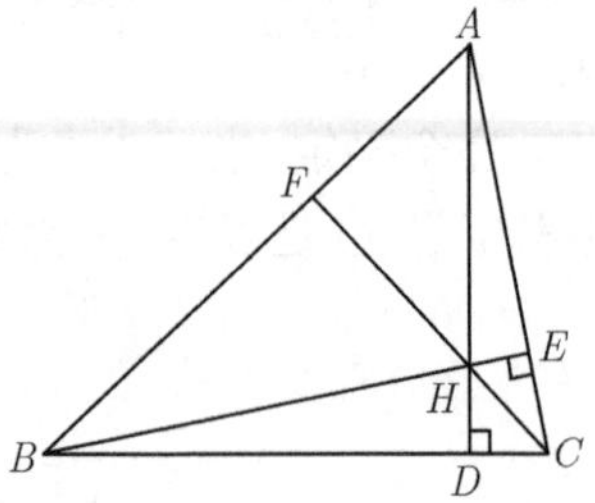

图 1.19

因为 $AH \perp BC, BH \perp CA$, 所以 $\overrightarrow{AH} \cdot \overrightarrow{BC} = 0, \overrightarrow{BH} \cdot \overrightarrow{CA} = 0$. 而

$$\begin{aligned}\overrightarrow{CH} \cdot \overrightarrow{BA} &= \overrightarrow{CH} \cdot (\overrightarrow{BH} - \overrightarrow{AH}) \\ &= \overrightarrow{CH} \cdot \overrightarrow{BH} - \overrightarrow{CH} \cdot \overrightarrow{AH} \\ &= \overrightarrow{BH} \cdot (\overrightarrow{CH} - \overrightarrow{AH}) \\ &\quad - \overrightarrow{AH} \cdot (\overrightarrow{CH} - \overrightarrow{BH}) \\ &= \overrightarrow{BH} \cdot \overrightarrow{CA} - \overrightarrow{AH} \cdot \overrightarrow{CB} = 0,\end{aligned}$$

从而 $CH \perp AB$. □

### 1.6.3　数量积的坐标表示、方向余弦

本小节所涉及的坐标系均为直角坐标系.

**定理 1.12**　设在空间直角坐标系 $\{O; \boldsymbol{i}, \boldsymbol{j}, \boldsymbol{k}\}$ 下, 向量 $\boldsymbol{a}$ 和 $\boldsymbol{b}$ 的坐标分别是 $\boldsymbol{a} = \{a_1, a_2, a_3\}, \boldsymbol{b} = \{b_1, b_2, b_3\}$, 则有

$$\boldsymbol{a} \cdot \boldsymbol{b} = a_1 b_1 + a_2 b_2 + a_3 b_3. \tag{1.25}$$

**证**　由数量积的性质, 有

$$\begin{aligned}\boldsymbol{a} \cdot \boldsymbol{b} &= (a_1 \boldsymbol{i} + a_2 \boldsymbol{j} + a_3 \boldsymbol{k}) \cdot (b_1 \boldsymbol{i} + b_2 \boldsymbol{j} + b_3 \boldsymbol{k}) \\ &= (a_1 b_1) \boldsymbol{i}^2 + (a_2 b_2) \boldsymbol{j}^2 + (a_3 b_3) \boldsymbol{k}^2 + (a_1 b_2 + a_2 b_1)(\boldsymbol{i} \cdot \boldsymbol{j}) \\ &\quad + (a_1 b_3 + a_3 b_1)(\boldsymbol{i} \cdot \boldsymbol{k}) + (a_2 b_3 + a_3 b_2)(\boldsymbol{j} \cdot \boldsymbol{k}),\end{aligned}$$

而 $\boldsymbol{i}^2 = \boldsymbol{j}^2 = \boldsymbol{k}^2 = 1$, $\boldsymbol{i} \cdot \boldsymbol{j} = \boldsymbol{j} \cdot \boldsymbol{k} = \boldsymbol{i} \cdot \boldsymbol{k} = 0$, 故定理得证. □

需要注意的是, 数量积的计算公式 (1.25) 只在直角坐标系下才能使用. 在一般空间仿射坐标系下, 由于不了解坐标向量相互之间的数量积, 因此得不到相同的公式.

利用式 (1.25), 可以在直角坐标系下根据坐标计算向量的模、两点间的距离、两向量的数量积以及向量间的夹角. 对此有以下命题.

**命题 1.11**　对任意向量 $\boldsymbol{a} = \{a_1, a_2, a_3\}$, 有 $|\boldsymbol{a}| = \sqrt{a_1^2 + a_2^2 + a_3^2}$.

**命题 1.12**　对任意两点 $M(x_1, y_1, z_1)$ 和 $N(x_2, y_2, z_2)$, 有

$$|\overrightarrow{MN}| = \sqrt{(x_2 - x_1)^2 + (y_2 - y_1)^2 + (z_2 - z_1)^2}.$$

**命题 1.13**　对任意非零向量 $\boldsymbol{a} = \{a_1, a_2, a_3\}$, $\boldsymbol{b} = \{b_1, b_2, b_3\}$, 有

$$\cos \langle \boldsymbol{a}, \boldsymbol{b} \rangle = \frac{a_1 b_1 + a_2 b_2 + a_3 b_3}{\sqrt{a_1^2 + a_2^2 + a_3^2} \sqrt{b_1^2 + b_2^2 + b_3^2}}.$$

非零向量 $\boldsymbol{a}$ 的**方向角**是指 $\alpha=\langle\boldsymbol{a},\boldsymbol{i}\rangle$, $\beta=\langle\boldsymbol{a},\boldsymbol{j}\rangle$, $\gamma=\langle\boldsymbol{a},\boldsymbol{k}\rangle$. 容易计算它们的余弦为

$$\cos\alpha=\frac{a_1}{\sqrt{a_1^2+a_2^2+a_3^2}},\quad \cos\beta=\frac{a_2}{\sqrt{a_1^2+a_2^2+a_3^2}},\quad \cos\gamma=\frac{a_3}{\sqrt{a_1^2+a_2^2+a_3^2}},$$

称它们为向量 $\boldsymbol{a}$ 的**方向余弦**. 容易验证:

$$\boldsymbol{a}^\circ=\{\cos\alpha,\cos\beta,\cos\gamma\},\quad \boldsymbol{a}=\{|\boldsymbol{a}|\cos\alpha,|\boldsymbol{a}|\cos\beta,|\boldsymbol{a}|\cos\gamma\}.$$

## 习 题 1.6

1. 判断下列命题是否正确:

(1) 向量在某轴上的射影就是代表该向量的有向线段在该轴上的射影;

(2) 向量 $\boldsymbol{a}$ 在 $\boldsymbol{b}(\boldsymbol{b}\neq\boldsymbol{0})$ 上的射影就是 $\boldsymbol{a}$ 在以 $\boldsymbol{b}$ 为方向的轴上的射影;

(3) 如果 $\boldsymbol{a}\cdot\boldsymbol{c}=\boldsymbol{b}\cdot\boldsymbol{c}$, 且 $\boldsymbol{c}\neq\boldsymbol{0}$, 则 $\boldsymbol{a}=\boldsymbol{b}$.

2. 判断下列等式是否正确:

(1) $\boldsymbol{a}_{\boldsymbol{b}}=\boldsymbol{b}_{\boldsymbol{a}}$; (2) $\boldsymbol{a}_{(k\boldsymbol{b})}=k\boldsymbol{a}_{\boldsymbol{b}}$;

(3) $\boldsymbol{a}_{(\boldsymbol{b}+\boldsymbol{c})}=\boldsymbol{a}_{\boldsymbol{b}}+\boldsymbol{a}_{\boldsymbol{c}}$; (4) $|\boldsymbol{a}|\boldsymbol{a}=\boldsymbol{a}^2$;

(5) $(\boldsymbol{a}\cdot\boldsymbol{b})\boldsymbol{a}=\boldsymbol{a}^2\boldsymbol{b}$; (6) $(\boldsymbol{a}\cdot\boldsymbol{a})\boldsymbol{b}=\boldsymbol{a}^2\boldsymbol{b}$;

(7) $(\boldsymbol{a}\cdot\boldsymbol{b})^2=\boldsymbol{a}^2\boldsymbol{b}^2$; (8) $(\boldsymbol{a}\cdot\boldsymbol{b})\boldsymbol{c}=(\boldsymbol{b}\cdot\boldsymbol{c})\boldsymbol{a}$.

3. 用向量代数证明: 平行四边形四边平方和等于对角线平方和.

4. 用向量代数证明: 空间四边形对角线互相垂直的充分必要条件是每对对边平方和相等.

5. 在直角坐标系下, 计算下列向量间的夹角:

(1) $\boldsymbol{a}=\{1,-2,3\},\boldsymbol{b}=\{2,1,-2\}$;

(2) $\boldsymbol{a}=\{-2,1,-1\},\boldsymbol{b}=\{1,-1,4\}$.

6. 在直角坐标系下, 计算 $\boldsymbol{a}$ 在 $\boldsymbol{e}$ 上的射影 $\boldsymbol{a}_{\boldsymbol{e}}$:

(1) $\boldsymbol{a}=\{1,-1,2\},\boldsymbol{e}=\{1,1,1\}$;

(2) $\boldsymbol{a}=\{-2,1,3\},\boldsymbol{e}=\{1,2,0\}$.

7. 在直角坐标系下, 证明: 以 $A(3,-1,2),B(0,-4,2),C(-3,2,1)$ 为顶点的三角形是等腰三角形.

8. 设三个向量 $\boldsymbol{a},\boldsymbol{b},\boldsymbol{c}$ 两两成 $\dfrac{\pi}{3}$ 角, 且 $|\boldsymbol{a}|=4,|\boldsymbol{b}|=2,|\boldsymbol{c}|=6$, 求 $|\boldsymbol{a}+\boldsymbol{b}+\boldsymbol{c}|$.

9. 已知 $|\boldsymbol{a}|=3,|\boldsymbol{b}|=2$, $\langle\boldsymbol{a},\boldsymbol{b}\rangle=\dfrac{\pi}{6}$. 试求 $(3\boldsymbol{a}+2\boldsymbol{b})\cdot(2\boldsymbol{a}-5\boldsymbol{b})$.

10. 在直角坐标系下, $\boldsymbol{a}=\{3,5,7\},\boldsymbol{b}=\{0,4,3\}$, $\boldsymbol{c}=\{-1,2,-4\}$, 求 $3\boldsymbol{a}+4\boldsymbol{b}-5\boldsymbol{c}$ 与 $2\boldsymbol{b}+\boldsymbol{c}$ 的夹角.

11. 在直角坐标系下, 求下列向量的方向余弦:

(1) $\boldsymbol{a}=\{2,-3,-6\}$; (2) $\boldsymbol{b}=\{2,3,-10\}$.

12. 若向量 $\boldsymbol{a},\boldsymbol{b},\boldsymbol{c}$ 不共面, 且 $\boldsymbol{a}\cdot\boldsymbol{x}=\boldsymbol{b}\cdot\boldsymbol{x}=\boldsymbol{c}\cdot\boldsymbol{x}=0$, 求证: $\boldsymbol{x}=\boldsymbol{0}$.

13. 证明: 三个向量 $\boldsymbol{a},\boldsymbol{b},\boldsymbol{c}$ 共面的充分必要条件是

$$\begin{vmatrix} \boldsymbol{a}\cdot\boldsymbol{a} & \boldsymbol{a}\cdot\boldsymbol{b} & \boldsymbol{a}\cdot\boldsymbol{c} \\ \boldsymbol{b}\cdot\boldsymbol{a} & \boldsymbol{b}\cdot\boldsymbol{b} & \boldsymbol{b}\cdot\boldsymbol{c} \\ \boldsymbol{c}\cdot\boldsymbol{a} & \boldsymbol{c}\cdot\boldsymbol{b} & \boldsymbol{c}\cdot\boldsymbol{c} \end{vmatrix} = 0.$$

## 1.7　向量的向量积

### 1.7.1　向量积的概念

**定义 1.17**　设 $\boldsymbol{a},\boldsymbol{b}$ 为两个向量. $\boldsymbol{a}$ 和 $\boldsymbol{b}$ 的**向量积**是一个向量, 记为 $\boldsymbol{a}\times\boldsymbol{b}$. $\boldsymbol{a}\times\boldsymbol{b}$ 的模和方向规定如下: $|\boldsymbol{a}\times\boldsymbol{b}|=|\boldsymbol{a}||\boldsymbol{b}|\sin\langle\boldsymbol{a},\boldsymbol{b}\rangle$; $\boldsymbol{a}\times\boldsymbol{b}\perp\boldsymbol{a}$, $\boldsymbol{a}\times\boldsymbol{b}\perp\boldsymbol{b}$, 且在 $\boldsymbol{a}\not\parallel\boldsymbol{b}$ 时 $\boldsymbol{a},\boldsymbol{b},\boldsymbol{a}\times\boldsymbol{b}$ 成右手系, 如图 1.20 所示.

向量积也称为**外积**, 由于使用记号 "$\times$", 向量积运算也称为叉乘. 在定义 1.17 中, 当 $\boldsymbol{a}/\!/\boldsymbol{b}$ 时, $|\boldsymbol{a}\times\boldsymbol{b}|=0$, 无须规定 $\boldsymbol{a}\times\boldsymbol{b}$ 的方向; 当 $\boldsymbol{a}\not\parallel\boldsymbol{b}$ 时, $\boldsymbol{a}\times\boldsymbol{b}$ 是与 $\boldsymbol{a}$ 和 $\boldsymbol{b}$ 均垂直的非零向量, 因此 $\boldsymbol{a},\boldsymbol{b},\boldsymbol{a}\times\boldsymbol{b}$ 不共面, 向量积定义规定它们按此顺序成右手系. 实际上, 同时能得出以下结论.

**命题 1.14**　设 $\boldsymbol{a},\boldsymbol{b}$ 为两个向量, $\boldsymbol{a}/\!/\boldsymbol{b}$ 的充分必要条件是 $\boldsymbol{a}\times\boldsymbol{b}=\boldsymbol{0}$.

外积具有如下的物理意义. 如图 1.21 所示, 力 $\boldsymbol{f}$ 作用于点 $P$, 则力 $\boldsymbol{f}$ 关于点 $O$ 的力矩就是 $\overrightarrow{OP}\times\boldsymbol{f}$.

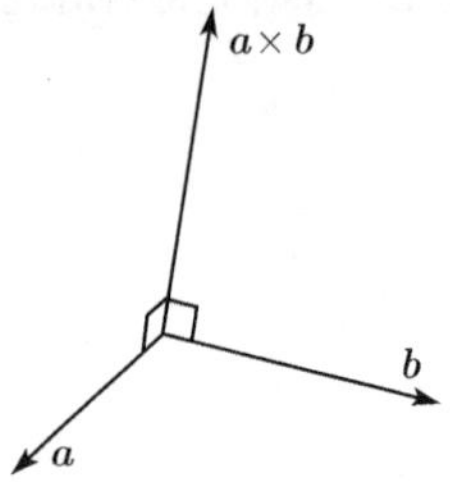


图 1.20

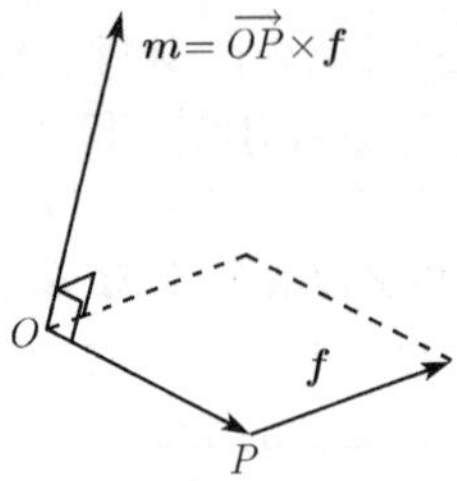


图 1.21

**例 1.13**　直角坐标系 $\{O;\boldsymbol{i},\boldsymbol{j},\boldsymbol{k}\}$ 的三个坐标向量满足

$$\boldsymbol{i}\times\boldsymbol{i}=\boldsymbol{j}\times\boldsymbol{j}=\boldsymbol{k}\times\boldsymbol{k}=\boldsymbol{0},$$
$$\boldsymbol{i}\times\boldsymbol{j}=\boldsymbol{k},\quad \boldsymbol{j}\times\boldsymbol{i}=-\boldsymbol{k},\quad \boldsymbol{j}\times\boldsymbol{k}=\boldsymbol{i},$$
$$\boldsymbol{k}\times\boldsymbol{j}=-\boldsymbol{i},\quad \boldsymbol{k}\times\boldsymbol{i}=\boldsymbol{j},\quad \boldsymbol{i}\times\boldsymbol{k}=-\boldsymbol{j}.$$

向量的外积具有重要的几何意义: 首先, 外积是求得与已知两向量都垂直的向量的基本方法; 其次, 可以利用外积的模的规定计算特定平行四边形的面积. 以

$OA, OB$ 为邻边的平行四边形的面积等于两邻边长度及其夹角正弦之积, 此平行四边形的面积可表示为 $|\overrightarrow{OA}\times\overrightarrow{OB}|$.

由外积的定义可直接得到以下引理.

**引理 1.1** 设 $\boldsymbol{e}$ 是单位向量, $\boldsymbol{a}$ 是空间任一向量. 取定空间一点 $O$, 过点 $O$ 作有向线段 $\overrightarrow{OA}$ 使 $\overrightarrow{OA}=\boldsymbol{a}$, 并且作与 $\boldsymbol{e}$ 垂直的平面 $\pi$, 设点 $A$ 在 $\pi$ 上的投影点为 $A_1$. 沿与 $\boldsymbol{e}$ 方向相反的视线, 将线段 $OA_1$ 绕 $O$ 顺时针旋转 $\dfrac{\pi}{2}$ 到 $OA_2$, 则 $\overrightarrow{OA_2}=\boldsymbol{a}\times\boldsymbol{e}$, 如图 1.22 所示.

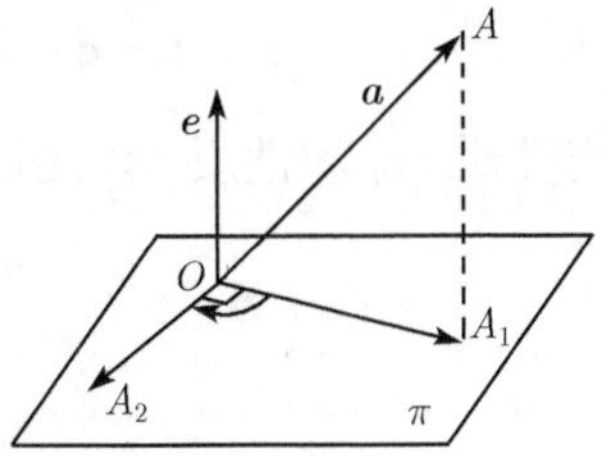


图 1.22

### 1.7.2 向量积的性质

**定理 1.13** 对任意向量 $\boldsymbol{a},\boldsymbol{b},\boldsymbol{c}$ 和任意实数 $k$, 有

(1) 反交换律: $\boldsymbol{a}\times\boldsymbol{b}=-\boldsymbol{b}\times\boldsymbol{a}$;

(2) 结合律: $k(\boldsymbol{a}\times\boldsymbol{b})=(k\boldsymbol{a})\times\boldsymbol{b}=\boldsymbol{a}\times(k\boldsymbol{b})$;

(3) 分配律: $(\boldsymbol{a}+\boldsymbol{b})\times\boldsymbol{c}=\boldsymbol{a}\times\boldsymbol{c}+\boldsymbol{b}\times\boldsymbol{c}$.

**证** (1) 是外积定义的直接推论.

(2) 先证明 $k(\boldsymbol{a}\times\boldsymbol{b})=(k\boldsymbol{a})\times\boldsymbol{b}$. 如果 $k=0$ 或 $\boldsymbol{a}/\!/\boldsymbol{b}$, 等式两边均为 $\boldsymbol{0}$, 显然成立. 如果 $k\neq 0$ 且 $\boldsymbol{a}\not/\!/\boldsymbol{b}$, $|k(\boldsymbol{a}\times\boldsymbol{b})|=|k||\boldsymbol{a}||\boldsymbol{b}|\sin\langle\boldsymbol{a},\boldsymbol{b}\rangle=|k\boldsymbol{a}||\boldsymbol{b}|\sin\langle k\boldsymbol{a},\boldsymbol{b}\rangle=|(k\boldsymbol{a})\times\boldsymbol{b}|$, 即 $k(\boldsymbol{a}\times\boldsymbol{b})$ 与 $(k\boldsymbol{a})\times\boldsymbol{b}$ 的模相等; 另一方面, 当 $k>0$ 时等式两边的向量都与 $\boldsymbol{a}\times\boldsymbol{b}$ 同向, 而当 $k<0$ 时等式两边的向量都与 $\boldsymbol{a}\times\boldsymbol{b}$ 反向, 因此等式两边的向量同向, 等式成立. 利用性质 (1) 和已证明结论可以得到 $(k\boldsymbol{a})\times\boldsymbol{b}=\boldsymbol{a}\times(k\boldsymbol{b})$.

(3) 当 $\boldsymbol{c}=\boldsymbol{0}$ 时, 等式显然成立. 以下设 $\boldsymbol{c}\neq\boldsymbol{0}$, 因此 $\boldsymbol{c}=|\boldsymbol{c}|\boldsymbol{c}^\circ$. 先利用引理 1.1 证明

$$(\boldsymbol{a}+\boldsymbol{b})\times\boldsymbol{c}^\circ=\boldsymbol{a}\times\boldsymbol{c}^\circ+\boldsymbol{b}\times\boldsymbol{c}^\circ. \tag{1.26}$$

如图 1.23 所示, 取空间一点 $O$, 过点 $O$ 作平面 $\pi$ 与 $\boldsymbol{c}^\circ$ 垂直, 再作 $\overrightarrow{OA}=\boldsymbol{a}$, $\overrightarrow{OB}=\boldsymbol{b}$, $\overrightarrow{OD}=\boldsymbol{a}+\boldsymbol{b}$, 则 $OADB$ 为平行四边形 (若 $\boldsymbol{a}/\!/\boldsymbol{b}$ 则退化为共线四点, 以下同). 设 $A_1,B_1,D_1$ 分别是 $A,B,D$ 在平面 $\pi$ 上的投影点, $OA_1D_1B_1$ 仍是平行四边形. 沿与 $\boldsymbol{c}^\circ$ 方向相反的视线, 将线段 $\overline{OA_1},\overline{OB_1},\overline{OD_1}$ 绕 $O$ 顺时针旋转 $\dfrac{\pi}{2}$ 分别得到 $\overline{OA_2},\overline{OB_2},\overline{OD_2}$, $OA_2D_2B_2$ 自然还是平行四边形, 即 $\overrightarrow{OD_2}=\overrightarrow{OA_2}+\overrightarrow{OB_2}$. 而由引理 1.1, 有

$$\overrightarrow{OD_2}=(\boldsymbol{a}+\boldsymbol{b})\times\boldsymbol{c}^\circ,\quad \overrightarrow{OA_2}=\boldsymbol{a}\times\boldsymbol{c}^\circ,\quad \overrightarrow{OB_2}=\boldsymbol{b}\times\boldsymbol{c}^\circ.$$

因此得到式 (1.26). 利用性质 (2) 和式 (1.26), 可以得到

$$
\begin{aligned}
(\boldsymbol{a}+\boldsymbol{b})\times\boldsymbol{c} &= |\boldsymbol{c}|(\boldsymbol{a}+\boldsymbol{b})\times\boldsymbol{c}^\circ = |\boldsymbol{c}|(\boldsymbol{a}\times\boldsymbol{c}^\circ+\boldsymbol{b}\times\boldsymbol{c}^\circ)\\
&= |\boldsymbol{c}|\boldsymbol{a}\times\boldsymbol{c}^\circ+|\boldsymbol{c}|\boldsymbol{b}\times\boldsymbol{c}^\circ = \boldsymbol{a}\times(|\boldsymbol{c}|\boldsymbol{c}^\circ)+\boldsymbol{b}\times(|\boldsymbol{c}|\boldsymbol{c}^\circ)\\
&= \boldsymbol{a}\times\boldsymbol{c}+\boldsymbol{b}\times\boldsymbol{c}.
\end{aligned}
$$

利用性质 (1) 和性质 (3) 还可以得到如下形式的分配律:

$$\boldsymbol{c}\times(\boldsymbol{a}+\boldsymbol{b}) = \boldsymbol{c}\times\boldsymbol{a}+\boldsymbol{c}\times\boldsymbol{b}.$$ □

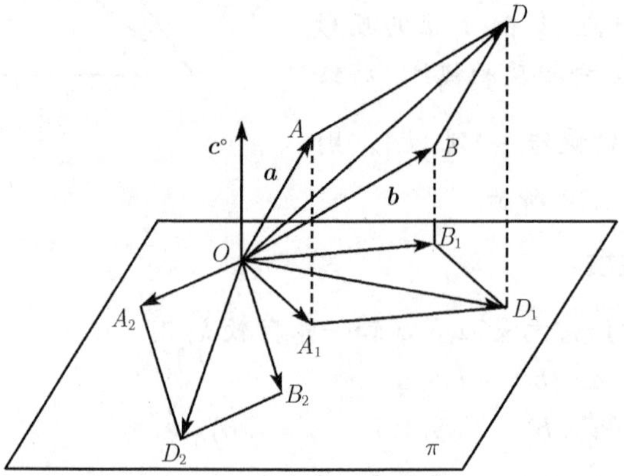


图 1.23

**例 1.14**　证明 $(\boldsymbol{a}-\boldsymbol{b})\times(\boldsymbol{a}+\boldsymbol{b}) = 2(\boldsymbol{a}\times\boldsymbol{b})$.

**证**

$$
\begin{aligned}
(\boldsymbol{a}-\boldsymbol{b})\times(\boldsymbol{a}+\boldsymbol{b}) &= \boldsymbol{a}\times\boldsymbol{a}-\boldsymbol{b}\times\boldsymbol{a}+\boldsymbol{a}\times\boldsymbol{b}-\boldsymbol{b}\times\boldsymbol{b}\\
&= \boldsymbol{0}+\boldsymbol{a}\times\boldsymbol{b}+\boldsymbol{a}\times\boldsymbol{b}-\boldsymbol{0} = 2(\boldsymbol{a}\times\boldsymbol{b}).
\end{aligned}
$$

### 1.7.3　向量积的坐标表示

本小节中所涉及的坐标系均为直角坐标系.

**定理 1.14**　*设在空间直角坐标系* $\{O;\boldsymbol{i},\boldsymbol{j},\boldsymbol{k}\}$ *下, 向量* $\boldsymbol{a}$ *和* $\boldsymbol{b}$ *的坐标分别是* $\boldsymbol{a}=\{a_1,a_2,a_3\},\boldsymbol{b}=\{b_1,b_2,b_3\}$, *则* $\boldsymbol{a}\times\boldsymbol{b}$ *的坐标是*

$$\boldsymbol{a}\times\boldsymbol{b} = \left\{\begin{vmatrix} a_2 & a_3\\ b_2 & b_3\end{vmatrix}, \begin{vmatrix} a_3 & a_1\\ b_3 & b_1\end{vmatrix}, \begin{vmatrix} a_1 & a_2\\ b_1 & b_2\end{vmatrix}\right\}. \tag{1.27}$$

**证**　由向量积的性质, 有

$$
\begin{aligned}
\boldsymbol{a}\times\boldsymbol{b} &= (a_1\boldsymbol{i}+a_2\boldsymbol{j}+a_3\boldsymbol{k})\times(b_1\boldsymbol{i}+b_2\boldsymbol{j}+b_3\boldsymbol{k})\\
&= (a_1b_1)(\boldsymbol{i}\times\boldsymbol{i})+(a_2b_2)(\boldsymbol{j}\times\boldsymbol{j})+(a_3b_3)(\boldsymbol{k}\times\boldsymbol{k})\\
&\quad +(a_1b_2)(\boldsymbol{i}\times\boldsymbol{j})+(a_1b_3)(\boldsymbol{i}\times\boldsymbol{k})+(a_2b_1)(\boldsymbol{j}\times\boldsymbol{i})\\
&\quad +(a_2b_3)(\boldsymbol{j}\times\boldsymbol{k})+(a_3b_1)(\boldsymbol{k}\times\boldsymbol{i})+(a_3b_2)(\boldsymbol{k}\times\boldsymbol{j}),
\end{aligned}
$$

根据例 1.13, 可整理出

$$\begin{aligned}\boldsymbol{a}\times\boldsymbol{b}&=(a_2b_3-a_3b_2)\boldsymbol{i}+(a_3b_1-a_1b_3)\boldsymbol{j}+(a_1b_2-a_2b_1)\boldsymbol{k}\\&=\begin{vmatrix}a_2&a_3\\b_2&b_3\end{vmatrix}\boldsymbol{i}+\begin{vmatrix}a_3&a_1\\b_3&b_1\end{vmatrix}\boldsymbol{j}+\begin{vmatrix}a_1&a_2\\b_1&b_2\end{vmatrix}\boldsymbol{k},\end{aligned}$$

于是定理得证. □

定理 1.14 的证明中使用了例 1.13 的结论, 所以, 这里所给出的利用两向量的坐标计算其外积坐标的公式只在直角坐标系下有效, 因为在一般仿射坐标系下, 三个坐标向量未必满足例 1.13 所说的外积关系.

**例 1.15** 已知向量 $\boldsymbol{a}=3\boldsymbol{i}+\boldsymbol{j}+2\boldsymbol{k}$, $\boldsymbol{b}=-\boldsymbol{i}+4\boldsymbol{j}-5\boldsymbol{k}$, 求 $\boldsymbol{a}\times\boldsymbol{b}$.

**解** 
$$\begin{aligned}\boldsymbol{a}\times\boldsymbol{b}&=\begin{vmatrix}1&2\\4&-5\end{vmatrix}\boldsymbol{i}-\begin{vmatrix}3&2\\-1&-5\end{vmatrix}\boldsymbol{j}+\begin{vmatrix}3&1\\-1&4\end{vmatrix}\boldsymbol{k}\\&=-13\boldsymbol{i}+13\boldsymbol{j}+13\boldsymbol{k}.\end{aligned}$$
□

**例 1.16** 已知空间三点 $A(1,0,-1),B(4,1,1),C(0,4,-6)$, 求: (1) $\triangle ABC$ 的面积; (2) $AB$ 边上的高.

**解** (1) 如图 1.24 所示, $S_{\triangle ABC}=\frac{1}{2}|\overrightarrow{AB}\times\overrightarrow{AC}|$, 而 $\overrightarrow{AB}=\{3,1,2\}$, $\overrightarrow{AC}=\{-1,4,-5\}$, 所以 $\overrightarrow{AB}\times\overrightarrow{AC}=\{-13,13,13\}$. 于是

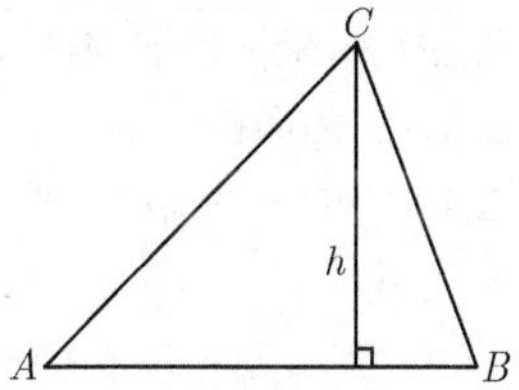

图 1.24

$$S_{\triangle ABC}=\frac{1}{2}\sqrt{(-13)^2+13^2+13^2}=\frac{13}{2}\sqrt{3}.$$

(2) 由于 $|\overrightarrow{AB}|=\sqrt{3^2+1^2+2^2}=\sqrt{14}$, 所以 $AB$ 边上的高为

$$h=\frac{|\overrightarrow{AB}\times\overrightarrow{AC}|}{|\overrightarrow{AB}|}=\frac{13}{14}\sqrt{42}.$$

## 习 题 1.7

1. 试给出向量 $\boldsymbol{a},\boldsymbol{b}$ 分别满足如下关系的充要条件:

(1) $(\boldsymbol{a}\times\boldsymbol{b})^2=\boldsymbol{a}^2\boldsymbol{b}^2$;

(2) $\boldsymbol{a}+\boldsymbol{b}$ 与 $\boldsymbol{a}-\boldsymbol{b}$ 共线;

(3) $\boldsymbol{a}$ 与 $\boldsymbol{a}\times\boldsymbol{b}$ 共线;

(4) $\boldsymbol{a}$, $\boldsymbol{b}$, $\boldsymbol{a}\times\boldsymbol{b}$ 共面.

2. 化简下列各式:

(1) $\boldsymbol{a}\times(k\boldsymbol{a}+\boldsymbol{b})$;

(2) $(\boldsymbol{a}-2\boldsymbol{b})\times(2\boldsymbol{a}+3\boldsymbol{b})$;

(3) $(\boldsymbol{k}\times\boldsymbol{i})\times(\boldsymbol{i}+\boldsymbol{j}+\boldsymbol{k})+(\boldsymbol{j}\times\boldsymbol{k})\times(\boldsymbol{i}-2\boldsymbol{j})$.

3. 设 $(\overrightarrow{OA}\times\overrightarrow{OB})+(\overrightarrow{OB}\times\overrightarrow{OC})+(\overrightarrow{OC}\times\overrightarrow{OA})=\boldsymbol{0}$, 证明：$A,B,C$ 共线.

4. 求证：$\boldsymbol{r}=(\overrightarrow{OA}\times\overrightarrow{OB})+(\overrightarrow{OB}\times\overrightarrow{OC})+(\overrightarrow{OC}\times\overrightarrow{OA})$ 垂直于 $A,B,C$ 所在的平面.

5. 设 $\boldsymbol{a},\boldsymbol{b},\boldsymbol{c}$ 是不共面的三个向量. 求证：对任意向量 $\boldsymbol{r}$, 存在实数 $\lambda,\mu$, 使

$$\boldsymbol{r}\times\boldsymbol{c}=\lambda(\boldsymbol{a}\times\boldsymbol{c})+\mu(\boldsymbol{b}\times\boldsymbol{c}).$$

6. 设在直角坐标系下 $\boldsymbol{a}=\{a_1,a_2,a_3\},\boldsymbol{b}=\{0,b_1,b_2\}$, 且 $a_1\neq 0$, $m$ 为实数. 求满足条件 $\boldsymbol{a}\cdot\boldsymbol{x}=m$ 和 $\boldsymbol{i}\times\boldsymbol{x}=\boldsymbol{b}$ 的向量 $\boldsymbol{x}$.

7. 设 $\boldsymbol{a},\boldsymbol{b},\boldsymbol{c}$ 是两两不共线的向量, 证明：$\boldsymbol{a}+\boldsymbol{b}+\boldsymbol{c}=\boldsymbol{0}$ 当且仅当

$$\boldsymbol{a}\times\boldsymbol{b}=\boldsymbol{b}\times\boldsymbol{c}=\boldsymbol{c}\times\boldsymbol{a}.$$

8. 在直角坐标系下, 已知向量 $\boldsymbol{a},\boldsymbol{b},\boldsymbol{c}$ 的坐标分别是 $\{1,0,1\},\{1,-2,0\},\{-1,2,1\}$, 求 $(3\boldsymbol{a}+\boldsymbol{b})\times(\boldsymbol{b}-\boldsymbol{c})$ 的坐标.

9. 求单位向量 $\boldsymbol{c}$, 使 $\boldsymbol{c}\perp\boldsymbol{a},\boldsymbol{c}\perp\boldsymbol{b}$, 其中

(1) $\boldsymbol{a}=\boldsymbol{i}-2\boldsymbol{j}+3\boldsymbol{k},\quad \boldsymbol{b}=4\boldsymbol{j}-5\boldsymbol{k}$;

(2) $\boldsymbol{a}=3\boldsymbol{i}-\boldsymbol{j}+\boldsymbol{k},\quad \boldsymbol{b}=-\boldsymbol{i}+2\boldsymbol{j}-\boldsymbol{k}$.

10. 设在直角坐标系下 $A(5,1,-1),B(0,-4,3),C(1,-3,7)$, 求：

(1) $\triangle ABC$ 的面积;

(2) $\triangle ABC$ 的三条高线的长.

## 1.8 向量的混合积

到现在为止, 本书已经定义了向量之间所有的基本运算并探讨了它们各自的性质以及坐标表示方法. 但是不同基本运算的一些特殊组合不管在代数还是几何上都具有特殊的意义, 因此值得进一步探讨.

对任意向量 $\boldsymbol{a}$ 和 $\boldsymbol{b}$, $\boldsymbol{a}\times\boldsymbol{b}$ 还是一个向量, 可以和别的向量作内积和外积, 本节讨论前者, 后者留待下一节讨论.

### 1.8.1 混合积的定义及几何意义

**定义 1.18** 设 $\boldsymbol{a},\boldsymbol{b},\boldsymbol{c}$ 为三个向量, 称 $(\boldsymbol{a}\times\boldsymbol{b})\cdot\boldsymbol{c}$ 为这三个向量的**混合积**. $(\boldsymbol{a}\times\boldsymbol{b})\cdot\boldsymbol{c}$ 也记为 $(\boldsymbol{a},\boldsymbol{b},\boldsymbol{c})$.

**注** 虽然只是简单地说三个向量的混合积, 但是三个向量的运算次序是有区别的, 对于同样的三个向量, 不同运算次序产生的混合积可能有不同结果. 关于混合积, 有以下重要几何意义.

**定理 1.15** 设有平行六面体, 其自某顶点出发的三条棱 (有向线段) 所表示的向量分别是 $\boldsymbol{a},\boldsymbol{b},\boldsymbol{c}$, 则该平行六面体的体积为 $V=|(\boldsymbol{a},\boldsymbol{b},\boldsymbol{c})|$.

**证** 如图 1.25 所示, 表示向量 $\boldsymbol{a},\boldsymbol{b},\boldsymbol{c}$ 的三条棱分别是 $OA,OB,OC$. 将平行六面体看成以平行四边形 $OADB$ 为底的四棱柱, 其体积为 $V=hS$, $h$ 和 $S$ 分别是高和底面积, 已知 $S=|\boldsymbol{a}\times\boldsymbol{b}|$. 当 $\boldsymbol{a},\boldsymbol{b},\boldsymbol{c}$ 成右手系时, 如图 1.25(a) 所示, $h=|\boldsymbol{c}|\cos\langle\boldsymbol{a}\times\boldsymbol{b},\boldsymbol{c}\rangle$; 当 $\boldsymbol{a},\boldsymbol{b},\boldsymbol{c}$ 成左手系时, 如图 1.25(b) 所示, $h=|\boldsymbol{c}|\cos(\pi-\langle\boldsymbol{a}\times\boldsymbol{b},\boldsymbol{c}\rangle)=-|\boldsymbol{c}|\cos\langle\boldsymbol{a}\times\boldsymbol{b},\boldsymbol{c}\rangle$. 因此, 总有 $h=|\boldsymbol{c}||\cos\langle\boldsymbol{a}\times\boldsymbol{b},\boldsymbol{c}\rangle|$. 所以

$$V=hS=|\boldsymbol{c}||\cos\langle\boldsymbol{a}\times\boldsymbol{b},\boldsymbol{c}\rangle||\boldsymbol{a}\times\boldsymbol{b}|=|(\boldsymbol{a}\times\boldsymbol{b})\cdot\boldsymbol{c}|=|(\boldsymbol{a},\boldsymbol{b},\boldsymbol{c})|. \quad\square$$

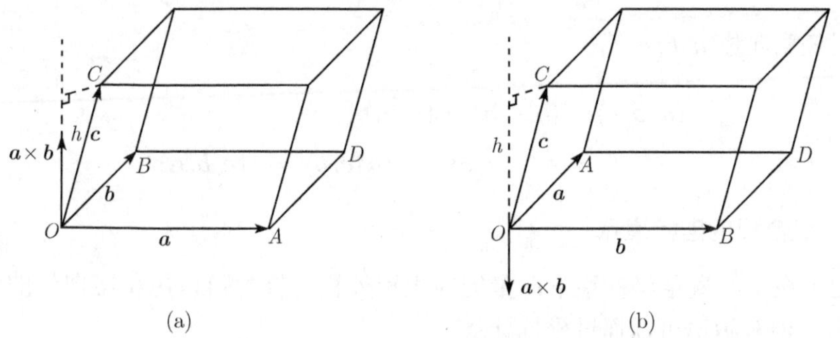


图 1.25

通过上述证明过程同时还知道: 如果 $\boldsymbol{a},\boldsymbol{b},\boldsymbol{c}$ 成右手系, 则 $(\boldsymbol{a},\boldsymbol{b},\boldsymbol{c})>0$; 反之, 如果 $\boldsymbol{a},\boldsymbol{b},\boldsymbol{c}$ 成左手系, 则 $(\boldsymbol{a},\boldsymbol{b},\boldsymbol{c})<0$.

**定理 1.16** 向量 $\boldsymbol{a},\boldsymbol{b},\boldsymbol{c}$ 共面的充分必要条件是 $(\boldsymbol{a},\boldsymbol{b},\boldsymbol{c})=0$.

**证** 若 $\boldsymbol{a}/\!/\boldsymbol{b}$, 则 $\boldsymbol{a},\boldsymbol{b},\boldsymbol{c}$ 共面且 $(\boldsymbol{a},\boldsymbol{b},\boldsymbol{c})=0$; 若 $\boldsymbol{a}\not\parallel\boldsymbol{b}$, 则 $\boldsymbol{a}\times\boldsymbol{b}\neq\boldsymbol{0}$ 且垂直于 $\boldsymbol{a}$, $\boldsymbol{b}$ 所在平面. 因此 $\boldsymbol{a},\boldsymbol{b},\boldsymbol{c}$ 共面的充分必要条件是 $\boldsymbol{c}\perp\boldsymbol{a}\times\boldsymbol{b}$, 即 $(\boldsymbol{a}\times\boldsymbol{b})\cdot\boldsymbol{c}=0$, 也即 $(\boldsymbol{a},\boldsymbol{b},\boldsymbol{c})=0$. □

### 1.8.2 混合积的性质

混合积是外积和内积的混合运算, 因此由外积和内积运算的性质可以得到混合积运算的相应性质.

先考虑混合积运算中某向量为一个向量组的线性组合的情形, 如

$$\begin{aligned}
&(k_1\boldsymbol{a}_1+k_2\boldsymbol{a}_2+\cdots+k_n\boldsymbol{a}_n,\boldsymbol{b},\boldsymbol{c})\\
=&[(k_1\boldsymbol{a}_1+k_2\boldsymbol{a}_2+\cdots+k_n\boldsymbol{a}_n)\times\boldsymbol{b}]\cdot\boldsymbol{c}\\
=&[k_1(\boldsymbol{a}_1\times\boldsymbol{b})+k_2(\boldsymbol{a}_2\times\boldsymbol{b})+\cdots+k_n(\boldsymbol{a}_n\times\boldsymbol{b})]\cdot\boldsymbol{c}\\
=&k_1[(\boldsymbol{a}_1\times\boldsymbol{b})\cdot\boldsymbol{c}]+k_2[(\boldsymbol{a}_2\times\boldsymbol{b})\cdot\boldsymbol{c}]+\cdots+k_n[(\boldsymbol{a}_n\times\boldsymbol{b})\cdot\boldsymbol{c}]\\
=&k_1(\boldsymbol{a}_1,\boldsymbol{b},\boldsymbol{c})+k_2(\boldsymbol{a}_2,\boldsymbol{b},\boldsymbol{c})+\cdots+k_n(\boldsymbol{a}_n,\boldsymbol{b},\boldsymbol{c}),
\end{aligned}$$

其中 $k_1,k_2,\cdots,k_n$ 为实数. 类似地, 还可以得到

$$(\boldsymbol{a}, k_1\boldsymbol{b}_1 + k_2\boldsymbol{b}_2 + \cdots + k_n\boldsymbol{b}_n, \boldsymbol{c}) = k_1(\boldsymbol{a}, \boldsymbol{b}_1, \boldsymbol{c}) + k_2(\boldsymbol{a}, \boldsymbol{b}_2, \boldsymbol{c}) + \cdots + k_n(\boldsymbol{a}, \boldsymbol{b}_n, \boldsymbol{c}),$$

$$(\boldsymbol{a}, \boldsymbol{b}, k_1\boldsymbol{c}_1 + k_2\boldsymbol{c}_2 + \cdots + k_n\boldsymbol{c}_n) = k_1(\boldsymbol{a}, \boldsymbol{b}, \boldsymbol{c}_1) + k_2(\boldsymbol{a}, \boldsymbol{b}, \boldsymbol{c}_2) + \cdots + k_n(\boldsymbol{a}, \boldsymbol{b}, \boldsymbol{c}_n).$$

对任意三个向量, 如果共面, 则混合积为零; 如果不共面, 由定理 1.15 知, 其混合积的绝对值等于一个平行六面体的体积而与运算次序无关. 进一步, 混合积的正负取决于三个向量按其顺序构成右手系还是左手系. 已经知道任意对调两向量的位置将使有序三向量组由右手系变为左手系或由左手系变为右手系, 因此有如下性质.

对任意向量 $\boldsymbol{a}, \boldsymbol{b}, \boldsymbol{c}$, 有

$$\begin{aligned}(\boldsymbol{a}, \boldsymbol{b}, \boldsymbol{c}) &= (\boldsymbol{b}, \boldsymbol{c}, \boldsymbol{a}) = (\boldsymbol{c}, \boldsymbol{a}, \boldsymbol{b}) \\ &= -(\boldsymbol{b}, \boldsymbol{a}, \boldsymbol{c}) = -(\boldsymbol{a}, \boldsymbol{c}, \boldsymbol{b}) = -(\boldsymbol{c}, \boldsymbol{b}, \boldsymbol{a}).\end{aligned}$$

### 1.8.3 混合积的坐标表示

由于在空间直角坐标系下向量的内积和外积运算都可以用相应向量的坐标表示, 因此, 混合积也可以通过坐标计算.

**定理 1.17** 设在空间直角坐标系下, 向量 $\boldsymbol{a}, \boldsymbol{b}, \boldsymbol{c}$ 的坐标分别为 $\boldsymbol{a} = \{a_1, a_2, a_3\}$, $\boldsymbol{b} = \{b_1, b_2, b_3\}, \boldsymbol{c} = \{c_1, c_2, c_3\}$, 则

$$(\boldsymbol{a}, \boldsymbol{b}, \boldsymbol{c}) = \begin{vmatrix} a_1 & a_2 & a_3 \\ b_1 & b_2 & b_3 \\ c_1 & c_2 & c_3 \end{vmatrix}.$$

**证** 由定理 1.14 知, $\boldsymbol{a} \times \boldsymbol{b}$ 的坐标为 $\left\{\begin{vmatrix} a_2 & a_3 \\ b_2 & b_3 \end{vmatrix}, \begin{vmatrix} a_3 & a_1 \\ b_3 & b_1 \end{vmatrix}, \begin{vmatrix} a_1 & a_2 \\ b_1 & b_2 \end{vmatrix}\right\}$, 所以

$$\begin{aligned}(\boldsymbol{a}, \boldsymbol{b}, \boldsymbol{c}) &= (\boldsymbol{a} \times \boldsymbol{b}) \cdot \boldsymbol{c} \\ &= \begin{vmatrix} a_2 & a_3 \\ b_2 & b_3 \end{vmatrix} c_1 + \begin{vmatrix} a_3 & a_1 \\ b_3 & b_1 \end{vmatrix} c_2 + \begin{vmatrix} a_1 & a_2 \\ b_1 & b_2 \end{vmatrix} c_3 \\ &= \begin{vmatrix} a_1 & a_2 & a_3 \\ b_1 & b_2 & b_3 \\ c_1 & c_2 & c_3 \end{vmatrix}.\end{aligned}$$

□

需要注意的是, 定理 1.17 只在直角坐标系下有效, 这是因为其结论来自外积与内积的坐标表示公式, 而它们只在直角坐标系下有效.

由定理 1.16 和定理 1.17 可得如下推论.

**推论 1.4** 在空间直角坐标系下, 已知向量 $\boldsymbol{a},\boldsymbol{b},\boldsymbol{c}$ 的坐标分别为 $\boldsymbol{a}=\{a_1,a_2,a_3\}$, $\boldsymbol{b}=\{b_1,b_2,b_3\},\boldsymbol{c}=\{c_1,c_2,c_3\}$, 则 $\boldsymbol{a},\boldsymbol{b},\boldsymbol{c}$ 共面的充分必要条件是

$$\begin{vmatrix} a_1 & a_2 & a_3 \\ b_1 & b_2 & b_3 \\ c_1 & c_2 & c_3 \end{vmatrix}=0.$$

实际上, 由定理 1.9 知, 此结论在仿射坐标系下也是成立的. 不过, 定理 1.9 和推论 1.4 由完全不同的途径得到, 其中定理 1.9 直接来自命题 1.8 而与混合积无关, 而命题 1.8 的结论又来自于齐次线性方程组的解与系数行列式的关系 (定理 1.6). 请读者仔细理清两者的区别和联系.

**例 1.17** 设 $\boldsymbol{a},\boldsymbol{b},\boldsymbol{c}$ 为不共面的三个向量, $\boldsymbol{r}$ 是任一向量. 由定理 1.7, $\boldsymbol{r}$ 可唯一地表示成 $\boldsymbol{a},\boldsymbol{b},\boldsymbol{c}$ 的线性组合 $\boldsymbol{r}=x\boldsymbol{a}+y\boldsymbol{b}+z\boldsymbol{c}$. 求 $x,y,z$.

**解** 将 $\boldsymbol{r}$ 与 $\boldsymbol{b},\boldsymbol{c}$ 作混合积, 可以消去 $y,z$, 即

$$(\boldsymbol{r},\boldsymbol{b},\boldsymbol{c})=(x\boldsymbol{a}+y\boldsymbol{b}+z\boldsymbol{c},\boldsymbol{b},\boldsymbol{c})=x(\boldsymbol{a},\boldsymbol{b},\boldsymbol{c})+y(\boldsymbol{b},\boldsymbol{b},\boldsymbol{c})+z(\boldsymbol{c},\boldsymbol{b},\boldsymbol{c})=x(\boldsymbol{a},\boldsymbol{b},\boldsymbol{c}).$$

因为 $(\boldsymbol{a},\boldsymbol{b},\boldsymbol{c})\neq 0$, 所以 $x=\dfrac{(\boldsymbol{r},\boldsymbol{b},\boldsymbol{c})}{(\boldsymbol{a},\boldsymbol{b},\boldsymbol{c})}$. 类似地, 通过计算 $(\boldsymbol{a},\boldsymbol{r},\boldsymbol{c})$ 和 $(\boldsymbol{a},\boldsymbol{b},\boldsymbol{r})$ 可以得出 $y=\dfrac{(\boldsymbol{a},\boldsymbol{r},\boldsymbol{c})}{(\boldsymbol{a},\boldsymbol{b},\boldsymbol{c})}$, $z=\dfrac{(\boldsymbol{a},\boldsymbol{b},\boldsymbol{r})}{(\boldsymbol{a},\boldsymbol{b},\boldsymbol{c})}$. □

**例 1.18** 在空间直角坐标系下, 求以点 $A(1,0,1),B(6,0,6)$,$C(4,3,0),D(2,-1,3)$ 为顶点的四面体的体积 $V$.

**解** 由立体几何的知识和定理 1.15, $V=\dfrac{1}{6}\left|(\overrightarrow{AB},\overrightarrow{AC},\overrightarrow{AD})\right|$, 而 $\overrightarrow{AB}=\{5,0,5\}$, $\overrightarrow{AC}=\{3,3,-1\},\overrightarrow{AD}=\{1,-1,2\}$, 故

$$(\overrightarrow{AB},\overrightarrow{AC},\overrightarrow{AD})=\begin{vmatrix} 5 & 0 & 5 \\ 3 & 3 & -1 \\ 1 & -1 & 2 \end{vmatrix}=-5.$$

于是 $V=\dfrac{5}{6}$. □

## 习 题 1.8

1. 计算或化简下列各式:

(1) $(\boldsymbol{i},\boldsymbol{j},\boldsymbol{i}+\boldsymbol{j}+\boldsymbol{k})$;

(2) $(\boldsymbol{j}+\boldsymbol{k},\boldsymbol{k}+\boldsymbol{i},\boldsymbol{i}+\boldsymbol{j})$;

(3) $(\boldsymbol{a},\boldsymbol{b},\boldsymbol{c}+\lambda\boldsymbol{a}+\mu\boldsymbol{b})$;

(4) $(\boldsymbol{a}, \boldsymbol{a}+\boldsymbol{b}+\boldsymbol{c}, \boldsymbol{a}+\boldsymbol{b})$.

2. 试证明在仿射坐标系 $\{O;\ \boldsymbol{e}_1, \boldsymbol{e}_2, \boldsymbol{e}_3\}$ 下, $\boldsymbol{a}=\{a_1, a_2, a_3\}, \boldsymbol{b}=\{b_1, b_2, b_3\}$, $\boldsymbol{c}=\{c_1, c_2, c_3\}$, 则

$$(\boldsymbol{a}, \boldsymbol{b}, \boldsymbol{c})=\begin{vmatrix} a_1 & a_2 & a_3 \\ b_1 & b_2 & b_3 \\ c_1 & c_2 & c_3 \end{vmatrix}(\boldsymbol{e}_1, \boldsymbol{e}_2, \boldsymbol{e}_3).$$

3. 证明 $|(\boldsymbol{a}, \boldsymbol{b}, \boldsymbol{c})| \leqslant |\boldsymbol{a}||\boldsymbol{b}||\boldsymbol{c}|$, 并给出式中等号成立的充要条件.

4. 设 $O, A, B, C, P$ 为空间五点, $\overrightarrow{OA}=\boldsymbol{a}$, $\overrightarrow{OB}=\boldsymbol{b}$, $\overrightarrow{OC}=\boldsymbol{c}$, $\overrightarrow{OP}=\boldsymbol{p}$. 求证: $A, B, C, P$ 共面的充分必要条件是

$$(\boldsymbol{p}, \boldsymbol{b}, \boldsymbol{c})+(\boldsymbol{a}, \boldsymbol{p}, \boldsymbol{c})+(\boldsymbol{a}, \boldsymbol{b}, \boldsymbol{p})-(\boldsymbol{a}, \boldsymbol{b}, \boldsymbol{c})=0.$$

5. 在直角坐标系下, 已知向量 $\boldsymbol{a}, \boldsymbol{b}, \boldsymbol{c}$ 的坐标, 判断它们是否共面; 如果不共面, 按照 $\boldsymbol{a}, \boldsymbol{b}, \boldsymbol{c}$ 的顺序它们构成左手系还是右手系? 另外, 在仿射坐标系下是否可以解答前面各问题?

(1) $\boldsymbol{a}=\{3,-2,-1\}, \boldsymbol{b}=\{5,4,-3\}, \boldsymbol{c}=\{11,0,-1\}$;

(2) $\boldsymbol{a}=\{-2,3,-1\}, \boldsymbol{b}=\{1,-4,-2\}, \boldsymbol{c}=\{1,-5,2\}$;

(3) $\boldsymbol{a}=\{1,2,3\}, \boldsymbol{b}=\{4,-5,1\}, \boldsymbol{c}=\{7,-5,8\}$;

(4) $\boldsymbol{a}=\{0,-1,3\}, \boldsymbol{b}=\{2,-2,0\}, \boldsymbol{c}=\{-1,2,-3\}$.

6. 在直角坐标系下, 已知点 $A, B, C, D$ 的坐标, 判断它们是否共面; 若不共面, 求以它们为顶点的四面体的体积以及从顶点 $D$ 引出的高线之长.

(1) $A(1,0,1), B(4,4,6), C(2,2,3), D(10,14,17)$;

(2) $A(2,3,1), B(4,1,2), C(6,3,7), D(-5,4,8)$.

## 1.9 二重向量积

对任意向量 $\boldsymbol{a}$ 和 $\boldsymbol{b}$, $\boldsymbol{a}\times\boldsymbol{b}$ 还是一个向量, 将它与向量 $\boldsymbol{c}$ 作外积, $(\boldsymbol{a}\times\boldsymbol{b})\times\boldsymbol{c}$ 称为**二重向量积**. 本节提出二重向量积的概念主要是为了推出一个二重向量积的展开式.

**定理 1.18** 对任意三向量 $\boldsymbol{a}, \boldsymbol{b}, \boldsymbol{c}$, 都有

$$(\boldsymbol{a}\times\boldsymbol{b})\times\boldsymbol{c}=(\boldsymbol{a}\cdot\boldsymbol{c})\boldsymbol{b}-(\boldsymbol{b}\cdot\boldsymbol{c})\boldsymbol{a}. \tag{1.28}$$

**证** 如果 $\boldsymbol{c}=\boldsymbol{0}$, 则等式显然成立. 以下设 $\boldsymbol{c}\neq\boldsymbol{0}$. 根据外积运算的性质, 只需证明等式 $(\boldsymbol{a}\times\boldsymbol{b})\times\boldsymbol{c}^{\circ}=(\boldsymbol{a}\cdot\boldsymbol{c}^{\circ})\boldsymbol{b}-(\boldsymbol{b}\cdot\boldsymbol{c}^{\circ})\boldsymbol{a}$.

建立直角坐标系 $\{O;\ \boldsymbol{i}, \boldsymbol{j}, \boldsymbol{k}\}$, 使得 $\boldsymbol{k}=\boldsymbol{c}^{\circ}$. 在此坐标系下, 设 $\boldsymbol{a}=\{a_1, a_2, a_3\}$, $\boldsymbol{b}=\{b_1, b_2, b_3\}$, $\boldsymbol{a}\times\boldsymbol{b}=\{d_1, d_2, d_3\}$, 则

$$(\boldsymbol{a}\times\boldsymbol{b})\times\boldsymbol{c}^{\circ}=(\boldsymbol{a}\times\boldsymbol{b})\times\boldsymbol{k}=\{d_2,-d_1,0\},$$

$$(\boldsymbol{a}\cdot\boldsymbol{c}^{\circ})\boldsymbol{b}-(\boldsymbol{b}\cdot\boldsymbol{c}^{\circ})\boldsymbol{a}=a_3\boldsymbol{b}-b_3\boldsymbol{a}=\{a_3b_1-a_1b_3, a_3b_2-a_2b_3, 0\}.$$

但 $d_2 = a_3b_1 - a_1b_3$, $d_1 = a_2b_3 - a_3b_2$, 故 $(\boldsymbol{a} \times \boldsymbol{b}) \times \boldsymbol{c}^\circ = (\boldsymbol{a} \cdot \boldsymbol{c}^\circ)\boldsymbol{b} - (\boldsymbol{b} \cdot \boldsymbol{c}^\circ)\boldsymbol{a}$. □

利用定理 1.18 和外积运算的反交换律, 可以证明

$$\boldsymbol{a} \times (\boldsymbol{b} \times \boldsymbol{c}) = (\boldsymbol{a} \cdot \boldsymbol{c})\boldsymbol{b} - (\boldsymbol{a} \cdot \boldsymbol{b})\boldsymbol{c}.$$

**注** 二重向量积不满足结合律, 也就是说, 一般地, $(\boldsymbol{a} \times \boldsymbol{b}) \times \boldsymbol{c}$ 与 $\boldsymbol{a} \times (\boldsymbol{b} \times \boldsymbol{c})$ 不相等.

**例 1.19** 证明**雅可比恒等式**

$$(\boldsymbol{a} \times \boldsymbol{b}) \times \boldsymbol{c} + (\boldsymbol{b} \times \boldsymbol{c}) \times \boldsymbol{a} + (\boldsymbol{c} \times \boldsymbol{a}) \times \boldsymbol{b} = \boldsymbol{0}.$$

**证** 由定理 1.18, 有

$$\begin{aligned}
(\boldsymbol{a} \times \boldsymbol{b}) \times \boldsymbol{c} &= (\boldsymbol{a} \cdot \boldsymbol{c})\boldsymbol{b} - (\boldsymbol{b} \cdot \boldsymbol{c})\boldsymbol{a}, \\
(\boldsymbol{b} \times \boldsymbol{c}) \times \boldsymbol{a} &= (\boldsymbol{b} \cdot \boldsymbol{a})\boldsymbol{c} - (\boldsymbol{c} \cdot \boldsymbol{a})\boldsymbol{b}, \\
(\boldsymbol{c} \times \boldsymbol{a}) \times \boldsymbol{b} &= (\boldsymbol{c} \cdot \boldsymbol{b})\boldsymbol{a} - (\boldsymbol{a} \cdot \boldsymbol{b})\boldsymbol{c}.
\end{aligned}$$

三式相加便得到雅可比恒等式. □

**例 1.20** 证明**拉格朗日恒等式**

$$(\boldsymbol{a} \times \boldsymbol{b}) \cdot (\boldsymbol{c} \times \boldsymbol{d}) = \begin{vmatrix} \boldsymbol{a} \cdot \boldsymbol{c} & \boldsymbol{a} \cdot \boldsymbol{d} \\ \boldsymbol{b} \cdot \boldsymbol{c} & \boldsymbol{b} \cdot \boldsymbol{d} \end{vmatrix}.$$

**证**

$$\begin{aligned}
(\boldsymbol{a} \times \boldsymbol{b}) \cdot (\boldsymbol{c} \times \boldsymbol{d}) &= (\boldsymbol{a} \times \boldsymbol{b}, \boldsymbol{c}, \boldsymbol{d}) = [(\boldsymbol{a} \times \boldsymbol{b}) \times \boldsymbol{c}] \cdot \boldsymbol{d} \\
&= [(\boldsymbol{a} \cdot \boldsymbol{c})\boldsymbol{b} - (\boldsymbol{b} \cdot \boldsymbol{c})\boldsymbol{a}] \cdot \boldsymbol{d} \\
&= (\boldsymbol{a} \cdot \boldsymbol{c})(\boldsymbol{b} \cdot \boldsymbol{d}) - (\boldsymbol{b} \cdot \boldsymbol{c})(\boldsymbol{a} \cdot \boldsymbol{d}) \\
&= \begin{vmatrix} \boldsymbol{a} \cdot \boldsymbol{c} & \boldsymbol{a} \cdot \boldsymbol{d} \\ \boldsymbol{b} \cdot \boldsymbol{c} & \boldsymbol{b} \cdot \boldsymbol{d} \end{vmatrix}.
\end{aligned}$$ □

特别地, 取 $\boldsymbol{c} = \boldsymbol{a}, \boldsymbol{d} = \boldsymbol{b}$, 有 $(\boldsymbol{a} \times \boldsymbol{b})^2 = \boldsymbol{a}^2\boldsymbol{b}^2 - (\boldsymbol{a} \cdot \boldsymbol{b})^2$. 此等式也可以从内积和外积的定义直接得到, 读者不妨一试.

## 习 题 1.9

1. 证明下列等式对任意向量 $\boldsymbol{a}, \boldsymbol{b}, \boldsymbol{c}, \boldsymbol{d}$ 成立:

(1) $(\boldsymbol{a} \times \boldsymbol{b}) \times (\boldsymbol{c} \times \boldsymbol{d}) = (\boldsymbol{a}, \boldsymbol{b}, \boldsymbol{d})\boldsymbol{c} - (\boldsymbol{a}, \boldsymbol{b}, \boldsymbol{c})\boldsymbol{d}$;

(2) $(\boldsymbol{a} \times \boldsymbol{b}) \times (\boldsymbol{c} \times \boldsymbol{d}) = (\boldsymbol{a}, \boldsymbol{c}, \boldsymbol{d})\boldsymbol{b} - (\boldsymbol{b}, \boldsymbol{c}, \boldsymbol{d})\boldsymbol{a}$;

(3) $(\boldsymbol{a}\times\boldsymbol{b},\boldsymbol{b}\times\boldsymbol{c},\boldsymbol{c}\times\boldsymbol{a})=(\boldsymbol{a},\boldsymbol{b},\boldsymbol{c})^2$;

(4) $(\boldsymbol{a}\times\boldsymbol{b})\cdot(\boldsymbol{c}\times\boldsymbol{d})+(\boldsymbol{b}\times\boldsymbol{c})\cdot(\boldsymbol{a}\times\boldsymbol{d})+(\boldsymbol{c}\times\boldsymbol{a})\cdot(\boldsymbol{b}\times\boldsymbol{d})=0$;

(5) $\boldsymbol{a}\times\{\boldsymbol{a}\times[\boldsymbol{a}\times(\boldsymbol{a}\times\boldsymbol{b})]\}=(\boldsymbol{a}^2)^2\boldsymbol{b}-\boldsymbol{a}^2(\boldsymbol{a}\cdot\boldsymbol{b})\boldsymbol{a}$.

2. 证明：向量 $\boldsymbol{a},\boldsymbol{b},\boldsymbol{c}$ 共面的充分必要条件是 $\boldsymbol{b}\times\boldsymbol{c},\boldsymbol{c}\times\boldsymbol{a}$, $\boldsymbol{a}\times\boldsymbol{b}$ 共面.

3. 证明：$[\boldsymbol{v}_1\times(\boldsymbol{v}_1\times\boldsymbol{v}_2)]\times[\boldsymbol{v}_2\times(\boldsymbol{v}_1\times\boldsymbol{v}_2)]=(\boldsymbol{v}_1\times\boldsymbol{v}_2)^2(\boldsymbol{v}_1\times\boldsymbol{v}_2)$.

# 第2章　平面与直线

本章将以向量代数为工具去研究空间中的平面与直线. 其主要内容大体分成两部分：第一部分为 2.1～2.4 节, 在仿射坐标系下建立平面和直线方程, 并讨论平面与平面、直线与平面、直线与直线之间的平行、相交和重合等仿射性质; 第二部分为 2.5～2.6 节, 在直角坐标系下讨论点到平面和点到直线的距离, 以及平面与平面、直线与平面、直线与直线之间的距离和交角等度量性质.

## 2.1　平面方程与两平面的位置关系

### 2.1.1　平面的点位式方程

在空间中取定一个仿射坐标系 $\{O; \boldsymbol{e}_1, \boldsymbol{e}_2, \boldsymbol{e}_3\}$, 对于平面 $\pi$ 及三元方程

$$f(x, y, z) = 0, \tag{2.1}$$

如果 $\pi$ 上的每点的坐标 $(x, y, z)$ 都满足方程 (2.1), 并且方程 (2.1) 的每个解 $(x, y, z)$ 所代表的点都在平面 $\pi$ 上, 则称方程 (2.1) 为平面 $\pi$ 的**方程**, 而称 $\pi$ 为方程 (2.1) 表示的**平面**.

给定空间中一点 $M_0(x_0, y_0, z_0)$, 以及两个不共线的向量 $\boldsymbol{a} = \{X_1, Y_1, Z_1\}, \boldsymbol{b} = \{X_2, Y_2, Z_2\}$, 则有唯一一个平面 $\pi$ 过点 $M_0$ 且使得向量 $\boldsymbol{a}$ 与 $\boldsymbol{b}$ 在平面 $\pi$ 上. 下面建立 $\pi$ 的方程.

如图 2.1 所示, 设 $M(x, y, z)$ 为空间中任一点, 记 $\overrightarrow{OM} = \boldsymbol{r}$, $\overrightarrow{OM_0} = \boldsymbol{r}_0$. 点 $M$ 在平面 $\pi$ 上的充分必要条件是向量 $\overrightarrow{M_0M}$, $\boldsymbol{a}$, $\boldsymbol{b}$ 共面. 又由于 $\boldsymbol{a}$, $\boldsymbol{b}$ 不共线, 这等价于, 存在实数 $\lambda$ 和 $\mu$, 使得

$$\overrightarrow{M_0M} = \lambda\boldsymbol{a} + \mu\boldsymbol{b},$$

即

$$\boldsymbol{r} = \boldsymbol{r}_0 + \lambda\boldsymbol{a} + \mu\boldsymbol{b}. \tag{2.2}$$

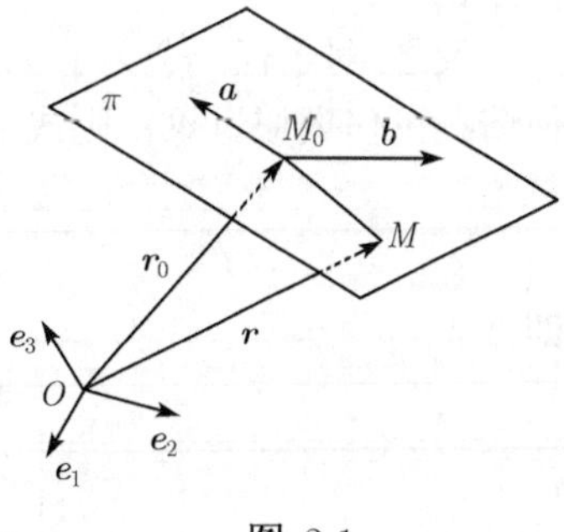


图 2.1

式 (2.2) 称为平面 $\pi$ 的**点位式参数方程** (**向量形式**), 其中向量 $\boldsymbol{a}$, $\boldsymbol{b}$ 为平面 $\pi$ 的方位向量组, $\lambda$ 和 $\mu$ 为参数.

将 $\boldsymbol{r}=\{x,y,z\}$, $\boldsymbol{r}_0=\{x_0,y_0,z_0\}$, $\boldsymbol{a}=\{X_1,Y_1,Z_1\}$ 及 $\boldsymbol{b}=\{X_2,Y_2,Z_2\}$ 代入式 (2.2) 中便得到

$$\begin{cases} x=x_0+\lambda X_1+\mu X_2, \\ y=y_0+\lambda Y_1+\mu Y_2, \\ z=z_0+\lambda Z_1+\mu Z_2. \end{cases} \tag{2.3}$$

式 (2.3) 称为平面 $\pi$ 的**点位式参数方程** (**坐标形式**), 其中 $\lambda$ 和 $\mu$ 为参数.

### 2.1.2　平面的一般方程

设 $M_0(x_0,y_0,z_0)$ 为平面 $\pi$ 上一点, $\boldsymbol{a}$, $\boldsymbol{b}$ 为平面 $\pi$ 的方位向量组, 则点 $M(x,y,z)$ 在平面 $\pi$ 上的充分必要条件为向量 $\overrightarrow{M_0M}$, $\boldsymbol{a}$, $\boldsymbol{b}$ 共面, 由定理 1.9 知, 这又等价于

$$\begin{vmatrix} x-x_0 & y-y_0 & z-z_0 \\ X_1 & Y_1 & Z_1 \\ X_2 & Y_2 & Z_2 \end{vmatrix}=0. \tag{2.4}$$

将式 (2.4) 左边的行列式展开, 得到方程

$$Ax+By+Cz+D=0, \tag{2.5}$$

其中

$$A=\begin{vmatrix} Y_1 & Z_1 \\ Y_2 & Z_2 \end{vmatrix},\quad B=\begin{vmatrix} Z_1 & X_1 \\ Z_2 & X_2 \end{vmatrix},\quad C=\begin{vmatrix} X_1 & Y_1 \\ X_2 & Y_2 \end{vmatrix},\quad D=-\begin{vmatrix} x_0 & y_0 & z_0 \\ X_1 & Y_1 & Z_1 \\ X_2 & Y_2 & Z_2 \end{vmatrix}.$$

因为 $\boldsymbol{a}\not\parallel\boldsymbol{b}$, 故 $A,B,C$ 不全为零, 从而式 (2.5) 是关于 $x,y,z$ 的三元一次方程.

由此可知, 选定仿射坐标系后, 每一个平面都可以由一个关于 $x,y,z$ 的三元一次方程来表示.

反之, 对于任一个关于 $x,y,z$ 的三元一次方程 (2.5), 不失一般性, 可令 $A\neq 0$(其他情况可作类似讨论), 则式 (2.5) 等价于

$$A^2\left(x+\frac{D}{A}\right)+ABy+ACz=0.$$

即

$$\begin{vmatrix} x+\dfrac{D}{A} & y & z \\ B & -A & 0 \\ C & 0 & -A \end{vmatrix}=0.$$

这是一个过点 $M_0\left(-\dfrac{D}{A},0,0\right)$ 且以 $\boldsymbol{a}=\{B,-A,0\}$ 与 $\boldsymbol{b}=\{C,0,-A\}$ 为方位向量组的平面的方程.

由此可知, 选定仿射坐标系后, 任何一个关于 $x, y, z$ 的三元一次方程都表示一个平面. 所以称式 (2.5) 是平面的**一般方程**.

平面的一般方程的一次项系数具有以下几何意义.

**定理 2.1** *向量* $\boldsymbol{v} = \{X, Y, Z\}$ *在平面* $\pi: Ax + By + Cz + D = 0$ *上的充要条件是* $AX + BY + CZ = 0$.

**证** 由于平面 $\pi$ 的方程 $Ax + By + Cz + D = 0$ 是三元一次方程, 不失一般性, 可令 $A \neq 0$ (其他情况可作类似讨论). 从前面的讨论可得 $\pi$ 的方位向量组为 $\boldsymbol{a} = \{B, -A, 0\}$ 与 $\boldsymbol{b} = \{C, 0, -A\}$, 则向量 $\boldsymbol{v}$ 在平面 $\pi$ 上的充要条件是 $\boldsymbol{v}, \boldsymbol{a}, \boldsymbol{b}$ 共面, 这等价于

$$\begin{vmatrix} X & Y & Z \\ B & -A & 0 \\ C & 0 & -A \end{vmatrix} = 0,$$

即 $A^2X + ABY + ACZ = 0$. 注意到 $A \neq 0$, 所以向量 $\boldsymbol{v}$ 在平面 $\pi$ 上的充要条件是 $AX + BY + CZ = 0$. □

### 2.1.3 平面的三点式方程

**例 2.1** 已知不共线的三点 $M_1(x_1, y_1, z_1), M_2(x_2, y_2, z_2), M_3(x_3, y_3, z_3)$, 求通过三点 $M_1$, $M_2$, $M_3$ 的平面方程.

**解** 令 $\boldsymbol{a} = \overrightarrow{M_1M_2} = \{x_2 - x_1, y_2 - y_1, z_2 - z_1\}$, $\boldsymbol{b} = \overrightarrow{M_1M_3} = \{x_3 - x_1, y_3 - y_1, z_3 - z_1\}$. 由于 $M_1, M_2, M_3$ 不共线, 所以 $\boldsymbol{a} \nparallel \boldsymbol{b}$. 从而由点 $M_1$ 与方位向量组 $\boldsymbol{a}, \boldsymbol{b}$ 所确定的平面方程为

$$\begin{vmatrix} x - x_1 & y - y_1 & z - z_1 \\ x_2 - x_1 & y_2 - y_1 & z_2 - z_1 \\ x_3 - x_1 & y_3 - y_1 & z_3 - z_1 \end{vmatrix} = 0. \tag{2.6}$$

□

等式 (2.6) 称为平面的**三点式方程**, 它也可以表示为

$$\begin{vmatrix} x & y & z & 1 \\ x_1 & y_1 & z_1 & 1 \\ x_2 & y_2 & z_2 & 1 \\ x_3 & y_3 & z_3 & 1 \end{vmatrix} = 0. \tag{2.7}$$

### 2.1.4 平面的截距式方程

作为三点式方程的特例, 如果已知平面与三坐标轴的交点分别为 $M_1(a, 0, 0)$,

$M_2(0,b,0)$, $M_3(0,0,c)$, 其中 $abc \neq 0$, 如图 2.2 所示, 则由式 (2.6) 得平面方程

$$\begin{vmatrix} x-a & y & z \\ -a & b & 0 \\ -a & 0 & c \end{vmatrix} = 0.$$

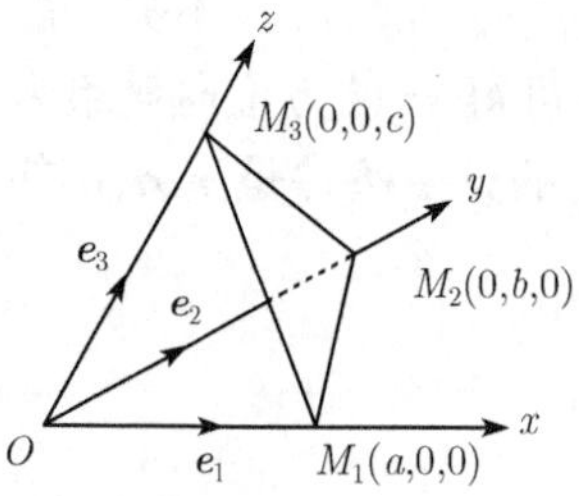


图 2.2

展开得

$$bcx + acy + abz = abc.$$

由于 $abc \neq 0$, 上式可写成

$$\frac{x}{a} + \frac{y}{b} + \frac{z}{c} = 1. \tag{2.8}$$

式 (2.8) 称为平面的**截距式方程**, 其中 $a, b, c$ 分别称为平面在三坐标轴上的**截距**.

请读者思考: 在仿射坐标系下, 截距的几何意义是什么?

### 2.1.5　两平面的位置关系

两平面的相关位置有三种可能情形: ① 相交于一直线; ② 平行; ③ 重合. 以下定理将给出从两平面的方程去判断它们的相关位置的方法.

为了叙述的方便, 常用到几个实数组成的比式的等式或不相等式, 具体约定如下:

**约定** (以三个实数为例, 其他情况类似)　$A_1 : B_1 : C_1 = A_2 : B_2 : C_2$ 等价于 $\dfrac{A_1}{A_2} = \dfrac{B_1}{B_2} = \dfrac{C_1}{C_2}$. 从而 $A_1 : B_1 : C_1 \neq A_2 : B_2 : C_2$ 等价于 $\dfrac{A_1}{A_2} = \dfrac{B_1}{B_2} = \dfrac{C_1}{C_2}$ 不成立.

**定理 2.2**　在仿射坐标系下, 给定平面

$$\begin{aligned} \pi_1 &: A_1x + B_1y + C_1z + D_1 = 0, \\ \pi_2 &: A_2x + B_2y + C_2z + D_2 = 0, \end{aligned} \tag{2.9}$$

则

(1) $\pi_1$ 与 $\pi_2$ 重合的充分必要条件是它们方程的一次项系数及常数项对应成比例, 即

$$\frac{A_1}{A_2} = \frac{B_1}{B_2} = \frac{C_1}{C_2} = \frac{D_1}{D_2}; \tag{2.10}$$

(2) $\pi_1$ 与 $\pi_2$ 平行的充分必要条件是它们方程中的一次项系数成比例, 并且该比值与常数项的比值不等, 即

$$\frac{A_1}{A_2} = \frac{B_1}{B_2} = \frac{C_1}{C_2}, \quad A_1 : B_1 : C_1 : D_1 \neq A_2 : B_2 : C_2 : D_2; \tag{2.11}$$

(3) $\pi_1$ 与 $\pi_2$ 相交的充分必要条件是它们方程中的一次项系数对应不成比例, 即

$$A_1 : B_1 : C_1 \neq A_2 : B_2 : C_2. \tag{2.12}$$

**证** (1) $\pi_1$ 与 $\pi_2$ 重合等价于 $\pi_1$ 与 $\pi_2$ 的两个方程是同解的, 即它们的一次项系数及常数项对应成比例, 即为式 (2.10).

(2) $\pi_1$ 与 $\pi_2$ 平行等价于 $\pi_1$ 与 $\pi_2$ 满足两个条件: ① 向量在 $\pi_1$ 上当且仅当该向量也在 $\pi_2$ 上; ② 存在 $\pi_1$ 上的一点 $M_0(x_0, y_0, z_0)$ 不在 $\pi_2$ 上. 对于任意一个向量 $\boldsymbol{v} = \{X, Y, Z\}$, 由定理 2.1 知, 条件 ① 等价于 $A_1X + B_1Y + C_1Z = 0$ 与 $A_2X + B_2Y + C_2Z = 0$ 是同解方程, 即

$$\frac{A_1}{A_2} = \frac{B_1}{B_2} = \frac{C_1}{C_2}.$$

由于

$$\begin{cases} A_1x_0 + B_1y_0 + C_1z_0 + D_1 = 0, \\ A_2x_0 + B_2y_0 + C_2z_0 + D_2 \neq 0, \end{cases}$$

设 $\dfrac{A_1}{A_2} = \dfrac{B_1}{B_2} = \dfrac{C_1}{C_2} = k$, 则有 $\dfrac{D_1}{D_2} \neq k$. 所以

$$A_1 : B_1 : C_1 : D_1 \neq A_2 : B_2 : C_2 : D_2.$$

反之, 设 $\dfrac{A_1}{A_2} = \dfrac{B_1}{B_2} = \dfrac{C_1}{C_2} = k$, 若 $A_1 : B_1 : C_1 : D_1 \neq A_2 : B_2 : C_2 : D_2$, 从而 $\dfrac{D_1}{D_2} \neq k$, 对于 $\pi_1$ 上任意一点 $M_0(x_0, y_0, z_0)$, 由于 $\dfrac{A_1}{A_2} = \dfrac{B_1}{B_2} = \dfrac{C_1}{C_2} = k$, 所以 $A_2x_0 + B_2y_0 + C_2z_0 + D_2 \neq 0$. 故 $\pi_1$ 与 $\pi_2$ 平行等价于式 (2.11) 成立.

(3) $\pi_1$ 与 $\pi_2$ 相交等价于它们既不重合也不平行, 即式 (2.10) 与式 (2.11) 都不成立, 也即式 (2.12) 成立. □

## 习 题 2.1

在仿射坐标系 $\{O; \boldsymbol{e}_1, \boldsymbol{e}_2, \boldsymbol{e}_3\}$ 下求解下列各题.

1. 画出下列各平面的示意图:

(1) $3x - y + 2z - 6 = 0$;

(2) $2x - 2y + 6 = 0$;

(3) $3y + 2z = 0$;

(4) $2x - 1 = 0$.

2. 试用平面 $\pi : Ax + By + Cz + D = 0$ 的系数表示出 $\pi$ 分别满足下列各要求之充要条件:

(1) $\pi$ 通过原点 $O$;

(2) $\pi$ 平行于 $Ox$ 轴;

(3) $\pi$ 平行于 $Oyz$ 面;

(4) $\pi$ 过 $Oy$ 轴.

3. 分别按下列条件求出平面 $\pi$ 的方程:

(1) $\pi$ 通过点 $A(2,3,1), B(3,1,4), C(2,1,5)$;

(2) $\pi$ 通过点 $A(3,1,-1)$ 和点 $B(1,-1,0)$ 且向量 $\boldsymbol{v}=\{2,1,-1\}$ 在 $\pi$ 上;

(3) $\pi$ 通过点 $A(2,-5,1)$ 和 $Oy$ 轴;

(4) $\pi$ 通过点 $A(3,-5,1)$, 且平行于平面 $\pi': x-2y+4z=0$;

(5) $\pi$ 通过点 $A(3,5,-7)$, 且在三个坐标轴上有相同的非零截距.

4. 化平面 $\pi$ 的方程 $x+2y-z+4=0$ 为截距式与参数式.

5. 判断下列各对平面的相关位置:

(1) $\pi_1: 2x+y-3z-1=0$ 与 $\pi_2: \dfrac{x}{3}+\dfrac{y}{6}-\dfrac{z}{2}+2=0$;

(2) $\pi_1: x-2y+z-2=0$ 与 $\pi_2: 3x+y-2z-1=0$;

(3) $\pi_1: 3x+9y-6z+2=0$ 与 $\pi_2: x+3y-2z+\dfrac{2}{3}=0$.

6. 设平面 $\pi: Ax+By+Cz+D=0$ 与连接两点 $M_1(x_1,y_1,z_1)$ 和 $M_2(x_2,y_2,z_2)$ 的线段相交于点 $M$, 且 $\overrightarrow{M_1M}=k\overrightarrow{MM_2}$, 证明:

$$k=-\frac{Ax_1+By_1+Cz_1+D}{Ax_2+By_2+Cz_2+D}.$$

## 2.2 直线方程与两直线的位置关系

在空间中取定一个仿射坐标系 $\{O;\boldsymbol{e}_1,\boldsymbol{e}_2,\boldsymbol{e}_3\}$, 对于直线 $l$, 如果 $l$ 上的每点的坐标都满足某方程, 且坐标满足该方程的所有点都在直线 $l$ 上, 则称此方程为直线 $l$ 的**方程**, 同时称直线 $l$ 为此方程表示的**直线**.

### 2.2.1 直线的点向式方程

对于空间中的一点 $M_0(x_0,y_0,z_0)$, 以及非零向量 $\boldsymbol{v}=\{X,Y,Z\}$, 有唯一一条直线 $l$ 过点 $M_0$ 且使得 $\boldsymbol{v}/\!/l$. $\boldsymbol{v}$ 就是 $l$ 的一个方向向量. 下面建立 $l$ 的方程.

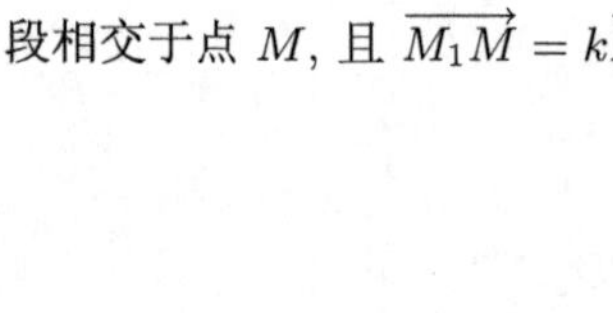

图 2.3

如图 2.3 所示, 设 $M(x,y,z)$ 为空间中任一点, 记 $\boldsymbol{r}=\overrightarrow{OM}$, $\boldsymbol{r}_0=\overrightarrow{OM_0}$. 点 $M$ 在直线 $l$ 上的充分必要条件是 $\overrightarrow{M_0M}/\!/\boldsymbol{v}$, 由命题 1.5, 这等价于存在实数 $t$, 使得 $\overrightarrow{M_0M}=t\boldsymbol{v}$, 即

$$\boldsymbol{r}=\boldsymbol{r}_0+t\boldsymbol{v}. \tag{2.13}$$

上式也可写为

$$\begin{cases} x = x_0 + tX, \\ y = y_0 + tY, \\ z = z_0 + tZ. \end{cases} \tag{2.14}$$

式 (2.13) 称为直线 $l$ 的**点向式参数方程** (**向量形式**), 式 (2.14) 称为直线 $l$ 的**点向式参数方程** (**坐标形式**), 其中 $t$ 为参数.

### 2.2.2 直线的标准方程

设 $M_0(x_0, y_0, z_0)$ 为直线 $l$ 上一点, $\boldsymbol{v}$ 为 $l$ 的一个方向向量. 点 $M(x, y, z)$ 在直线 $l$ 上的充分必要条件是 $\overrightarrow{M_0M} // \boldsymbol{v}$, 根据定理 1.8, 它等价于

$$\frac{x - x_0}{X} = \frac{y - y_0}{Y} = \frac{z - z_0}{Z}. \tag{2.15}$$

注意到 $\boldsymbol{v} = \{X, Y, Z\}$ 是非零向量, 所以 $X, Y, Z$ 不全为零. 当 $X, Y, Z$ 中有一个或两个为零时, 遵循 1.5 节中的约定. 例如, 当 $X = 0$ 时,

$$\frac{x - x_0}{0} = \frac{y - y_0}{Y} = \frac{z - z_0}{Z}$$

等价于

$$\begin{cases} x - x_0 = 0, \\ \dfrac{y - y_0}{Y} = \dfrac{z - z_0}{Z}. \end{cases}$$

当 $X = 0, Y = 0$ 时,

$$\frac{x - x_0}{0} = \frac{y - y_0}{0} = \frac{z - z_0}{Z}$$

等价于

$$\begin{cases} x - x_0 = 0, \\ y - y_0 = 0. \end{cases}$$

式 (2.15) 称为直线 $l$ 的**标准方程**, 其中 $X : Y : Z$ 称为 $l$ 的**方向数**.

### 2.2.3 直线的两点式方程

**例 2.2** 在仿射坐标系下, 给定两相异点 $M_1(x_1, y_1, z_1)$ 和 $M_2(x_2, y_2, z_2)$, 求过点 $M_1$ 与 $M_2$ 的直线 $l$ 的方程.

**解** 因 $M_1$ 与 $M_2$ 相异, $\overrightarrow{M_1M_2} = \{x_2 - x_1, y_2 - y_1, z_2 - z_1\} \neq \mathbf{0}$, 所以可取 $\boldsymbol{v} = \overrightarrow{M_1M_2}$ 为 $l$ 的一个方向向量. 又因为直线过点 $M_1$, 则由式 (2.15) 得直线 $l$ 的方程

$$\frac{x - x_1}{x_2 - x_1} = \frac{y - y_1}{y_2 - y_1} = \frac{z - z_1}{z_2 - z_1}. \tag{2.16}$$

□

式 (2.16) 称为直线 $l$ 的**两点式方程**.

### 2.2.4 直线的一般方程

任意一条直线都可以看作是某两个平面的交线, 对于平面

$$\pi_1: A_1x + B_1y + C_1z + D_1 = 0,$$
$$\pi_2: A_2x + B_2y + C_2z + D_2 = 0.$$

如果它们的一次项系数对应不成比例, 则 $\pi_1$ 与 $\pi_2$ 的交线 $l$ 的方程可以表示为

$$l: \begin{cases} A_1x + B_1y + C_1z + D_1 = 0, \\ A_2x + B_2y + C_2z + D_2 = 0. \end{cases} \tag{2.17}$$

式 (2.17) 称为直线 $l$ 的**一般方程**.

由直线 $l$ 的标准方程 (2.15) 可写出它的一般方程. 由于 $l$ 的方向向量$\{X, Y, Z\} \neq \mathbf{0}$, 如 $X, Y \neq 0$, 则式 (2.15) 可写成

$$\begin{cases} \dfrac{x - x_0}{X} = \dfrac{y - y_0}{Y}, \\ \dfrac{x - x_0}{X} = \dfrac{z - z_0}{Z}. \end{cases} \tag{2.18}$$

式 (2.18) 就是直线 $l$ 的一般方程. 其他情形由 2.2.2 节中的约定也可得 $l$ 的一般方程.

反之, 由直线 $l$ 的一般方程 (2.17) 也可写出它的标准方程. 由于 $\pi_1$ 与 $\pi_2$ 相交, 所以 $A_1 : B_1 : C_1 \neq A_2 : B_2 : C_2$, 这等价于下面三个行列式不全为零:

$$\begin{vmatrix} B_1 & C_1 \\ B_2 & C_2 \end{vmatrix}, \quad \begin{vmatrix} C_1 & A_1 \\ C_2 & A_2 \end{vmatrix}, \quad \begin{vmatrix} A_1 & B_1 \\ A_2 & B_2 \end{vmatrix}. \tag{2.19}$$

若 $\begin{vmatrix} A_1 & B_1 \\ A_2 & B_2 \end{vmatrix} \neq 0$, 令 $z = 0$, 则方程组 $\begin{cases} A_1x + B_1y + D_1 = 0, \\ A_2x + B_2y + D_2 = 0 \end{cases}$ 有唯一解, 记作 $(x_0, y_0)$, 而 $M_0(x_0, y_0, 0)$ 就是 $l$ 上的一个点. 假设

$$X = \begin{vmatrix} B_1 & C_1 \\ B_2 & C_2 \end{vmatrix}, \quad Y = \begin{vmatrix} C_1 & A_1 \\ C_2 & A_2 \end{vmatrix}, \quad Z = \begin{vmatrix} A_1 & B_1 \\ A_2 & B_2 \end{vmatrix}.$$

注意到式 (2.19) 中三个行列式不全为零, 所以向量 $\boldsymbol{v} = \{X, Y, Z\} \neq \mathbf{0}$. 又由于

$$\begin{aligned} A_1X + B_1Y + C_1Z &= A_1\begin{vmatrix} B_1 & C_1 \\ B_2 & C_2 \end{vmatrix} + B_1\begin{vmatrix} C_1 & A_1 \\ C_2 & A_2 \end{vmatrix} + C_1\begin{vmatrix} A_1 & B_1 \\ A_2 & B_2 \end{vmatrix} \\ &= \begin{vmatrix} A_1 & B_1 & C_1 \\ A_1 & B_1 & C_1 \\ A_2 & B_2 & C_2 \end{vmatrix} = 0, \end{aligned}$$

所以, 根据定理 2.1 可知 $\boldsymbol{v}//\pi_1$. 同理 $\boldsymbol{v}//\pi_2$. 因此 $\boldsymbol{v}=\{X,Y,Z\}$ 为 $l$ 的一个方向向量. 这样就得到了 $l$ 上的一个点 $M_0$ 和一个方向向量 $\boldsymbol{v}$, 从而可写出直线 $l$ 的标准方程.

实际上, $M_0$ 是在直线 $l$ 上选择的一个点, 因为选取方法有很大的随意性, 方程组 (2.17) 的任何一个解都表示直线 $l$ 上的一个点.

**例 2.3** 化直线 $l$ 的一般方程 $\begin{cases} 2x+y+z-5=0, \\ 2x+y-3z-1=0 \end{cases}$ 为标准方程.

**解** 因为 $l$ 的方向数为

$$\begin{vmatrix} 1 & 1 \\ 1 & -3 \end{vmatrix} : \begin{vmatrix} 1 & 2 \\ -3 & 2 \end{vmatrix} : \begin{vmatrix} 2 & 1 \\ 2 & 1 \end{vmatrix} = (-4):8:0=1:(-2):0.$$

令 $x=0$ 可得方程 $\begin{cases} y+z-5=0, \\ y-3z-1=0. \end{cases}$ 解得 $y=4, z=1$. 那么 $(0,4,1)$ 为 $l$ 上的一个点, 所以直线 $l$ 的标准方程为

$$\frac{x}{1}=\frac{y-4}{-2}=\frac{z-1}{0}.$$

□

### 2.2.5 两直线的相关位置

在仿射坐标系下, 给定两直线

$$l_1: \frac{x-x_1}{X_1}=\frac{y-y_1}{Y_1}=\frac{z-z_1}{Z_1}, \tag{2.20}$$

$$l_2: \frac{x-x_2}{X_2}=\frac{y-y_2}{Y_2}=\frac{z-z_2}{Z_2}. \tag{2.21}$$

如图 2.4 所示, 其中 $\boldsymbol{r}_1=\overrightarrow{OM_1}=\{x_1,y_1,z_1\}$, $\boldsymbol{r}_2=\overrightarrow{OM_2}=\{x_2,y_2,z_2\}$, $\boldsymbol{v}_1=\{X_1,Y_1,Z_1\}$, $\boldsymbol{v}_2=\{X_2,Y_2,Z_2\}$. 易见 $l_1$ 与 $l_2$ 共面的充要条件是向量 $\boldsymbol{v}_1,\boldsymbol{v}_2,\overrightarrow{M_1M_2}$ 共面, 当且仅当

$$\varDelta=\begin{vmatrix} x_1-x_2 & y_1-y_2 & z_1-z_2 \\ X_1 & Y_1 & Z_1 \\ X_2 & Y_2 & Z_2 \end{vmatrix}=0. \tag{2.22}$$

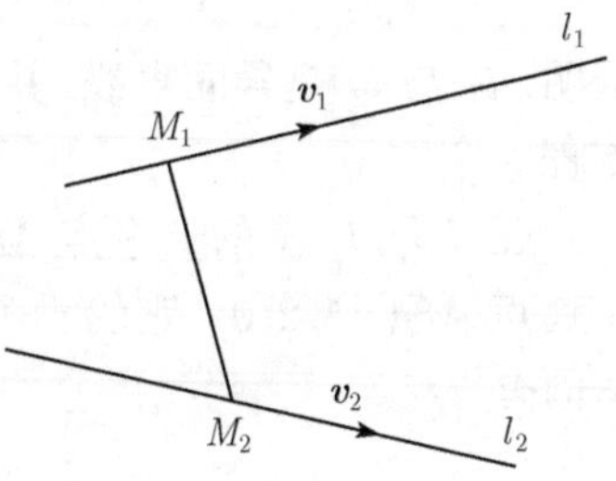

图 2.4

在此前提下, $l_1$ 与 $l_2$ 相交即是 $\boldsymbol{v}_1 \nparallel \boldsymbol{v}_2$. $l_1$ 与 $l_2$ 平行即是 $\boldsymbol{v}_1//\boldsymbol{v}_2 \nparallel \overrightarrow{M_1M_2}$, $l_1$ 与 $l_2$ 重合即是 $\boldsymbol{v}_1//\boldsymbol{v}_2//\overrightarrow{M_1M_2}$. 于是得到下述定理.

**定理 2.3**　对于给定的两直线 (2.20) 与 (2.21), 则有

(1) $l_1$ 与 $l_2$ 相交的充分必要条件是

$$\Delta = 0, \quad 且 \quad X_1 : Y_1 : Z_1 \neq X_2 : Y_2 : Z_2; \tag{2.23}$$

(2) $l_1$ 与 $l_2$ 平行的充分必要条件是

$$X_1 : Y_1 : Z_1 = X_2 : Y_2 : Z_2 \neq (x_1 - x_2) : (y_1 - y_2) : (z_1 - z_2); \tag{2.24}$$

(3) $l_1$ 与 $l_2$ 重合的充分必要条件是

$$X_1 : Y_1 : Z_1 = X_2 : Y_2 : Z_2 = (x_1 - x_2) : (y_1 - y_2) : (z_1 - z_2); \tag{2.25}$$

(4) $l_1$ 与 $l_2$ 异面的充分必要条件是

$$\Delta \neq 0. \tag{2.26}$$

**例 2.4**　给定 $l_1$ 与 $l_2$ 的方程分别为

$$l_1 : \begin{cases} x = 1 + 11t, \\ y = -1 - 5t, \\ z = 1 - 7t, \end{cases} \qquad l_2 : \begin{cases} 2x + 3y + z - 7 = 0, \\ x - 2y + 3z + 6 = 0. \end{cases}$$

证明: $l_1$ 与 $l_2$ 平行.

**证**　$l_1$ 过点 $M_1(1, -1, 1)$, 方向数为 $X_1 : Y_1 : Z_1 = 11 : (-5) : (-7)$. 对于 $l_2$, 可求出其上一点 $M_2(1, 2, -1)$, 方向数为 $X_2 : Y_2 : Z_2 = 11 : (-5) : (-7)$. 二者方向数相同. 但是 $\overrightarrow{M_2M_1} = \{0, -3, 2\}$, 而 $0 : (-3) : 2 \neq 11 : (-5) : (-7)$, 故根据式 (2.24) 得知 $l_1$ 与 $l_2$ 平行. □

**例 2.5**　假设 $l_1$ 与 $l_2$ 的方程分别为

$$l_1 : \begin{cases} x + y = 0, \\ x - y + z + 4 = 0, \end{cases} \qquad l_2 : \begin{cases} x + 3y - 1 = 0, \\ y + z - 2 = 0. \end{cases}$$

证明: $l_1$ 与 $l_2$ 是异面直线. 并试求过点 $M_0(2, 3, 1)$ 且与 $l_1$ 和 $l_2$ 都相交的直线 $l$ 的方程.

**证**　取 $l_1$ 上的一个点 $M_1(-2, 2, 0)$ 及它的一个方向向量 $\boldsymbol{v}_1 = \{1, -1, -2\}$, 而 $l_2$ 过点 $M_2(-5, 2, 0)$, 它的一个方向向量为 $\boldsymbol{v}_2 = \{3, -1, 1\}$, 所以 $\overrightarrow{M_2M_1} = \{3, 0, 0\}$, 从而有

$$\Delta = \begin{vmatrix} 3 & 0 & 0 \\ 1 & -1 & -2 \\ 3 & -1 & 1 \end{vmatrix} = -9 \neq 0,$$

故根据式 (2.26), $l_1$ 与 $l_2$ 是异面直线.

由于 $M_0$ 不在 $l_1$ 上, 也不在 $l_2$ 上, 因此过 $M_0$ 与 $l_1$ 有唯一的平面 $\pi_1$, 过 $M_0$ 与 $l_2$ 有唯一的平面 $\pi_2$. 又因为 $\pi_1$ 与 $\pi_2$ 有交点 $M_0$, 且 $l_1$ 与 $l_2$ 异面, 故 $\pi_1$ 与 $\pi_2$ 既不重合也不平行, 只可能相交. 设交线为 $l_0$, 则 $l_0$ 过 $M_0$, 且与 $l_1$ 共面, 又与 $l_2$ 共面. 因此, 如果满足条件的 $l$ 存在, 则必定是 $l_0$. 若 $l_0$ 不与 $l_1$ 平行, 也不与 $l_2$ 平行, 它就是所求的直线 $l$; 若 $l_0$ 与 $l_1$ 及 $l_2$ 中的一个平行, 当然 $l_0$ 与另一个不平行, 则 $l_0$ 不是所求直线 $l$, 故此时 $l$ 不存在 (图 2.5). 所以, 求出 $l_0$ 后再检验便可知 $l$ 是否存在.

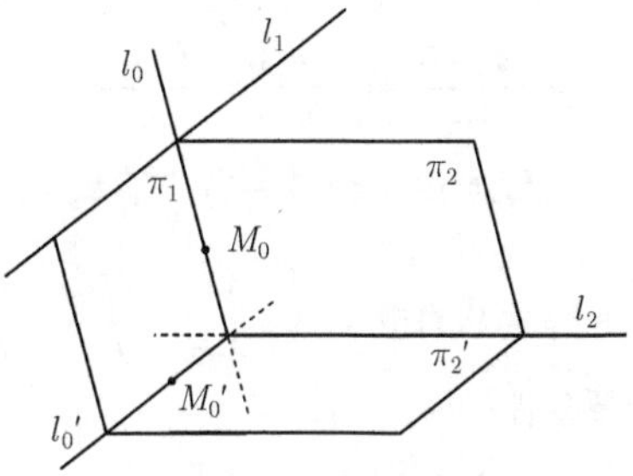


图 2.5

容易求出 $\pi_1$ 与 $\pi_2$ 的方程分别为 $x-9y+5z+20=0$ 与 $x-2y-5z+9=0$. 所以 $l_0$ 的方程为

$$\begin{cases} x-9y+5z+20=0, \\ x-2y-5z+9=0. \end{cases}$$

它的方向数是

$$\begin{vmatrix} -9 & 5 \\ -2 & -5 \end{vmatrix} : \begin{vmatrix} 5 & 1 \\ -5 & 1 \end{vmatrix} : \begin{vmatrix} 1 & -9 \\ 1 & -2 \end{vmatrix} = 55:10:7,$$

与 $l_1$ 和 $l_2$ 的方向数皆不相同. 所以 $l_0$ 就是所求的直线 $l$. □

## 习　题　2.2

在仿射坐标系 $\{O;\boldsymbol{e}_1,\boldsymbol{e}_2,\boldsymbol{e}_3\}$ 下求解下列各题.

1. 求下列直线 $l$ 的点向式方程、一般方程与标准方程:

(1) $l$ 过点 $A(1,0,-2)$ 且平行于向量 $\boldsymbol{v}=\{4,2,-3\}$;

(2) $l$ 过两点 $A(1,0,-2)$ 与 $B(0,2,3)$;

(3) $l$ 平行于直线 $l': \dfrac{x-1}{2}=\dfrac{y+1}{0}=\dfrac{z-3}{-3}$, 且经过点 $M(\sqrt{2},3,-1)$.

2. 化下列直线 $l$ 的一般方程为标准方程:

(1) $\begin{cases} x+y+z-3=0, \\ 3x-3y+5z-5=0; \end{cases}$

(2) $\begin{cases} x-3z+5=0, \\ y-2z-3=0. \end{cases}$

3. 写出下列直线 $l$ 的一般方程:

(1) $\dfrac{x-1}{2}=\dfrac{y+2}{-5}=\dfrac{z-4}{7}$;

(2) $\frac{x}{0}=\frac{y-2}{3}=\frac{z+1}{2}$;

(3) $\frac{x-8}{3}=\frac{y-3}{0}=\frac{z-7}{0}$.

4. 试求由 $P(2,0,-1)$ 与直线 $l:\frac{x+1}{2}=\frac{y}{-1}=\frac{z-2}{3}$ 所确定的平面 $\pi$ 的方程.

5. 试用直线 $l:\begin{cases}A_1x+B_1y+C_1z+D_1=0,\\A_2x+B_2y+C_2z+D_2=0\end{cases}$ 的系数表示出 $l$ 分别满足下列各要求的充要条件:

(1) $l$ 通过原点 $O$;

(2) $l$ 平行于 $Ox$ 轴;

(3) $l$ 与 $Oy$ 轴相交;

(4) $l$ 与 $Oz$ 轴重合;

(5) $l$ 在 $Oxz$ 坐标平面上.

6. 判定下列各组直线的相关位置:

(1) $l_1:\begin{cases}x=1+2t,\\y=7+t,\\z=3+4t\end{cases}$ 与 $l_2:\frac{x-6}{3}=\frac{y+1}{-2}=\frac{z+2}{1}$;

(2) $l_1:\frac{x-1}{2}=\frac{y-2}{-2}=\frac{z}{-1}$ 与 $l_2:\frac{x}{-2}=\frac{y+5}{3}=\frac{z-4}{0}$;

(3) $l_1:\begin{cases}x+y=0,\\x+z-8=0\end{cases}$ 与 $l_2:\begin{cases}z-4=0,\\2x+3z-7=0;\end{cases}$

(4) $l_1:\begin{cases}x=5+2t,\\y=2-t,\\z=-7+t\end{cases}$ 与 $l_2:\begin{cases}x+3y+z+2=0,\\x-y-3z-2=0.\end{cases}$

7. 求过点 $M(11,9,0)$, 并且与 $l_1:\frac{x-1}{2}=\frac{y+3}{4}=\frac{z-5}{3}$ 和 $l_2:\frac{x}{5}=\frac{y-2}{-1}=\frac{z+1}{2}$ 都相交的直线方程.

8. 求过点 $M(3,-1,-4)$ 与 $Oy$ 轴相交, 且与平面 $\pi:y+2z=0$ 平行的直线 $l$ 的方程.

9. 在下列各题中, 试求 $l_1$ 上的点, 通过它不能作直线与 $l_2,l_3$ 同时相交:

(1) $l_1:\begin{cases}3x-y-3=0,\\x-2z+1=0,\end{cases}$ $l_2:\frac{x-4}{4}=\frac{y+2}{-3}=\frac{z-2}{2}$, $l_3:\frac{x}{-1}=\frac{y+2}{-3}=\frac{z-4}{4}$;

(2) $l_1:\frac{x}{2}=\frac{y}{-1}=\frac{z}{-1}$, $l_2:\frac{x-2}{1}=\frac{y+3}{-2}=\frac{z}{4}$, $l_3:\frac{x}{1}=\frac{y-2}{-2}=\frac{z+1}{4}$;

(3) $l_1:\begin{cases}x+3z=0,\\y+2=0,\end{cases}$ $l_2:\begin{cases}x-2y-5=0,\\2x+z-2=0,\end{cases}$ $l_3:\frac{x-9}{6}=\frac{y-2}{3}=\frac{z+1}{1}$.

10. 求与直线 $l_1:\begin{cases}x-3y+z=0,\\x+y-z+4=0\end{cases}$ 平行且与直线 $l_2:\frac{x-3}{1}=\frac{y+1}{2}=\frac{z}{4}$ 和

$l_3: \dfrac{x+2}{3} = \dfrac{y+1}{0} = \dfrac{z-4}{-1}$ 都相交的直线 $l$ 的方程.

# 2.3 直线与平面以及点关于平面的位置关系

## 2.3.1 直线与平面的位置关系

在仿射坐标系 $\{O; \boldsymbol{e}_1, \boldsymbol{e}_2, \boldsymbol{e}_3\}$ 下, 给定直线 $l$ 和平面 $\pi$, 其方程分别为式 (2.14) 与式 (2.5). 为了求解直线 $l$ 与平面 $\pi$ 的公共点, 将式 (2.14) 代入式 (2.5), 得到

$$A(x_0 + Xt) + B(y_0 + Yt) + C(z_0 + Zt) + D = 0,$$

即

$$(AX + BY + CZ)t + (Ax_0 + By_0 + Cz_0 + D) = 0. \tag{2.27}$$

这是一个关于 $t$ 的一次方程, 它的解表示直线 $l$ 与平面 $\pi$ 的公共点在直线 $l$ 上的参数值. 方程 (2.27) 的解由一次项系数 $AX+BY+CZ$ 和常数项 $Ax_0+By_0+Cz_0+D$ 完全确定. 一次项系数非零等价于关于 $t$ 的方程 (2.27) 有唯一解, 即直线 $l$ 和平面 $\pi$ 有唯一的交点; 一次项系数和常数项皆为零等价于关于 $t$ 的方程 (2.27) 有无穷个解, 即直线 $l$ 和平面 $\pi$ 有无穷多个公共点; 一次项系数为零, 常数项非零等价于关于 $t$ 的方程 (2.27) 无解, 即直线 $l$ 和平面 $\pi$ 没有公共点. 这样我们得到直线 $l$ 和平面 $\pi$ 的三种相关位置的判定方法.

**定理 2.4** 在仿射坐标系下, 给定直线 $l: \dfrac{x-x_0}{X} = \dfrac{y-y_0}{Y} = \dfrac{z-z_0}{Z}$ 与平面 $\pi: Ax + By + Cz + D = 0$, 则

(1) $l$ 与 $\pi$ 相交的充分必要条件是

$$AX + BY + CZ \neq 0; \tag{2.28}$$

(2) $l$ 与 $\pi$ 平行的充分必要条件是

$$\begin{cases} AX + BY + CZ = 0, \\ Ax_0 + By_0 + Cz_0 + D \neq 0; \end{cases} \tag{2.29}$$

(3) $l$ 在 $\pi$ 上的充分必要条件是

$$\begin{cases} AX + BY + CZ = 0, \\ Ax_0 + By_0 + Cz_0 + D = 0. \end{cases} \tag{2.30}$$

**例 2.6** 给定平面 $\pi: y + 2z = 0$ 及两直线

$$l_1: \begin{cases} x = 1 - t, \\ y = t, \\ z = 4t, \end{cases} \qquad l_2: \begin{cases} x = 2 - t, \\ y = 4 + 2t, \\ z = 1. \end{cases}$$

求在平面 $\pi$ 上, 并且与 $l_1, l_2$ 都相交的直线 $l$ 的方程.

**解**　将 $l_1$ 与 $l_2$ 的参数方程分别代入 $\pi$ 的方程, 解得 $t$ 的值, 得到 $l_1$ 与 $\pi$ 的交点 $M_1(1,0,0)$ 和 $l_2$ 与 $\pi$ 的交点 $M_2(5,-2,1)$. 由两点式方程 (2.16) 可得直线 $l$ 的标准方程为

$$\frac{x-1}{4} = \frac{y}{-2} = \frac{z}{1}.$$

□

### 2.3.2　点关于平面的位置关系

任一平面 $\pi$ 将除 $\pi$ 自身外的空间分成两部分. 如所周知, 满足平面方程的点在平面上; 不满足平面方程的点不在平面上. 对于平面外的点在平面的哪一侧, 我们有如下定理.

**定理 2.5**　设有平面 $\pi: Ax+By+Cz+D=0$ 和不在 $\pi$ 上的两点 $P(x_1,y_1,z_1)$, $Q(x_2,y_2,z_2)$, 则 $P, Q$ 处于平面 $\pi$ 的异侧的充分必要条件是

$$(Ax_1+By_1+Cz_1+D)(Ax_2+By_2+Cz_2+D) < 0. \tag{2.31}$$

**证**　取直线 $PQ$ 的方向向量为 $\overrightarrow{PQ} = \{x_2-x_1, y_2-y_1, z_2-z_1\}$, 则直线 $PQ$ 的参数方程为

$$\begin{cases} x = x_1 + (x_2-x_1)t, \\ y = y_1 + (y_2-y_1)t, \\ z = z_1 + (z_2-z_1)t. \end{cases}$$

将它代入 $\pi$ 的方程整理得

$$\begin{aligned} &\big[(Ax_1+By_1+Cz_1+D)-(Ax_2+By_2+Cz_2+D)\big]t \\ &= Ax_1+By_1+Cz_1+D. \end{aligned} \tag{2.32}$$

点 $P, Q$ 处于平面 $\pi$ 的异侧的充分必要条件是方程 (2.32) 关于 $t$ 有唯一解, 且 $0<t<1$. 即

$$Ax_1+By_1+Cz_1+D \neq Ax_2+By_2+Cz_2+D,$$

且

$$0 < \frac{Ax_1+By_1+Cz_1+D}{(Ax_1+By_1+Cz_1+D)-(Ax_2+By_2+Cz_2+D)} < 1.$$

而这又等价于式 (2.31).

□

**例 2.7** 设四面体 $ABCD$ 的顶点坐标分别是

$$A(1,1,-1),\quad B(4,2,3),\quad C(3,-4,-2),\quad D(-3,0,1).$$

求证: 原点 $O$ 在这四面体的内部.

**证** 只要证明 $O$ 与每一点处在由另外三点所决定的平面的同侧即可. 经计算, 可得这四个平面的方程分别为

平面 $BCD$: $2x+33y-40z+46=0$,

平面 $ACD$: $x+2z+1=0$,

平面 $ABD$: $6x-22y+z+17=0$,

平面 $ABC$: $19x+11y-17z-47=0$.

将 $O$ 的坐标分别代入上述四个方程左端, 得到四个常数 $46,1,17,-47$. 再将每面所对的顶点 $A,B,C,D$ 的坐标分别代入相应平面方程的左端, 得 $121,11,121,-121$. 比较符号便可得到结论. □

### 习 题 2.3

在仿射坐标系 $\{O;\boldsymbol{e}_1,\boldsymbol{e}_2,\boldsymbol{e}_3\}$ 下求解下列各题.

1. 求过直线 $l_1:\dfrac{x-1}{2}=\dfrac{y}{1}=\dfrac{z}{-1}$ 且平行于直线 $l_2:\dfrac{x}{2}=\dfrac{y}{1}=\dfrac{z+1}{-2}$ 的平面 $\pi$ 的方程.

2. 求过点 $M(1,0,-2)$ 与平面 $\pi:3x-y+2z+2=0$ 平行, 并且与直线 $l:\dfrac{x-1}{4}=\dfrac{y-3}{-2}=\dfrac{z}{1}$ 相交的直线的方程.

3. 求直线 $l:\dfrac{x-1}{3}=\dfrac{y}{-1}=\dfrac{z+1}{3}$ 与平面 $\pi:2x+3y-5=0$ 的交点 $P$.

4. 判别点 $M(2,-1,1)$ 和 $N(1,2,-3)$ 在由下列相交平面所构成的同一个二面角内, 还是在相邻两个二面角内, 或者是分别位于对顶的两个二面角内:

(1) $\pi_1:3x-y+2z-3=0$ 与 $\pi_2:x-2y-z+4=0$;

(2) $\pi_1:2x-y+5z-1=0$ 与 $\pi_2:3x+2y-6z-1=0$.

## 2.4 平 面 束

### 2.4.1 有轴平面束

由空间中通过同一条直线 $l$ 的所有平面所组成的集合叫做**有轴平面束**, 直线 $l$ 称为这有轴平面束的**轴**.

**定理 2.6** *在仿射坐标系下, 给定两平面*

$$\pi_1: A_1x+B_1y+C_1z+D_1=0,$$

$$\pi_2: A_2x+B_2y+C_2z+D_2=0.$$

如果 $\pi_1$ 与 $\pi_2$ 的交线为 $l$, 则任意一对不全为零的实数 $u, v$ 所确定的方程

$$u(A_1x + B_1y + C_1z + D_1) + v(A_2x + B_2y + C_2z + D_2) = 0 \tag{2.33}$$

都表示以 $l$ 为轴的有轴平面束中的某个平面; 反之, 以 $l$ 为轴的有轴平面束中的每个平面有形如式(2.33)的方程, 其中 $u, v$ 为不全为零的两个实数.

**证**　任给不全为零的实数 $u, v$, 式 (2.33) 可写成

$$(uA_1 + vA_2)x + (uB_1 + vB_2)y + (uC_1 + vC_2)z + (uD_1 + vD_2) = 0. \tag{2.34}$$

这个方程的一次项系数 $uA_1 + vA_2, uB_1 + vB_2, uC_1 + vC_2$ 不可能全为零. 因为如果它们全为零, 但 $u, v$ 不全为零, 不妨设 $u \neq 0$, 则

$$-\frac{v}{u} = \frac{A_1}{A_2} = \frac{B_1}{B_2} = \frac{C_1}{C_2},$$

从而 $\pi_1$ 与 $\pi_2$ 平行或重合, 这与 $\pi_1$ 和 $\pi_2$ 是两相交平面的假设矛盾.

因此, 式 (2.34) 是一个平面 $\pi$ 的方程. 任给 $l$ 上的点 $M(x, y, z)$, 则 $(x, y, z)$ 满足 $\pi_1$ 与 $\pi_2$ 的方程, 故也满足式 (2.33), 这说明直线 $l$ 在平面 $\pi$ 上.

反之, 任给过 $l$ 的平面 $\pi$, 在 $\pi$ 上取不在 $l$ 上的点 $M_0(x_0, y_0, z_0)$. 取 $u_0 = A_2x_0 + B_2y_0 + C_2z_0 + D_2, v_0 = -(A_1x_0 + B_1y_0 + C_1z_0 + D_1)$. 由于 $M_0$ 不在 $l$ 上, 故 $u_0$ 和 $v_0$ 不全为零. 由前面论述可知, 方程

$$u_0(A_1x + B_1y + C_1z + D_1) + v_0(A_2x + B_2y + C_2z + D_2) = 0$$

表示过 $l$ 的平面, 记为 $\pi'$. 容易验证 $M_0(x_0, y_0, z_0)$ 在 $\pi'$ 上. 于是 $\pi'$ 就是由 $M_0$ 与 $l$ 所决定的唯一平面, 所以 $\pi = \pi'$, 这说明 $\pi$ 的方程可以写成式 (2.33) 的形式. □

**例 2.8**　求通过直线 $\begin{cases} 2x + y - 2z + 1 = 0, \\ x + y + z - 1 = 0 \end{cases}$ 且过点 $M_0(1, 1, 1)$ 的平面 $\pi$ 方程.

**解**　设所求的平面方程为

$$u(2x + y - 2z + 1) + v(x + y + z - 1) = 0.$$

将点 $M_0$ 的坐标代入上式得 $2u + 2v = 0$, 所以 $u : v = 1 : (-1)$, 取 $u = 1, v = -1$ 可得 $\pi$ 的方程为

$$2x + y - 2z + 1 - (x + y + z - 1) = 0,$$

即 $x - 3z + 2 = 0$. □

**例 2.9** 试证两直线

$$l_1:\begin{cases}A_1x+B_1y+C_1z+D_1=0,\\A_2x+B_2y+C_2z+D_2=0,\end{cases}$$

$$l_2:\begin{cases}A_3x+B_3y+C_3z+D_3=0,\\A_4x+B_4y+C_4z+D_4=0\end{cases}$$

共面的充要条件是

$$\begin{vmatrix}A_1&B_1&C_1&D_1\\A_2&B_2&C_2&D_2\\A_3&B_3&C_3&D_3\\A_4&B_4&C_4&D_4\end{vmatrix}=0. \tag{2.35}$$

**证** 设通过 $l_1$ 的任意一个平面为

$$u_1(A_1x+B_1y+C_1z+D_1)+v_1(A_2x+B_2y+C_2z+D_2)=0,$$

其中 $u_1,v_1$ 为不全为零的任意实数, 通过 $l_2$ 的任意一个平面为

$$u_2(A_3x+B_3y+C_3z+D_3)+v_2(A_4x+B_4y+C_4z+D_4)=0,$$

其中 $u_2,v_2$ 为不全为零的任意实数. 则 $l_1$ 与 $l_2$ 共面的充要条件是存在不全为零的实数 $u_1,v_1$ 与不全为零的实数 $u_2,v_2$, 使得上面两个方程表示同一个平面, 即有

$$\begin{aligned}&u_1(A_1x+B_1y+C_1z+D_1)+v_1(A_2x+B_2y+C_2z+D_2)\\&\equiv-\left[u_2(A_3x+B_3y+C_3z+D_3)+v_2(A_4x+B_4y+C_4z+D_4)\right],\end{aligned}$$

即存在不全为零的 $u_1,v_1$ 与不全为零的 $u_2,v_2$, 使下式关于 $x,y,z$ 成为恒等式:

$$\begin{aligned}&(u_1A_1+v_1A_2+u_2A_3+v_2A_4)x\\&+(u_1B_1+v_1B_2+u_2B_3+v_2B_4)y\\&+(u_1C_1+v_1C_2+u_2C_3+v_2C_4)z\\&+(u_1D_1+v_1D_2+u_2D_3+v_2D_4)\equiv0.\end{aligned} \tag{2.36}$$

下证这就等价于式 (2.35).

先证必要性. 由于存在不全为零的 $u_1,v_1$ 与不全为零的 $u_2,v_2$, 使得式 (2.36) 成立, 所以关于 $u_1,v_1,u_2,v_2$ 方程组

$$\begin{cases}u_1A_1+v_1A_2+u_2A_3+v_2A_4=0,\\u_1B_1+v_1B_2+u_2B_3+v_2B_4=0,\\u_1C_1+v_1C_2+u_2C_3+v_2C_4=0,\\u_1D_1+v_1D_2+u_2D_3+v_2D_4=0\end{cases} \tag{2.37}$$

有非零解. 从而式 (2.37) 的系数行列式为零, 即

$$\begin{vmatrix} A_1 & A_2 & A_3 & A_4 \\ B_1 & B_2 & B_3 & B_4 \\ C_1 & C_2 & C_3 & C_4 \\ D_1 & D_2 & D_3 & D_4 \end{vmatrix} = 0. \tag{2.38}$$

根据行列式的性质可得式 (2.35).

再证充分性. 根据行列式的性质由式 (2.35) 可得式 (2.38). 从而关于 $u_1, v_1, u_2, v_2$ 方程组式 (2.37) 有非零解. 并且 $u_1, v_1$ 不全为零, $u_2, v_2$ 也不全为零. 因为如果 $u_1 = 0, v_1 = 0$, 那么 $u_2, v_2$ 不全为零, 则由式 (2.37) 可得

$$\frac{A_3}{A_4} = \frac{B_3}{B_4} = \frac{C_3}{C_4} = \frac{D_3}{D_4}.$$

这与

$$l_2 : \begin{cases} A_3x + B_3y + C_3z + D_3 = 0, \\ A_4x + B_4y + C_4z + D_4 = 0 \end{cases}$$

表示一条直线的方程相矛盾, 所以 $u_1, v_1$ 不全为零. 同理 $u_2, v_2$ 也不全为零. 所以存在不全为零的 $u_1, v_1$ 与不全为零的 $u_2, v_2$, 使得式 (2.36) 成立. □

### 2.4.2 平行平面束

由空间中平行于同一个平面 $\pi$ 的所有平面连同 $\pi$ 一起组成的集合称为**平行平面束**. 至于平行平面束的方程, 则只要给出其中一个平面的方程:

$$Ax + By + Cz + D = 0,$$

则该平面束的每个平面都有形如

$$Ax + By + Cz + \lambda = 0 \tag{2.39}$$

的方程, 且任一实数 $\lambda$ 所确定的方程 (2.39) 都确定此平行平面束中的一个平面.

**例 2.10**　求平行于平面 $\pi : 3x + y - z + 8 = 0$, 且在 $Oz$ 轴上的截距为 6 的平面 $\pi'$.

**解**　设平面 $\pi'$ 的方程为

$$3x + y - z + \lambda = 0.$$

因为平面 $\pi'$ 在 $Oz$ 轴上的截距为 6, 所以平面 $\pi'$ 过点 $(0,0,6)$. 从而可得 $-6+\lambda = 0$, 即 $\lambda = 6$. 故平面 $\pi'$ 的方程为 $3x + y - z + 6 = 0$. □

## 习 题 2.4

在仿射坐标系 $\{O; \boldsymbol{e}_1, \boldsymbol{e}_2, \boldsymbol{e}_3\}$ 下求解下列各题.

1. 求通过平面 $\pi_1: 4x-y+3z-1=0$ 与 $\pi_2: x+5y-z+2=0$ 的交线且满足下列条件之一的平面 $\pi$ 的方程: (1) $\pi$ 通过原点 $O$; (2) $\pi$ 与 $y$ 轴平行.

2. 证明直线 $l: \dfrac{x}{2}=\dfrac{y}{-1}=\dfrac{z-1}{2}$ 与平面 $\pi: x+2y+1=0$ 平行. 并求通过 $l$, 且平行于平面 $\pi$ 的平面的方程.

3. 证明: 平面 $\pi_1: 2x-y+5=0$, $\pi_2: x-2y+z+2=0$ 和 $\pi_3: 3x-3y+z+7=0$ 属于同一个平面束.

# 2.5 直线 平面之间的交角

本章的最后两节将在直角坐标系 $\{O; \boldsymbol{i}, \boldsymbol{j}, \boldsymbol{k}\}$ 下研究点、直线、平面之间的度量关系. 直角坐标系是特殊的仿射坐标系, 因此, 本章前四节在仿射坐标系下得到的有关平面和直线的各种表达形式和它们的相关位置的结论, 在直角坐标系下依然是成立的. 但是, 在直角坐标系下, 其方程的系数又具有了特定的几何意义.

### 2.5.1 平面的点法式方程

设有直线 $l$, 平面 $\pi$ 以及非零向量 $\boldsymbol{n}$. 如果直线 $l$ 与平面 $\pi$ 垂直, 则称 $l$ 为 $\pi$ 的一条**法线**. 如果向量 $\boldsymbol{n}$ 垂直于平面 $\pi$, 则称 $\boldsymbol{n}$ 为 $\pi$ 的一个**法向量**.

给定空间中的一点 $M_0$ 及一个非零向量 $\boldsymbol{n}$, 则有唯一一个过点 $M_0$ 且以 $\boldsymbol{n}$ 为法向量的平面 $\pi$. 即平面可由其上一点和一个法向量唯一确定.

在直角坐标系 $\{O; \boldsymbol{i}, \boldsymbol{j}, \boldsymbol{k}\}$ 下, 假设 $M_0(x_0, y_0, z_0)$, $\boldsymbol{n}=\{A, B, C\}$, 则空间中的点 $M(x, y, z)$ 在 $\pi$ 上当且仅当 $\overrightarrow{M_0M} \perp \boldsymbol{n}$, 即 $\overrightarrow{M_0M} \cdot \boldsymbol{n}=0$, 也即

$$A(x-x_0)+B(y-y_0)+C(z-z_0)=0. \tag{2.40}$$

式 (2.40) 称为平面 $\pi$ 的**点法式方程**.

平面 $\pi$ 的点法式方程 (2.40) 可化为平面的一般方程: $Ax+By+Cz+D=0$, 其中 $D=-(Ax_0+By_0+Cz_0)$. 反之, 已知平面 $\pi$ 的一般方程 $Ax+By+Cz+D=0$, 由于 $A, B, C$ 不全为零, 不妨设 $A \neq 0$, 则式 (2.40) 可写成

$$A\left(x+\frac{D}{A}\right)+B(y-0)+C(z-0)=0,$$

所以平面 $\pi$ 过点 $M_0\left(-\dfrac{D}{A}, 0, 0\right)$, 且以 $\boldsymbol{n}=\{A, B, C\}$ 为法向量.

请读者注意: 在直角坐标系下, 平面一般方程的一次项系数有了明确的几何意义.

### 2.5.2 两平面的交角

两相交平面 $\pi_1$ 与 $\pi_2$ 的**交角**是指两平面交成的四个二面角中不大于直角的二面角的角度, 记作 $\langle\pi_1,\pi_2\rangle$.

设 $\boldsymbol{n}_1$ 与 $\boldsymbol{n}_2$ 分别是 $\pi_1$ 与 $\pi_2$ 的法向量, 则当 $\langle\boldsymbol{n}_1,\boldsymbol{n}_2\rangle$ 是锐角或直角时, $\langle\pi_1,\pi_2\rangle=\langle\boldsymbol{n}_1,\boldsymbol{n}_2\rangle$; 当 $\langle\boldsymbol{n}_1,\boldsymbol{n}_2\rangle$ 是钝角时, $\langle\pi_1,\pi_2\rangle=\pi-\langle\boldsymbol{n}_1,\boldsymbol{n}_2\rangle$, 故有 $\cos\langle\pi_1,\pi_2\rangle=|\cos\langle\boldsymbol{n}_1,\boldsymbol{n}_2\rangle|$, 如图 2.6 所示.

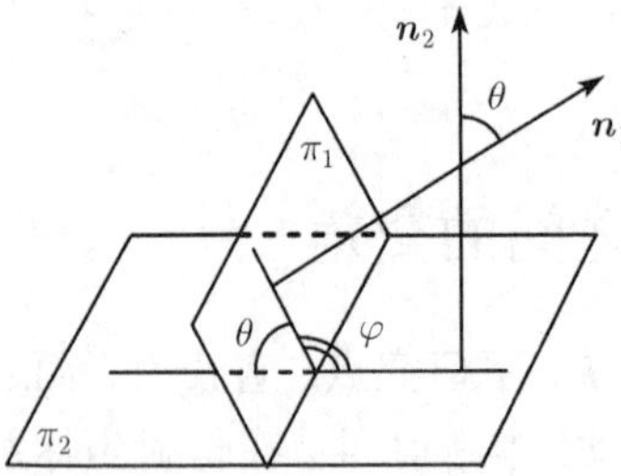

(a)

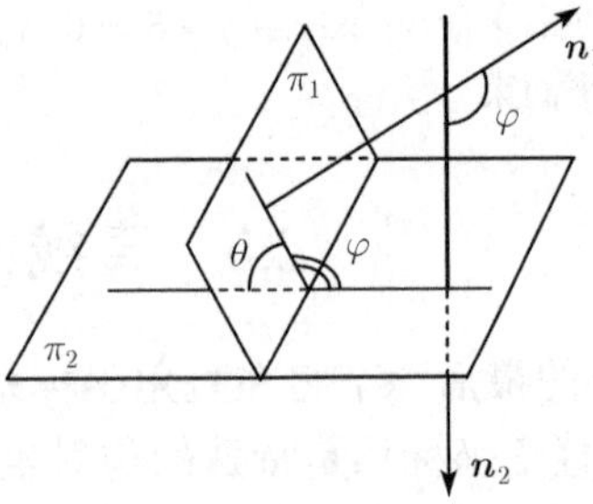

(b)

图 2.6

设在直角坐标系下, 两平面的方程分别为

$$\pi_1: A_1x+B_1y+C_1z+D_1=0,$$
$$\pi_2: A_2x+B_2y+C_2z+D_2=0.$$

可取 $\boldsymbol{n}_1=\{A_1,B_1,C_1\}$, $\boldsymbol{n}_2=\{A_2,B_2,C_2\}$, 所以

$$\cos\langle\pi_1,\pi_2\rangle=\frac{|A_1A_2+B_1B_2+C_1C_2|}{\sqrt{A_1^2+B_1^2+C_1^2}\sqrt{A_2^2+B_2^2+C_2^2}}. \tag{2.41}$$

从而 $\pi_1$ 与 $\pi_2$ 垂直的充要条件是

$$A_1A_2+B_1B_2+C_1C_2=0. \tag{2.42}$$

### 2.5.3 两直线的交角

空间中两直线 $l_1$ 与 $l_2$ 的**交角**是指将两直线平移到某一个定点时所成的角中不大于直角的角的角度, 记作 $\langle l_1,l_2\rangle$. 设 $\boldsymbol{v}_1$ 与 $\boldsymbol{v}_2$ 分别为 $l_1$ 与 $l_2$ 的方向向量, 则当 $\langle\boldsymbol{v}_1,\boldsymbol{v}_2\rangle$ 是锐角或直角时, $\langle l_1,l_2\rangle=\langle\boldsymbol{v}_1,\boldsymbol{v}_2\rangle$; 当 $\langle\boldsymbol{v}_1,\boldsymbol{v}_2\rangle$ 是钝角时, $\langle l_1,l_2\rangle=\pi-\langle\boldsymbol{v}_1,\boldsymbol{v}_2\rangle$, 故有 $\cos\langle l_1,l_2\rangle=|\cos\langle\boldsymbol{v}_1,\boldsymbol{v}_2\rangle|$.

给定直线 $l_1:\dfrac{x-x_1}{X_1}=\dfrac{y-y_1}{Y_1}=\dfrac{z-z_1}{Z_1}$ 与 $l_2:\dfrac{x-x_2}{X_2}=\dfrac{y-y_2}{Y_2}=\dfrac{z-z_2}{Z_2}$, 则有

$$\cos\langle l_1, l_2\rangle = \frac{|X_1X_2 + Y_1Y_2 + Z_1Z_2|}{\sqrt{X_1^2 + Y_1^2 + Z_1^2}\sqrt{X_2^2 + Y_2^2 + Z_2^2}}. \tag{2.43}$$

从而 $l_1$ 与 $l_2$ 垂直的充要条件是

$$X_1X_2 + Y_1Y_2 + Z_1Z_2 = 0. \tag{2.44}$$

**例 2.11** 求过点 $M_0(2, -3, 4)$ 且与直线

$$l_1: \frac{x+2}{1} = \frac{y-3}{-1} = \frac{z+1}{1},$$
$$l_2: \frac{x+4}{2} = \frac{y}{1} = \frac{z-4}{3}$$

都垂直的直线 $l$ 的方程.

**解** 由于所求直线 $l$ 的方向向量 $\boldsymbol{v}$ 与 $l_1$ 和 $l_2$ 的方向向量 $\boldsymbol{v}_1$ 和 $\boldsymbol{v}_2$ 都垂直, 所以可取 $l$ 的方向向量为 $\boldsymbol{v} = \boldsymbol{v}_1 \times \boldsymbol{v}_2 = \{1, -1, 1\} \times \{2, 1, 3\} = \{-4, -1, 3\}$. 则 $l$ 的方程为

$$\frac{x-2}{-4} = \frac{y+3}{-1} = \frac{z-4}{3}.$$ □

### 2.5.4 直线与平面的交角

空间中的直线 $l$ 与平面 $\pi$ 的**交角**定义为: 当 $l$ 与 $\pi$ 垂直时, 交角为直角; 当 $l$ 与 $\pi$ 不垂直时, 交角为 $l$ 与 $l$ 在 $\pi$ 上的投影直线的交角. 直线 $l$ 与平面 $\pi$ 的交角记作 $\langle l, \pi\rangle$.

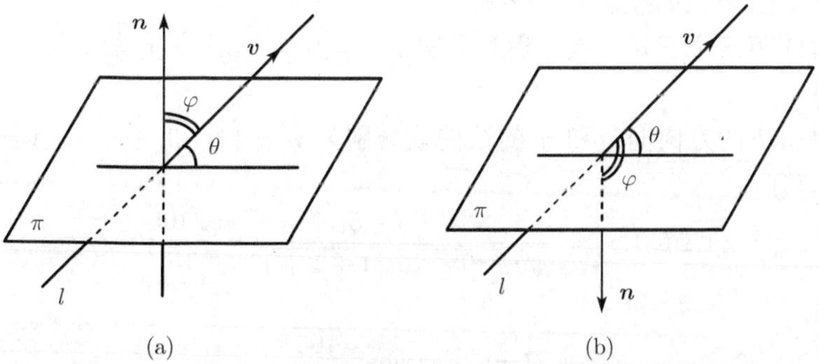


图 2.7

设 $l$ 的方向向量为 $\boldsymbol{v}$, $\pi$ 的法向量为 $\boldsymbol{n}$, 当 $\langle \boldsymbol{v}, \boldsymbol{n}\rangle$ 是锐角或直角时, $\langle l, \pi\rangle = \frac{\pi}{2} - \langle \boldsymbol{v}, \boldsymbol{n}\rangle$; 当 $\langle \boldsymbol{v}, \boldsymbol{n}\rangle$ 是钝角时, $\langle l, \pi\rangle = \langle \boldsymbol{v}, \boldsymbol{n}\rangle - \frac{\pi}{2}$, 故有 $\sin\langle l, \pi\rangle = |\cos\langle \boldsymbol{v}, \boldsymbol{n}\rangle|$. 如图 2.7 所示.

设在直角坐标系下, 直线 $l$ 与平面 $\pi$ 的方程分别为

$$l : \frac{x - x_0}{X} = \frac{y - y_0}{Y} = \frac{z - z_0}{Z},$$
$$\pi : Ax + By + Cz + D = 0.$$

可取 $\boldsymbol{v} = \{X, Y, Z\}$, $\boldsymbol{n} = \{A, B, C\}$, 所以

$$\sin\langle l, \pi\rangle = \frac{|AX + BY + CZ|}{\sqrt{A^2 + B^2 + C^2}\sqrt{X^2 + Y^2 + Z^2}}. \tag{2.45}$$

从而 $l$ 与 $\pi$ 平行或 $l$ 在 $\pi$ 上的充要条件是 $\boldsymbol{v} \perp \boldsymbol{n}$, 即

$$AX + BY + CZ = 0. \tag{2.46}$$

这个结论与在仿射坐标系下所得到结论式 (2.29) 与式 (2.30) 是一致的, 但在直角坐标系下有了新的几何意义.

易见, $l$ 与 $\pi$ 垂直的充要条件是 $\boldsymbol{v} // \boldsymbol{n}$, 即

$$\frac{A}{X} = \frac{B}{Y} = \frac{C}{Z}. \tag{2.47}$$

**例 2.12**　设直线 $l$ 与平面 $\pi$ 的方程分别为

$$l : \begin{cases} x + 2y - z - 6 = 0, \\ 2x - y + z + 1 = 0, \end{cases} \qquad \pi : x + y + z - 9 = 0.$$

(1) 求 $l$ 与 $\pi$ 的交点;

(2) 求 $l$ 与 $\pi$ 的交角;

(3) 求 $l$ 在 $\pi$ 上的投影 $l'$ 的方程.

**解**　(1) 将三个三元一次方程联立解出 $x = 0, y = 5, z = 4$, 故 $l$ 与 $\pi$ 的交点为 $M_0(0, 5, 4)$.

(2) 易得 $l$ 的方向向量和 $\pi$ 的法向量分别为 $\boldsymbol{v} = \{1, -3, -5\}$ 与 $\boldsymbol{n} = \{1, 1, 1\}$, 根据式 (2.45),

$$\sin\langle l, \pi\rangle = \frac{|1 - 3 - 5|}{\sqrt{1 + 9 + 25}\sqrt{1 + 1 + 1}} = \frac{\sqrt{105}}{15}.$$

所以

$$\langle l, \pi\rangle = \arcsin\frac{\sqrt{105}}{15}.$$

(3) 设过 $l$ 且垂直于 $\pi$ 的平面 $\pi'$ 的方程为

$$u(x + 2y - z - 6) + v(2x - y + z + 1) = 0,$$

即

$$(u + 2v)x + (2u - v)y + (v - u)z + (v - 6u) = 0,$$

其中 $u, v$ 不全为零. 由于 $\pi' \perp \pi$, 即它们的法向量垂直, 这当且仅当

$$u + 2v + 2u - v + v - u = 0,$$

即

$$u + v = 0.$$

解得

$$\frac{u}{v} = \frac{1}{-1},$$

取 $u = -1, v = 1$, 可得 $\pi'$ 的方程为

$$x - 3y + 2z + 7 = 0.$$

从而可得直线 $l'$ 的方程为

$$\begin{cases} x - 3y + 2z + 7 = 0, \\ x + y + z - 9 = 0. \end{cases}$$

□

**例 2.13** 求点 $P(-1, 2, 3)$ 关于平面 $\pi : x + 2y - z + 1 = 0$ 的对称点 $P'$ 的坐标.

**解** 过 $P$ 作平面 $\pi$ 的垂线 $l$, 则 $l$ 的方向向量可取 $\pi$ 的法向量, 从而 $l$ 的方程为

$$\frac{x+1}{1} = \frac{y-2}{2} = \frac{z-3}{-1}.$$

与 $\pi$ 的方程联立求出交点 $P_0\left(-\frac{7}{6}, \frac{5}{3}, \frac{19}{6}\right)$. 由定比分点公式得到

$$\begin{aligned} \overrightarrow{OP'} &= 2\overrightarrow{OP_0} - \overrightarrow{OP} \\ &= 2\left\{-\frac{7}{6}, \frac{5}{3}, \frac{19}{6}\right\} - \{-1, 2, 3\} \\ &= \left\{-\frac{4}{3}, \frac{4}{3}, \frac{10}{3}\right\}, \end{aligned}$$

所以得到坐标 $P'\left(-\frac{4}{3}, \frac{4}{3}, \frac{10}{3}\right)$.

□

## 习 题 2.5

在直角坐标系 $\{O; \boldsymbol{i}, \boldsymbol{j}, \boldsymbol{k}\}$ 下求解下列各题.

1. 求过原点且垂直于平面 $\pi_1 : x - y + z - 7 = 0$ 和 $\pi_2 : 3x + 2y - 12z + 5 = 0$ 的平面 $\pi$ 的方程.

2. 求下列各对平面 $\pi_1$ 与 $\pi_2$ 的交角 $\theta$:

(1) $\pi_1: x+y-11=0,\quad \pi_2: 3x+8=0;$

(2) $\pi_1: 2x-3y+6z-12=0,\quad \pi_2: x+2y+2z-7=0.$

3. 求过点 $M(0,0,1)$ 和 $N(3,0,0)$, 且与 $xOy$ 面的交角为 $\dfrac{\pi}{3}$ 的平面 $\pi$ 的方程.

4. 求直线 $l: \begin{cases} 3x-2y-24=0, \\ 3x-z+4=0 \end{cases}$ 与平面 $\pi: 6x+15y-10z+31=0$ 的交角的正弦.

5. 求过点 $M(2,0,-1)$ 且与平面 $\pi: 2x+3y-z+9=0$ 垂直的直线 $l$ 的方程.

6. 设直线 $l$ 与三个坐标平面的交角分别为 $\lambda,\mu,\nu$, 求证: $\cos^2\lambda+\cos^2\mu+\cos^2\nu=2.$

7. 求下列各对直线的交角 $\theta$:

(1) $l_1: \dfrac{x-1}{3}=\dfrac{y+2}{6}=\dfrac{z-5}{2}$ 与 $l_2: \dfrac{x}{2}=\dfrac{y-3}{9}=\dfrac{z+1}{6};$

(2) $l_1: \begin{cases} 3x-4y-2z=0, \\ 2x+y-2z=0 \end{cases}$ 与 $l_2: \begin{cases} 4x+y-6z-4=0, \\ y-3z+2=0. \end{cases}$

8. 求过点 $P(2,-1,3)$ 且与直线 $l: \dfrac{x-1}{-1}=\dfrac{y}{0}=\dfrac{z-2}{2}$ 垂直相交的直线 $l'$ 的方程.

9. 求直线 $l: \begin{cases} x+y-z+1=0, \\ x-y+z+1=0 \end{cases}$ 在平面 $\pi: x+y+z=0$ 上的投影直线 $l'$ 的方程.

10. 求过平面 $\pi_1: x+5y+z=0$ 和 $\pi_2: x-z+2=0$ 的交线且与平面 $\pi_3: x-4y-8z+12=0$ 成 $\dfrac{\pi}{4}$ 角的平面 $\pi$ 的方程.

11. 求点 $M(2,7,1)$ 关于平面 $\pi: x-4y+z+7=0$ 的对称点 $M'$.

12. 求点 $M(4,3,10)$ 关于直线 $l: \dfrac{x-1}{2}=\dfrac{y-2}{4}=\dfrac{z-3}{5}$ 的对称点 $M'$.

## 2.6 点到平面 直线的距离与两异面直线间的距离

### 2.6.1 点到平面的距离

在直角坐标系下, 设有平面 $\pi: Ax+By+Cz+D=0$ 以及不在 $\pi$ 上的点 $M_0(x_0,y_0,z_0)$, 则 $\pi$ 的一个法向量为 $\boldsymbol{n}=\{A,B,C\}$. 设点 $M_0$ 到平面 $\pi$ 的距离为 $d$, $M_1(x_1,y_1,z_1)$ 为 $\pi$ 上一点. 如图 2.8(a) 所示. 则

$$\begin{aligned} d &= |\overrightarrow{M_0M_1}_{\boldsymbol{n}}| \\ &= \frac{|\overrightarrow{M_1M_0}\cdot \boldsymbol{n}|}{|\boldsymbol{n}|} \\ &= \frac{|A(x_0-x_1)+B(y_0-y_1)+C(z_0-z_1)|}{\sqrt{A^2+B^2+C^2}} \\ &= \frac{|Ax_0+By_0+Cz_0+D-(Ax_1+By_1+Cz_1+D)|}{\sqrt{A^2+B^2+C^2}}. \end{aligned}$$

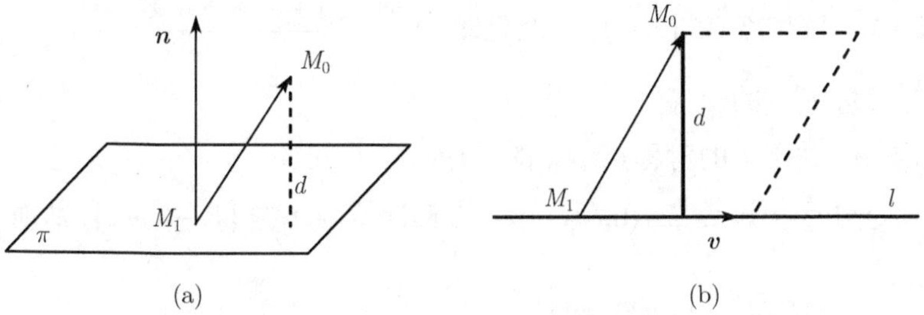


图 2.8

注意到 $Ax_1+By_1+Cz_1+D=0$, 所以有

$$d=\frac{\left|Ax_0+By_0+Cz_0+D\right|}{\sqrt{A^2+B^2+C^2}}. \tag{2.48}$$

**例 2.14** 已知两平行平面方程:

$$\pi_1: Ax+By+Cz+D_1=0,$$
$$\pi_2: Ax+By+Cz+D_2=0,$$

其中 $D_1\neq D_2$. 求证: $\pi_1$ 与 $\pi_2$ 的距离为

$$d=\frac{\left|D_1-D_2\right|}{\sqrt{A^2+B^2+C^2}}.$$

**证** 在 $\pi_2$ 上任取一点 $M_0(x_0,y_0,z_0)$, 则 $M_0$ 到 $\pi_1$ 的距离就是 $\pi_1$ 与 $\pi_2$ 的距离 $d$. 故

$$d=\frac{\left|Ax_0+By_0+Cz_0+D_1\right|}{\sqrt{A^2+B^2+C^2}}.$$

但 $M_0$ 在 $\pi_2$ 上, 所以 $Ax_0+By_0+Cz_0=-D_2$, 代入上式便可得到结论. □

### 2.6.2 点到直线的距离

在直角坐标系下, 给定直线 $l:\dfrac{x-x_1}{X}=\dfrac{y-y_1}{Y}=\dfrac{z-z_1}{Z}$ 和点 $M_0(x_0,y_0,z_0)$. 现在来计算点 $M_0$ 到直线 $l$ 的距离 $d$.

如图 2.8(b) 所示, 任取 $l$ 上的一点 $M_1(x_1,y_1,z_1)$, 以 $\boldsymbol{v}=\{X,Y,Z\}$ 与 $\overrightarrow{M_0M_1}$ 为邻边作平行四边形, 则 $\boldsymbol{v}$ 所在的底边上的高就是 $M_0$ 到直线 $l$ 的距离 $d$. 而由外积的几何意义可知, 该平行四边形的面积为 $\left|\boldsymbol{v}\times\overrightarrow{M_0M_1}\right|$, 所以

$$d=\frac{\left|\boldsymbol{v}\times\overrightarrow{M_0M_1}\right|}{|\boldsymbol{v}|}. \tag{2.49}$$

**例 2.15**　设有点 $M_0(2,-1,0)$ 及直线 $l: \dfrac{x}{1}=\dfrac{y+1}{-3}=\dfrac{z+1}{-2}$.

(1) 求 $M_0$ 到 $l$ 的距离;

(2) 求 $M_0$ 关于 $l$ 的对称点 $M_0'$ 的坐标.

**解**　(1) 由于 $l$ 过点 $M_1(0,-1,-1)$, 方向向量为 $\boldsymbol{v}=\{1,-3,-2\}$, 从而

$$\begin{aligned}
\overrightarrow{M_0M_1}&=\{-2,0,-1\},\\
\left|\boldsymbol{v}\times\overrightarrow{M_0M_1}\right|&=\sqrt{\begin{vmatrix}-3&-2\\0&-1\end{vmatrix}^2+\begin{vmatrix}-2&1\\-1&-2\end{vmatrix}^2+\begin{vmatrix}1&-3\\-2&0\end{vmatrix}^2}\\
&=\sqrt{9+25+36}=\sqrt{70},\\
|\boldsymbol{v}|&=\sqrt{1+9+4}=\sqrt{14}.
\end{aligned}$$

所以 $d=\sqrt{5}$.

(2) 过点 $M_0$ 以 $\boldsymbol{v}$ 为法向量作平面 $\pi$, 则 $\pi$ 的方程为

$$x-3y-2z-5=0.$$

从而可得 $l$ 与 $\pi$ 的交点 $M(0,-1,-1)$. 依定比分点公式可得

$$\begin{aligned}
\overrightarrow{OM_0'}&=2\overrightarrow{OM}-\overrightarrow{OM_0}\\
&=\{0,-2,-2\}-\{2,-1,0\}\\
&=\{-2,-1,-2\}.
\end{aligned}$$

故所求的对称点 $M_0'$ 的坐标为 $(-2,-1,-2)$.　□

### 2.6.3　两异面直线的距离

空间中两直线 $l_1$ 与 $l_2$ 的**距离**是指它们上的点之间的最短距离. 于是当 $l_1$ 与 $l_2$ 重合或相交时, 它们的距离为零; 当 $l_1$ 与 $l_2$ 平行时, 它们的距离为其中一条直线上的任一点到另一直线上的距离.

以下讨论当 $l_1$ 与 $l_2$ 异面时, $l_1$ 与 $l_2$ 的公垂线和它们之间距离.

分别和两异面直线 $l_1$ 与 $l_2$ 都相交且垂直的直线 $l$ 称为 $l_1$ 与 $l_2$ 的**公垂线**, 两垂足的连线称为**公垂线段**.

**定理 2.7**　*任意两异面直线的公垂线存在且唯一.*

**证** 如图 2.9 所示, 设在直角坐标系下, 两异面直线 $l_1$ 与 $l_2$ 的方程为

$$l_1: \frac{x-x_1}{X_1}=\frac{y-y_1}{Y_1}=\frac{z-z_1}{Z_1},$$
$$l_2: \frac{x-x_2}{X_2}=\frac{y-y_2}{Y_2}=\frac{z-z_2}{Z_2}.$$

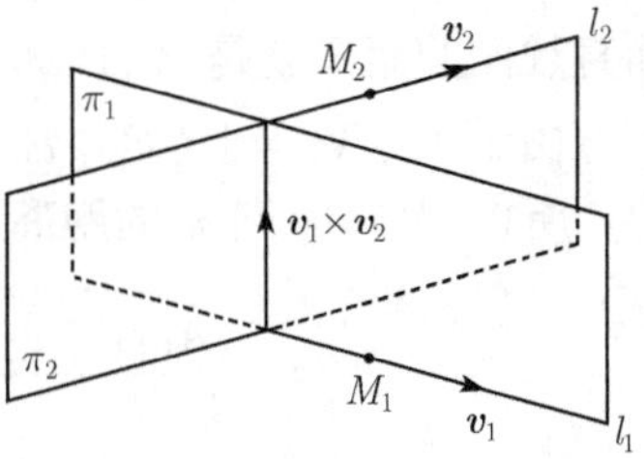

图 2.9

则 $l_1$ 与 $l_2$ 分别过 $M_1(x_1,y_1,z_1)$ 与 $M_2(x_2,y_2,z_2)$, 它们的方向向量分别为 $\boldsymbol{v}_1=\{X_1,Y_1,Z_1\}$ 与 $\boldsymbol{v}_2=\{X_2,Y_2,Z_2\}$.

先证其存在性. 由于 $\boldsymbol{v}_1 \nparallel \boldsymbol{v}_2$, 所以 $\boldsymbol{v}_1$ 与 $\boldsymbol{v}_1\times\boldsymbol{v}_2$ 不共线. 设平面 $\pi_1$ 为过 $M_1$ 且以 $\boldsymbol{v}_1$ 与 $\boldsymbol{v}_1\times\boldsymbol{v}_2$ 为方位向量组的平面, $\pi_2$ 为过 $M_2$ 且以 $\boldsymbol{v}_2$ 与 $\boldsymbol{v}_1\times\boldsymbol{v}_2$ 为方位向量组的平面. 因为 $\boldsymbol{v}_1 \nparallel \boldsymbol{v}_2$, 并且由习题 1.9 中的第 3 题可知

$$[\boldsymbol{v}_1\times(\boldsymbol{v}_1\times\boldsymbol{v}_2)]\times[\boldsymbol{v}_2\times(\boldsymbol{v}_1\times\boldsymbol{v}_2)]=(\boldsymbol{v}_1\times\boldsymbol{v}_2)^2(\boldsymbol{v}_1\times\boldsymbol{v}_2).$$

所以 $\boldsymbol{v}_1\times(\boldsymbol{v}_1\times\boldsymbol{v}_2)$ 与 $\boldsymbol{v}_2\times(\boldsymbol{v}_1\times\boldsymbol{v}_2)$ 不共线, 而它们分别为 $\pi_1$ 与 $\pi_2$ 的法向量, 所以 $\pi_1$ 与 $\pi_2$ 相交, 设交线为 $l$, 则 $l$ 的方向向量可取为 $\boldsymbol{v}_1\times\boldsymbol{v}_2$.

由于 $(\boldsymbol{v}_1\times\boldsymbol{v}_2)\perp\boldsymbol{v}_1$, 因此 $l\perp l_1$. 同理 $l\perp l_2$. 因为 $l$ 与 $l_1$ 都在 $\pi_1$ 上, 且 $(\boldsymbol{v}_1\times\boldsymbol{v}_2)\nparallel\boldsymbol{v}_1$, 所以 $l$ 与 $l_1$ 相交. 同理 $l$ 与 $l_2$ 相交. 故 $l$ 就是 $l_1$ 与 $l_2$ 的公垂线.

再证其唯一性. 设 $l'$ 也是 $l_1$ 与 $l_2$ 的公垂线, 由于它的方向向量垂直于 $l_1$ 与 $l_2$, 所以 $\boldsymbol{v}_1\times\boldsymbol{v}_2$ 就是 $l'$ 的一个方向向量. 又由于 $l'$ 和 $l_1$ 相交, 所以 $l'$ 在 $l_1$ 和 $\boldsymbol{v}_1\times\boldsymbol{v}_2$ 确定的平面 $\pi_1$ 上. 同理 $l'$ 在 $l_2$ 和 $\boldsymbol{v}_1\times\boldsymbol{v}_2$ 确定的平面 $\pi_2$ 上. 即 $l'$ 是 $\pi_1$ 与 $\pi_2$ 的交线, 所以 $l'$ 与 $l$ 重合. □

实际上, 上述证明过程也给出了求两异面直线的公垂线的一种方法.

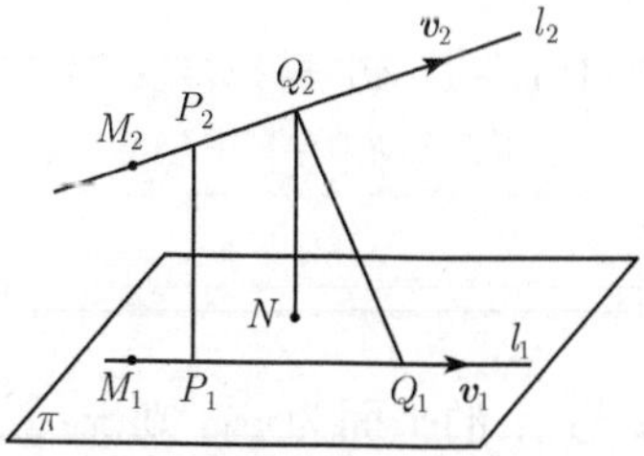

图 2.10

过 $l_1$ 作平面 $\pi$ 与 $l_2$ 平行, 则 $\pi$ 过 $M_1$, 其法向量 $\boldsymbol{n}$ 与 $\boldsymbol{v}_1$, $\boldsymbol{v}_2$ 都垂直, 如图 2.10 所示, 故可取 $\boldsymbol{n}=\boldsymbol{v}_1\times\boldsymbol{v}_2=\{A,B,C\}$, 其中

$$A=\begin{vmatrix} Y_1 & Z_1 \\ Y_2 & Z_2 \end{vmatrix},\quad B=\begin{vmatrix} Z_1 & X_1 \\ Z_2 & X_2 \end{vmatrix},$$
$$C=\begin{vmatrix} X_1 & Y_1 \\ X_2 & Y_2 \end{vmatrix},$$

所以 $\pi$ 的方程为 $A(x-x_1)+B(y-y_1)+C(z-z_1)=0$.

设 $l_1$ 与 $l_2$ 的公垂线段为 $P_1P_2$, 在 $l_1$ 与 $l_2$ 上分别取任意一点 $Q_1$ 与 $Q_2$, 过 $Q_2$ 作 $\pi$ 的垂线, 设垂足为 $N$. 因为 $l_2/\!/\pi$, 所以 $|P_1P_2|=|Q_2N|$. 于是

$$|Q_1Q_2|\geqslant|Q_2N|=|P_1P_2|,$$

所以 $|P_1P_2|$ 是 $l_1$ 与 $l_2$ 上的点之间的最短距离, 即为 $l_1$ 与 $l_2$ 的距离. 这表明两异面直线间的距离就是它们公垂线段的长度.

由于 $|Q_2N| = |P_1P_2|$, 注意到 $Q_2$ 是 $l_2$ 上的任意一点. 特别地, 取 $l_2$ 上的点 $M_2$, 所以, 从 $M_2$ 到 $\pi$ 的距离就是 $l_1$ 与 $l_2$ 的距离 $d$. 根据式 (2.48), 可得

$$\begin{aligned} d &= \frac{|A(x_1-x_2)+B(y_1-y_2)+C(z_1-z_2)|}{\sqrt{A^2+B^2+C^2}} \\ &= \frac{\left\| \begin{matrix} x_1-x_2 & y_1-y_2 & z_1-z_2 \\ X_1 & Y_1 & Z_1 \\ X_2 & Y_2 & Z_2 \end{matrix} \right\|}{\sqrt{\begin{vmatrix} Y_1 & Z_1 \\ Y_2 & Z_2 \end{vmatrix}^2 + \begin{vmatrix} Z_1 & X_1 \\ Z_2 & X_2 \end{vmatrix}^2 + \begin{vmatrix} X_1 & Y_1 \\ X_2 & Y_2 \end{vmatrix}^2}} \\ &= \frac{|\overrightarrow{M_1M_2}\cdot(\boldsymbol{v}_1\times\boldsymbol{v}_2)|}{|\boldsymbol{v}_1\times\boldsymbol{v}_2|}. \end{aligned} \tag{2.50}$$

式 (2.50) 的几何意义是: 两异面直线 $l_1$ 与 $l_2$ 的距离 $d$ 等于以 $\overrightarrow{M_1M_2}$, $\boldsymbol{v}_1$, $\boldsymbol{v}_2$ 为棱的平行六面体的体积除以以 $\boldsymbol{v}_1$, $\boldsymbol{v}_2$ 为邻边的平行四边形的面积.

**例 2.16**　给定两异面直线 $l_1$ 与 $l_2$ 的方程

$$l_1: \begin{cases} 3x-2y+z=0, \\ x-3y+5=0, \end{cases} \qquad l_2: \begin{cases} x-3z-2=0, \\ x+y+z+1=0. \end{cases}$$

(1) 求 $l_1$ 与 $l_2$ 的公垂线 $l$ 的方程;

(2) 求 $l_1$ 与 $l_2$ 的距离.

**解**　(1) 在 $l_1$ 与 $l_2$ 上分别取点 $M_1(1,2,1)$ 与 $M_2(-1,1,-1)$, $\boldsymbol{v}_1=\{3,1,-7\}$ 与 $\boldsymbol{v}_2=\{3,-4,1\}$ 分别是 $l_1$ 与 $l_2$ 的方向向量, 则

$$\boldsymbol{v}_1\times\boldsymbol{v}_2=\{-27,-24,-15\}.$$

从而, 公垂线 $l$ 的方向向量可取为 $\boldsymbol{v}=\{9,8,5\}$. 设过 $l$ 与 $l_1$ 的平面为 $\pi_1$, 则 $\pi_1$ 过 $M_1$, 且其法向量可取为

$$\boldsymbol{n}_1=\boldsymbol{v}_1\times\boldsymbol{v}=\{61,-78,15\}.$$

设过 $l$ 与 $l_2$ 的平面为 $\pi_2$, 则 $\pi_2$ 过 $M_2$, 且其法向量可取

$$\boldsymbol{n}_2=\boldsymbol{v}_2\times\boldsymbol{v}=\{-28,-6,60\}.$$

因为 $l$ 是 $\pi_1$ 与 $\pi_2$ 的交线, 所以公垂线的方程为 $\pi_1$ 与 $\pi_2$ 的方程的联立, 即

$$l:\begin{cases}61x-78y+15z+80=0,\\14x+3y-30z-19=0.\end{cases}$$

(2) 根据式 (2.50), 可得

$$d=\frac{18\sqrt{170}}{85}.$$ □

## 习 题 2.6

在直角坐标系 $\{O;\boldsymbol{i},\boldsymbol{j},\boldsymbol{k}\}$ 下求解下列各题.

1. 求点 $P(2,3,-1)$ 到直线 $l:\begin{cases}2x-2y+z+3=0,\\3x-2y+2z+17=0\end{cases}$ 的距离 $d$.

2. 求两平行直线 $l_1:\dfrac{x}{2}=\dfrac{y}{-1}=\dfrac{z}{1}$ 与 $l_2:\dfrac{x-3}{2}=\dfrac{y+1}{-1}=\dfrac{z}{1}$ 之间的距离 $d$.

3. 说明直线 $l_1:\dfrac{x-5}{1}=\dfrac{y}{-4}=\dfrac{z+2}{1}$ 和 $l_2:\dfrac{x-2}{2}=\dfrac{y+3}{1}=\dfrac{z-3}{2}$ 是异面直线, 并求它们的距离 $d$ 与公垂线 $l$ 的方程.

4. 已知两异面直线 $l_1$ 和 $l_2$, 证明: 连接 $l_1$ 上任一点和 $l_2$ 上任一点的线段的中点轨迹是 $l_1$ 和 $l_2$ 的公垂线段的垂直平分面.

5. 设平面 $\pi$ 的方程是 $x+ky-2z=9$, 试根据下列条件求出 $k$ 的值:

(1) 原点到 $\pi$ 的距离是 3;

(2) $\pi$ 与平面 $\pi':2x+2ky-4z+9=0$ 平行且距离为 6.

6. 试在 $Oy$ 轴上求一点 $P$, 使得它到平面 $\pi_1:2x+3y+6z-6=0$ 与到平面 $\pi_2:3x-6y-2z-18=0$ 的距离相等.

7. 试求由平面 $\pi_1:2x-y+2z-3=0$ 与 $\pi_2:3x+2y-6z-1=0$ 所构成的二面角的角平分面的方程, 要求点 $M(1,2,-3)$ 在这个二面角内.

8. 求出由三个坐标平面与平面 $\pi:2x-3y+6z-12=0$ 围成的四面体的体积 $V$.

# 第 3 章　常见曲面及二次曲面

本章主要讨论几种常见曲面和二次曲面. 常见曲面主要包括球面、旋转曲面、柱面、锥面; 二次曲面主要包括椭球面、单叶双曲面、双叶双曲面、椭圆抛物面和双曲抛物面. 本章的主要任务可以归结为两个方面: 根据曲面的某些性质来建立曲面的方程; 依据给定的方程来确定其图形几何形状. 第 2 章曾经利用仿射坐标系来研究平面和直线的相关问题, 藉此, 读者已对仿射坐标系的便捷性和宽泛性有所了解. 然而, 考虑到未来的一般需求及学时的限制, 本章仅在空间直角坐标系下讨论曲面的相关问题. 在不作特别声明时, 总是假定已经在空间建立了直角坐标系.

## 3.1　球面和旋转面

### 3.1.1　球面的一般方程

设 $M_0(x_0, y_0, z_0)$ 是空间中一个定点, $R$ 是一个正数. 我们来建立以 $M_0$ 为球心, 以 $R$ 为半径的球面 $\Sigma$ 的方程. 设 $M(x, y, z)$ 是空间中一点. 则

$$\begin{aligned} M \in \Sigma &\Longleftrightarrow \left|\overrightarrow{M_0M}\right| = R \\ &\Longleftrightarrow (x - x_0)^2 + (y - y_0)^2 + (z - z_0)^2 = R^2 \qquad (3.1) \\ &\Longleftrightarrow x^2 + y^2 + z^2 + 2\alpha x + 2\beta y + 2\gamma z + \delta = 0, \qquad (3.2) \end{aligned}$$

其中 $\alpha = -x_0,\ \beta = -y_0,\ \gamma = -z_0,\ \delta = x_0^2 + y_0^2 + z_0^2 - R^2$. 由此可知, 方程 (3.1) 或方程 (3.2) 便是球面 $\Sigma$ 的方程.

通过对球面方程的简单分析, 可以看出球面方程的如下特点:

(1) 球面方程是一个没有交叉项 (指 $xy, yz, zx$ 项系数为零) 的三元二次方程;

(2) 球面方程的三个平方项系数都非零且相等.

反之, 给定一个具有以上两个特点方程 (3.2), 经过对三个变元分别进行配方整理, 不难看出: 当 $D = \alpha^2 + \beta^2 + \gamma^2 - \delta > 0$ 时, (3.2) 表示一个以 $(-\alpha, -\beta, -\gamma)$ 为球心, 以 $\sqrt{D}$ 为半径的球面; 当 $D = 0$ 时, 它表示一个点 $(-\alpha, -\beta, -\gamma)$; 当 $D < 0$ 时, 它没有轨迹 (也称为一个虚球面).

### 3.1.2　球面的参数方程

在第 2 章中已经看到: 借助适当的参数而建立的平面方程和直线方程, 往往可

以起到简化讨论的作用. 我们知道, 平面方程的参数方程可以写为

$$\begin{cases} x = x_0 + X_1 u + X_2 v, \\ y = y_0 + Y_1 u + Y_2 v, \quad -\infty < u, v < +\infty, \\ z = z_0 + Z_1 u + Z_2 v, \end{cases}$$

其中 $u$ 和 $v$ 为两个参数. 受此启发, 在研究一般空间曲面和空间曲线时, 在许多场合, 本书也力求建立它们的参数方程. 根据已知条件适当的引入参数, 是建立参数方程的关键.

设 $\Sigma$ 是一个以原点为球心以 $R$ 为半径的球面. 下面来建立此球面的参数方程.

首先, 假定 $M(x,y,z) \in \Sigma$, 如图 3.1 所示. 记 $P$ 为 $M$ 在 $Oxy$ 平面上的投影; $Q$ 为 $P$ 在 $Ox$ 轴上的投影. 令从 $\overrightarrow{OP}$ 到 $\overrightarrow{OM}$ 的有向角为 $\theta$, 其中 $\theta \geqslant 0$ 当且仅当 $M$ 的第三坐标 $z \geqslant 0$; 令从 $Ox$ 轴的正向到 $\overrightarrow{OP}$ 的有向角为 $\varphi$, 其中 $\varphi \geqslant 0$ 当且仅当 $P$ 的第二坐标 $y \geqslant 0$. 那么, $M(x,y,z)$ 的坐标与 $\varphi, \theta$ 满足:

$$\begin{cases} x = R\cos\varphi\cos\theta, \\ y = R\sin\varphi\cos\theta, \\ z = R\sin\theta \end{cases} \quad \left( \begin{array}{c} -\pi < \varphi \leqslant \pi, \\ -\dfrac{\pi}{2} \leqslant \theta \leqslant \dfrac{\pi}{2} \end{array} \right). \qquad (3.3)$$

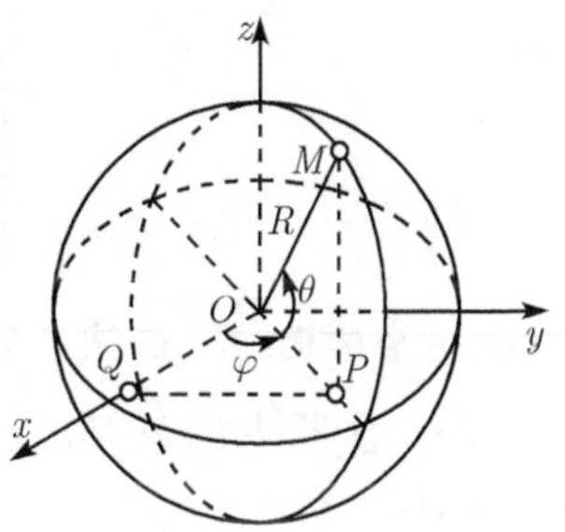

图 3.1

另外, 易见, 对于任一 $\theta \in \left[-\dfrac{\pi}{2}, \dfrac{\pi}{2}\right]$ 及任一 $\varphi \in (-\pi, \pi]$, 由式 (3.3) 给出的点一定是球面 $\Sigma$ 上的点. 因此, 式 (3.3) 称为球面 $\Sigma$ 的参数方程, 其中的 $\varphi$ 和 $\theta$ 称为参数, 它们的几何意义如图 3.1 所示.

地球上的地理位置就是用 $\varphi$ 和 $\theta$ 这两个数确定的. 习惯上将 $\varphi$ 的值叫做经度, $\varphi$ 取正值时叫做东经, $\varphi$ 取负值时叫做西经; 同时将 $\theta$ 的值叫做纬度, $\theta$ 取正值叫做北纬, $\theta$ 取负值时叫做南纬. 二元有序数组 $(\varphi, \theta)$ 也称为球面上点的**曲纹坐标**.

借助于球面的参数方程, 可以得到表示空间中点的另一方法. 空间中任意一点 $M$ 都可以看作以原点为球心, 以 $R = |\overrightarrow{OM}|$ 为半径的球面上的一点. 因此, 不在 $Oz$ 上的任一点都能根据 (3.3) 将其与有序数组 $(R, \theta, \varphi)$ 建立一一对应, 这种对应方式给出的有序数组 $(R, \theta, \varphi)$ 叫做点的**球面坐标**, 其中 $R \geqslant 0, -\dfrac{\pi}{2} \leqslant \theta \leqslant \dfrac{\pi}{2}, -\pi < \varphi \leqslant \pi$. 一个点 $M(x,y,z) \in Oz$ 当且仅当 $x^2 + y^2 = R^2\cos^2\theta = 0$, 此时, 用 $(R, \theta, \varphi)$ 表示 $M$ 时, $\varphi$ 的值不确定. 尽管如此, 在研究多元函数积分学时, 经常利用球面坐标以辅助讨论. 表达式 (3.3) 便是球面坐标与直角坐标之间的转换关系式.

### 3.1.3 曲面和曲线的方程

曲面可以理解为空间中满足某种性质的点的集合. 对于曲面的概念, 仅作直观理解, 其严格的数学定义已经超出了本课程的知识范围.

**定义 3.1** 在空间直角坐标系下, 给定一个 $F(x,y,z)=0$ 及一个曲面 $\Sigma$. 如果该方程和曲面 $\Sigma$ 之间满足如下关系:

(1) 曲面 $\Sigma$ 上每一点的坐标 $(x,y,z)$ 都满足方程 $F(x,y,z)=0$;

(2) 空间中坐标 $(x,y,z)$ 满足方程的每一点都在曲面 $\Sigma$ 上,

则称方程 $F(x,y,z)=0$ 是曲面 $\Sigma$ 的**一般方程**, 也称曲面 $\Sigma$ 是方程 $F(x,y,z)=0$ 表示的曲面. 此时, 记作 $\Sigma: F(x,y,z)=0$, 有时也简称为"曲面 $F(x,y,z)=0$".

与平面的参数方程相仿, 也有曲面的参数方程的概念.

**定义 3.2** 在空间直角坐标系下, 给定一个方程

$$\begin{cases} x=x(u,v), \\ y=y(u,v), \quad (u,v)\in D, \\ z=z(u,v), \end{cases} \tag{3.4}$$

以及一个曲面 $\Sigma$. 如果方程 (3.4) 与曲面 $\Sigma$ 之间满足如下关系:

(1) 对于任一 $(u,v)\in D$, 由方程 (3.4) 确定的点 $(x(u,v),y(u,v),z(u,v))$ 在曲面 $\Sigma$ 上;

(2) 对于任一 $(x,y,z)\in\Sigma$, 都存在某一 $(u,v)\in D$ 使得方程 (3.4) 成立,

则称方程 (3.4) 为曲面 $\Sigma$ 的**参数方程**, 并且称曲面 $\Sigma$ 是方程 (3.4) 所表示的曲面. 二元有序数组 $(u,v)$ 称为曲面上点的**曲纹坐标**.

可以将空间曲线理解为两个空间曲面的交集. 前文曾经通过将两个相交的平面的方程联立而得到直线方程. 借此, 我们也可以给出一般空间曲线方程的概念.

**定义 3.3** 在空间直角坐标系下, 给定一个方程

$$\begin{cases} F(x,y,z)=0, \\ G(x,y,z)=0 \end{cases} \tag{3.5}$$

以及一条曲线 $C$, 若

(1) 对于任一 $(x,y,z)\in C$, 都有 $x,y,z$ 满足方程 (3.5);

(2) 对于任何满足方程 (3.5) 的 $x,y,z$, 都有 $(x,y,z)\in C$,

则称方程 (3.5) 为曲线 $C$ 的**一般方程**.

例如, 空间中的一个圆可以看成一个球面与一个平面的交线. 因此, 圆的方程可以写成如下的形式:

$$C:\begin{cases} (x-x_0)^2+(y-y_0)^2+(z-z_0)^2=R^2, \\ Ax+By+Cz+D=0, \end{cases} \quad \frac{|Ax_0+By_0+Cz_0+D|}{\sqrt{A^2+B^2+C^2}}<R.$$

类似于空间直线的参数方程, 也有一般空间曲线的参数方程的概念.

**定义 3.4** 在空间直角坐标系下, 给定一个方程

$$\begin{cases} x = x(t), \\ y = y(t), \quad t \in \mathbb{I} \\ z = z(t), \end{cases} \tag{3.6}$$

以及一条曲线 $C$. 若

(1) 对任一 $(x, y, z) \in C$, 都存在某一 $t \in \mathbb{I}$, 使得 $(x, y, z) = (x(t), y(t), z(t))$;

(2) 对任一 $t \in \mathbb{I}$, 都有 $(x(t), y(t), z(t)) \in C$,

则称方程 (3.6) 为曲线 $C$ 的**参数方程**, 其中 $\mathbb{I}$ 为某一实数区间.

**例 3.1** 设在空间直角坐标系下, 给定一点 $M_0(a, 0, 0)$, 其中 $a > 0$. 设有一个动点 $M$ 从 $M_0$ 出发, 它在 $Oxy$ 平面上的投影是绕原点以角速度 $\omega = 1$ 的匀速圆周运动, 它在 $Oz$ 轴上的投影是线速度为 $b > 0$ 匀速上升运动, 则动点 $M$ 的轨迹称作**圆柱螺线**. 试求圆柱螺线的参数方程.

**解** 如图 3.2 所示. 取运动的时间 $t$ 为参数. 假设在时刻 $t$ 动点所在位置 $M = M(x(t), y(t), z(t))$, 并且记 $M$ 的向径为 $\overrightarrow{OM} = \boldsymbol{r}(t)$. 则有

$$\boldsymbol{r}(t) = \{a\cos t, a\sin t, 0\} + \{0, 0, bt\}.$$

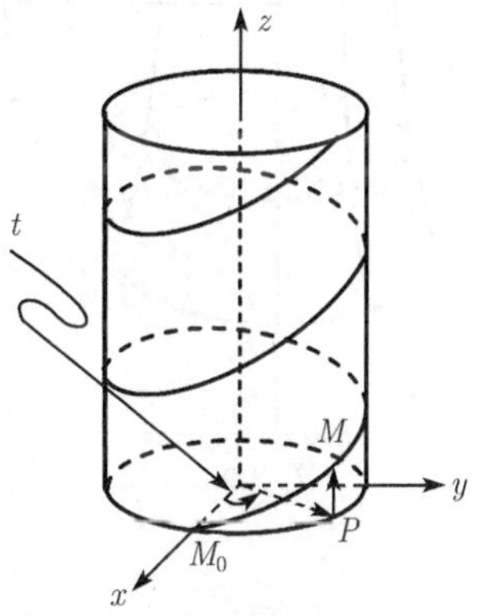

图 3.2

从而有该圆柱螺线的参数方程:

$$\begin{cases} x = a\cos t, \\ y = a\sin t, \quad 0 \leqslant t < +\infty. \\ z = bt, \end{cases}$$

若取消对时间参数 $t$ 的限制, 则得到向两侧无限延展的整条圆柱螺线. 此外, 在上述参数方程中消去参数 $t$, 可得到该圆柱螺线的一般方程:

$$\begin{cases} y = a\sin\dfrac{z}{b}, \\ x = a\cos\dfrac{z}{b}. \end{cases}$$

□

值得注意的是: 切勿将其中的一个方程当作圆柱螺线的方程. 例如, $x^2+y^2 = a^2$ 不是所求的曲线方程, 尽管圆柱螺线上的点满足这个方程, 但是满足这个方程的点未必在圆柱螺线上, 如 $(0, a, 0)$ 便是满足方程 $x^2 + y^2 = a^2$ 而不在圆柱螺线上的一个点. 同理, $x = a\cos\dfrac{z}{b}$ 也不是所求的圆柱螺线的方程.

### 3.1.4 旋转曲面

**定义 3.5** 一条空间曲线 $C$ 绕一条定直线 $l$ 旋转一周所生成的曲面称为**旋转曲面**. 曲线 $C$ 称为它的**母线**, 定直线 $l$ 称为它的**旋转轴**(简称为轴), 母线上任一点 $M_0$ 绕 $l$ 旋转一周所形成的圆称为它的一个**纬圆**, 以旋转轴为边缘的半平面与旋转曲面的交线称为它的一条**经线**.

易见, 旋转曲面的母线不是唯一的, 每一条经线都可以作为母线. 此外, 一条恰好和每一个纬圆都相交的空间曲线也可以视作是一条母线. 因此, 旋转曲面的母线未必是一条经线.

设在空间直角坐标系下, 给定一条直线 $l$ 和一条曲线 $C$, 它们的方程分别为

$$l: \frac{x-x_1}{k} = \frac{y-y_1}{m} = \frac{z-z_1}{n},$$

$$C: \begin{cases} F(x,y,z)=0, \\ G(x,y,z)=0. \end{cases}$$

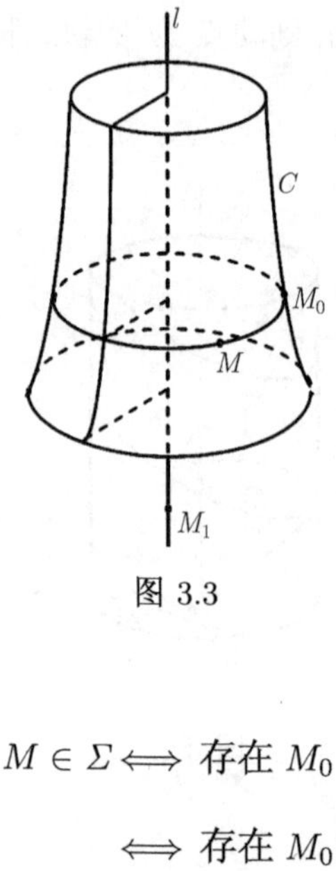


图 3.3

下面来建立以 $l$ 为旋转轴, 以 $C$ 为母线的旋转曲面 $\Sigma$ 的方程.

如图 3.3 所示. 首先注意到, 若 $M_0(x_0,y_0,z_0)\in C$, 则过 $M_0$ 的纬圆的方程可以写成

$$\begin{cases} \left|\overrightarrow{MM_1}\right| = \left|\overrightarrow{M_0M_1}\right|, \\ k(x-x_0)+m(y-y_0)+n(z-z_0)=0, \end{cases}$$

其中, $M(x,y,z)$ 为空间中的点, $M_1$ 为 $l$ 上任意取定的一点. 进一步, 点 $M(x,y,z)$ 在旋转面 $\Sigma$ 上的充分必要条件是: 存在一点 $M_0\in C$ 使得 $M$ 在过 $M_0$ 的纬圆上. 因此

$$\begin{aligned} M\in\Sigma &\Longleftrightarrow \text{存在 } M_0\in C, \text{ 使得 } M \text{ 在过 } M_0 \text{ 的纬圆上} \\ &\Longleftrightarrow \text{存在 } M_0(x_0,y_0,z_0) \text{ 使得} \begin{cases} F(x_0,y_0,z_0)=0, \\ G(x_0,y_0,z_0)=0, \end{cases} \\ &\qquad \text{并且} \begin{cases} \left|\overrightarrow{MM_1}\right| = \left|\overrightarrow{M_0M_1}\right|, \\ k(x-x_0)+m(y-y_0)+n(z-z_0)=0 \end{cases} \\ &\Longleftrightarrow \text{存在 } M_0(x_0,y_0,z_0) \text{ 使得} \begin{cases} F(x_0,y_0,z_0)=0, \\ G(x_0,y_0,z_0)=0, \\ \left|\overrightarrow{MM_1}\right| = \left|\overrightarrow{M_0M_1}\right|, \\ k(x-x_0)+m(y-y_0)+n(z-z_0)=0. \end{cases} \end{aligned} \tag{3.7}$$

为了得到旋转面的一般方程, 设法从方程 (3.7) 中消去参数 $x_0, y_0, z_0$, 得到一个关于 $x, y, z$ 的方程, 这便是所求的旋转曲面 $\Sigma$ 的方程.

方程 (3.7) 的几何意义是: 前两个方程表示 $M_0$ 是母线 $C$ 上的一点; 而后两个方程则表示过 $M_0$ 的纬圆, 该纬圆是以 $M_1$ 球心, 以 $\left|\overrightarrow{M_0M_1}\right|$ 为半径的球面与一个过点 $M_0$ 以 $\{k, m, n\}$ 为法向量的平面的交线.

**例 3.2** 求由直线 $l_1: \dfrac{x}{2} = \dfrac{y}{1} = \dfrac{z-1}{0}$ 绕直线 $l_2: x = y = z$ 旋转一周所得的旋转曲面 $\Sigma$ 的方程.

**解** 注意到旋转轴 $l_2$ 通过原点并且以 $\boldsymbol{v} = \{1, 1, 1\}$ 为方向向量. 因此, $M(x, y, z) \in \Sigma$ 当且仅当存在母线 $l_1$ 上一点 $M_0(x_0, y_0, z_0)$ 使得 $M$ 与 $M_0$ 在同一纬圆上, 即

$$\begin{cases} \dfrac{x_0}{2} = \dfrac{y_0}{1} = \dfrac{z_0 - 1}{0}, \\ x^2 + y^2 + z^2 = x_0^2 + y_0^2 + z_0^2, \\ (x - x_0) + (y - y_0) + (z - z_0) = 0. \end{cases}$$

在以上方程组中消去 $x_0, y_0, z_0$, 得到旋转曲面的方程为

$$2(x^2 + y^2 + z^2) - 5(xy + yz + zx) + 5(x + y + z) - 7 = 0. \qquad \square$$

**例 3.3** 求母线为 $C: \begin{cases} F(y, z) = 0, \\ x = 0 \end{cases}$ 旋转轴分别为 $Oy$ 轴和 $Oz$ 轴的两个旋转曲面的方程.

**解** 首先, 考虑 $C$ 绕 $Oy$ 轴旋转所得的旋转面 $\Sigma_y$. 注意到旋转轴 $l_y: \dfrac{x}{0} = \dfrac{y}{1} = \dfrac{z}{0}$ 过点 $M_1(0, 0, 0)$, 以 $\boldsymbol{v} = \{0, 1, 0\}$ 为方向向量.

$M(x, y, z)$ 在旋转曲面 $\Sigma_y$ 上的充分必要条件是 $M$ 在过母线上某一点 $M_0(x_0, y_0, z_0) \in C$ 的纬圆上. 从而有方程组

$$\begin{cases} F(y_0, z_0) = 0, \\ x_0 = 0, \\ x^2 + y^2 + z^2 = x_0^2 + y_0^2 + z_0^2 \\ 1 \cdot (y - y_0) = 0. \end{cases}$$

消去参数 $x_0, y_0, z_0$, 得到

$$\Sigma_y: F\left(y, \pm\sqrt{x^2 + z^2}\right) = 0. \tag{3.8}$$

这便是所求的旋转曲面 $\Sigma_y$ 的方程.

同理可得, 将 $C$ 绕 $Oz$ 轴旋转所得旋转曲面的方程为

$$\Sigma_z:\ F(\pm\sqrt{x^2+y^2}, z)=0. \tag{3.9}$$

□

容易验证, 将曲线 $\begin{cases} G(x,y)=0, \\ z=0 \end{cases}$ 绕 $Ox$ 轴和 $Oy$ 轴旋转所得的两个曲面方程分别为

$$G\Big(x, \pm\sqrt{y^2+z^2}\Big)=0, \quad G\Big(\pm\sqrt{x^2+z^2}, y\Big)=0. \tag{3.10}$$

将曲线 $\begin{cases} H(x,z)=0, \\ y=0 \end{cases}$ 绕 $Ox$ 轴和 $Oz$ 轴旋转所得的两个曲面方程分别为

$$H(x, \pm\sqrt{y^2+z^2})=0, \quad H(\pm\sqrt{x^2+y^2}, z)=0. \tag{3.11}$$

概括方程 (3.8)~(3.11) 所揭示的规律, 可得确定一类特殊旋转曲面的如下方法.

**定理 3.1**　设 $\alpha\beta\gamma$ 表示 $x, y, z$ 的某一排列, 并且 $C:\begin{cases} F(\alpha,\beta)=0, \\ \gamma=0 \end{cases}$ 表示位于坐标面 $O\alpha\beta$ 上的一条平面曲线. 则将 $C$ 绕坐标轴 $O\alpha$ 旋转所得的曲面方程为

$$F\Big(\alpha, \pm\sqrt{\beta^2+\gamma^2}\Big)=0,$$

而将 $C$ 绕坐标轴 $O\beta$ 旋转所得的曲面方程为

$$F\Big(\pm\sqrt{\alpha^2+\gamma^2}, \beta\Big)=0.$$

由上述定理可知: 为了得到位于某个坐标面上的一条曲线绕该坐标面上的一条坐标轴旋转所得的旋转曲面的方程, 只需在表示母线 $C$ 那个方程组的第一个方程中, 与旋转轴同名的变量保持不变, 而将另一个变量换成与旋转轴不同名的另外两个变量的平方和的平方根.

例如, 方程

$$\frac{x^2+y^2}{a^2}+\frac{z^2}{b^2}=1, \quad \frac{y^2}{a^2}+\frac{x^2+z^2}{b^2}=1$$

所表示的曲面可视作是由椭圆

$$\begin{cases} \dfrac{y^2}{a^2}+\dfrac{z^2}{b^2}=1, \\ x=0 \end{cases}$$

分别绕 $Oz$ 轴和 $Oy$ 轴旋转所得的旋转曲面, 它们统称为**旋转椭球面**, 如图 3.4 所示.

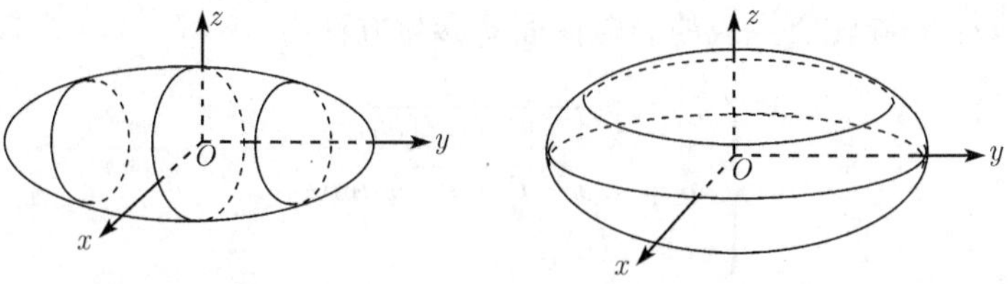


图 3.4

方程

$$\frac{x^2+y^2}{a^2}-\frac{z^2}{b^2}=1,\quad \frac{y^2}{a^2}-\frac{x^2+z^2}{b^2}=1$$

表示的曲面可视作是由双曲线

$$\begin{cases} \dfrac{y^2}{a^2}-\dfrac{z^2}{b^2}=1, \\ x=0 \end{cases}$$

分别绕 $Oz$ 轴和 $Oy$ 轴旋转所得的旋转曲面, 它们分别被称为**旋转单叶双曲面**和**旋转双叶双曲面**, 如图 3.5(a)、(b) 所示.

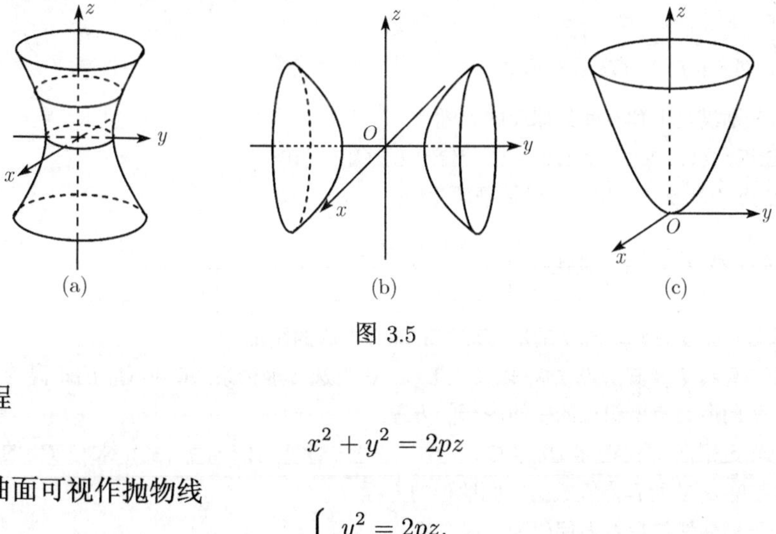


图 3.5

方程

$$x^2+y^2=2pz$$

表示的曲面可视作抛物线

$$\begin{cases} y^2=2pz, \\ x=0 \end{cases}$$

绕 $Oz$ 轴旋转所得的旋转曲面, 它称为**旋转抛物面**, 如图 3.5(c) 所示.

如果旋转曲面的母线 $C$ 的参数方程为

$$\begin{cases} x=x(u), \\ y=y(u), \quad u \text{ 为参数}. \\ z=z(u), \end{cases}$$

易见, 它绕 $Oz$ 轴旋转所生成的旋转曲面的参数方程为

$$\begin{cases} x = \sqrt{x^2(u)+y^2(u)}\cos v, \\ y = \sqrt{x^2(u)+y^2(u)}\sin v, \\ z = z(u), \end{cases}$$

其中 $u, v$ 为参数.

## 习 题 3.1

1. 求下列球面的球心和半径:

(1) $x^2+y^2+z^2-12x+4y-6z=0$;

(2) $x^2+y^2+z^2-2x+4y-6z-22=0$;

(3) $x^2+y^2+z^2+8x=0$.

2. 求下列圆的圆心和半径:

(1) $\begin{cases} x^2+y^2+z^2-12x+4y-6z+24=0, \\ 2x+2y+z+1=0; \end{cases}$

(2) $\begin{cases} x^2+y^2+z^2=R^2, \\ Ax+By+Cz+D=0. \end{cases}$

3. 求分别满足下列条件的球面的方程:

(1) 过点 $A(1,-1,1), B(1,2,-1), C(2,3,0), O(0,0,0)$;

(2) 过点 $P(1,2,5)$, 与三个坐标平面相切;

(3) 过点 $Q(2,-4,3)$, 且使圆 $\begin{cases} x^2+y^2=5, \\ z=0 \end{cases}$ 在其上.

4. 求与三条坐标轴均相切的所有球面的球心组成的图形.

5. 给定直线 $l$ 及其上点 $M_0$, 以及正数 $\lambda$. 适当选择坐标系, 求到 $M_0$ 的距离等于到 $l$ 的距离的 $\lambda$ 倍的所有点所组成的空间图形的方程.

6. 已知定平面 $\pi: Ax+By+Cz+D=0$ 上一定点 $P_0(x_0,y_0,z_0)$, 求与 $P_0$ 的连线和 $\pi$ 的夹角成定角 $\alpha$ 的所有点组成的空间图形的方程.

7. 将下列曲线的参数方程化为一般方程:

(1) $\begin{cases} x=(t+1)^2, \\ y=2(t+1), \quad -\infty < t < +\infty. \\ z=-(2t+1), \end{cases}$

(2) $\begin{cases} x=2\cos\theta, \\ y=2+\sin\theta, \quad 0 \leqslant \theta < 2\pi. \\ z=2, \end{cases}$

8. 证明：曲线

$$\begin{cases} x = 3\sin t, \\ y = 4\sin t, \quad 0 \leqslant t < 2\pi \\ z = 5\cos t \end{cases}$$

是一个圆, 并求该圆的圆心及半径.

9. 证明：曲线

$$\begin{cases} x = a\cos^2 t, \\ y = a\sin^2 t, \\ z = \sqrt{2}a\sin t\cos t \end{cases}$$

是一个圆, 求此圆的圆心和半径.

10. 求下列旋转曲面的方程：

(1) $\begin{cases} 4x^2 + 9y^2 = 36, \\ z = 0 \end{cases}$ 绕 $Ox$ 轴旋转;

(2) $\begin{cases} (x-2)^2 + y^2 = 4, \\ z = 0 \end{cases}$ 绕 $Oy$ 轴旋转;

(3) $\begin{cases} z = x^2, \\ x^2 + y^2 = 1 \end{cases}$ 绕 $Oz$ 轴旋转;

(4) $\begin{cases} xy = a^2, \\ z = 0 \end{cases}$ 分别绕 $Ox$ 轴和 $Oy$ 轴旋转;

(5) $\dfrac{x-1}{1} = \dfrac{y}{-3} = \dfrac{z}{3}$ 绕 $\dfrac{x}{2} = \dfrac{y}{1} = \dfrac{z}{-2}$ 旋转;

(6) $\dfrac{x}{2} = \dfrac{y}{1} = \dfrac{z-1}{-1}$ 绕 $\dfrac{x}{1} = \dfrac{y}{-1} = \dfrac{z-1}{2}$ 旋转;

(7) 曲线

$$C: \begin{cases} x = a, \\ y = t, \quad (t \text{ 为参数 }, a, b \text{ 为非零常数}) \\ z = bt \end{cases}$$

绕 $Oz$ 轴旋转.

## 3.2 柱面和锥面

已经知道, 圆柱面可以视作是由所有通过一个定圆并且平行于定方向的所有直线所生成的曲面; 圆锥面可以视作是由所有通过一个定点并且与一个定圆相交的所有直线所生成的曲面. 本节将这种生成曲面的方式加以推广, 给出柱面和锥面的概念, 讨论建立这两种曲面方程的一般方法, 以及它们的简单性质.

### 3.2.1　柱面

**定义 3.6**　由与空间一条定曲线相交并且平行于一个定方向的所有直线所生成的曲面称为**一个柱面**. 该定曲线叫做柱面的**准线**, 这族平行直线中的每一条直线都叫做柱面的一条**母线**, 该定方向叫做柱面的**母线方向**.

显然, 柱面由它的准线和母线方向完全确定. 但反过来, 对于一个柱面, 它的准线并不是唯一的, 因为恰好和所有母线都相交的每一条位于柱面上的曲线都可以作为该柱面的准线.

设柱面 $\Sigma$ 的准线 $C$ 的方程为

$$C:\begin{cases} F(x,y,z)=0,\\ G(x,y,z)=0,\end{cases}$$

其母线方向为 $\boldsymbol{v}=\{l,m,n\}$. 下面来求柱面 $\Sigma$ 的方程.

设 $M(x,y,z)$ 为空间一点. 则

$$\begin{aligned} M\in\Sigma &\Longleftrightarrow \text{存在 } M_0\in C \text{ 使得 } M \text{ 在过 } M_0 \text{ 的母线上}\\ &\Longleftrightarrow \text{存在 } M_0(x_0,y_0,z_0) \text{ 使得 } \begin{cases} F(x_0,y_0,z_0)=0,\\ G(x_0,y_0,z_0)=0;\end{cases} \text{ 且 } \begin{cases} x=x_0+lt,\\ y=y_0+mt,\\ z=z_0+nt\end{cases}\\ &\Longleftrightarrow \text{存在 } M_0\in C \text{ 使得 } \begin{cases} F(x_0,y_0,z_0)=0,\\ G(x_0,y_0,z_0)=0,\\ x=x_0+lt,\\ y=y_0+mt,\\ z=z_0+nt.\end{cases}\end{aligned}$$

消去 $x_0,y_0,z_0$, 得到

$$\begin{cases} F(x-lt,y-mt,z-nt)=0,\\ G(x-lt,y-mt,z-nt)=0.\end{cases}$$

再消去参数 $t$, 得到关于 $x,y,z$ 的一个方程, 就是柱面 $\Sigma$ 的一般方程.

如果柱面 $\Sigma$ 的准线 $C$ 是由参数方程

$$C:\begin{cases} x=f(t),\\ y=g(t),\\ z=h(t)\end{cases}$$

给出的, 当已知柱面 $\Sigma$ 的母线方向为 $\boldsymbol{v}=\{l,m,n\}$ 时, 则该柱面的参数方程写为

$$\begin{cases} x=f(t)+lu, \\ y=g(t)+mu, \quad u,t \text{ 为参数}. \\ z=h(t)+nu, \end{cases}$$

**例 3.4** 求以曲线 $C:\begin{cases} x^2+y^2+z^2=1, \\ x+y+z=0 \end{cases}$ 为准线, 以 $\boldsymbol{v}=\{1,1,1\}$ 为母线方向的柱面方程.

**解** 设 $M(x,y,z)$ 为柱面上的任意一点, 则存在一点 $M_0(x_0,y_0,z_0)$, 使得

$$\begin{cases} x_0^2+y_0^2+z_0^2=1, \\ x_0+y_0+z_0=0, \\ x=x_0+t, \\ y=y_0+t, \\ z=z_0+t. \end{cases}$$

消去 $x_0,y_0,z_0$, 得到

$$\begin{cases} (x-t)^2+(y-t)^2+(z-t)^2=1, \\ x+y+z-3t=0. \end{cases}$$

再消去参数 $t$, 得到

$$x^2+y^2+z^2-xy-yz-zx=\frac{3}{2}.$$

这就是所求的柱面方程. □

**例 3.5** 求半径为 $R$, 以 $Oz$ 轴为对称轴的正圆柱面 $\Sigma$ 的参数方程和一般方程. 如图 3.6 所示.

**解** 曲面 $\Sigma$ 的一条准线可以取为

$$C:\begin{cases} x=R\cos\varphi, \\ y=R\sin\varphi, \\ z=0. \end{cases}$$

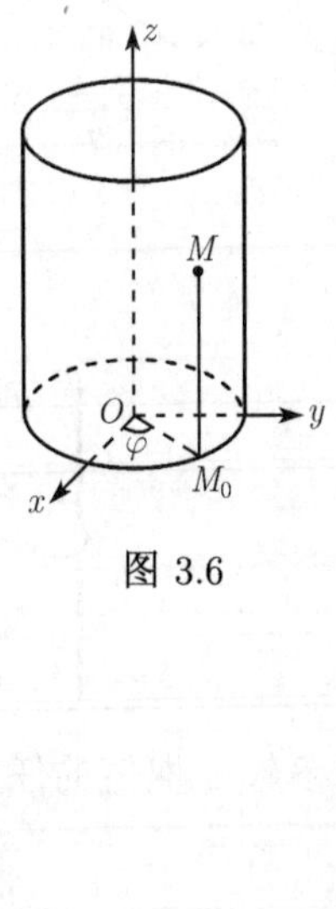

图 3.6

显然, 过 $C$ 上一点 $M_0(R\cos\varphi_0,R\sin\varphi_0,0)$, 以 $\boldsymbol{v}=\{0,0,1\}$ 为方向向量的直线的参数方程为

$$\begin{cases} x=R\cos\varphi_0, \\ y=R\sin\varphi_0, \quad u \text{ 为参数}. \\ z=u, \end{cases}$$

当 $M_0$ 取遍 $C$ 上所有点时, 由这些直线所组成的曲面便是所求的柱面. 因此, 曲面 $\Sigma$ 的参数方程为

$$\begin{cases} x = R\cos\varphi, \\ y = R\sin\varphi, \\ z = u \end{cases} \quad \left( \begin{array}{l} -\pi < \varphi \leqslant \pi, \\ -\infty < u < +\infty \end{array} \right). \tag{3.12}$$

消去参数 $\varphi, u$ 得到 $\Sigma$ 的一般方程为 $x^2 + y^2 = R^2$. □

易见, 除了 $Oz$ 轴上的点之外, 空间任意一点都可以视作是某个正圆柱面上的一点. 因此, 当将圆柱面的半径 $R$ 看成变量时, 空间任意一点 (除去 $Oz$ 轴上的点) 都能和有序三数组 $(R, \varphi, u)$ $(R > 0, -\pi < \varphi \leqslant \pi, -\infty < u < \infty)$ 建立一一对应关系. $(R, \varphi, u)$ 叫做空间点的**柱面坐标**. 式 (3.12) 就是柱面坐标和直角坐标之间的关系式.

从例 3.2 中我们看到, 半径为 $R$, 母线平行于 $Oz$ 轴的正圆柱面的一般方程中不含有 $z$. 实际上, 这一性质具有一般性.

**定理 3.2**　若一个柱面 $\Sigma$ 的母线平行于 $Oz$ 轴, 则它具有不含 $z$ 的一般方程; 反之, 如果一个曲面的一般方程中不含 $z$, 则该曲面是一个母线平行于 $Oz$ 轴的柱面. 将上述的 $z$ 换为 $x$ 或 $y$, 相应结论仍然成立.

**证**　如图 3.7 所示. 设 $\Sigma$ 是一个母线平行于 $Oz$ 轴的柱面. 由于它的每条母线都与 $Oxy$ 平面相交, 从而可取 $\Sigma$ 与 $Oxy$ 平面的交线 $C$ 为准线, 假定其方程为

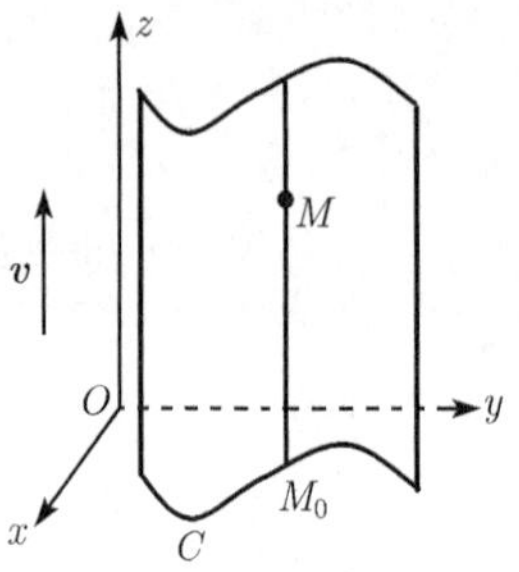


图 3.7

$$C: \begin{cases} F(x, y) = 0, \\ z = 0. \end{cases}$$

注意到 $\boldsymbol{v} = \{0, 0, 1\}$ 为母线方向.

那么, $M(x, y, z) \in \Sigma$, 当且仅当存在 $M_0(x_0, y_0, z_0) \in C$, 使得 $M$ 在过点 $M_0$, 并且以 $\boldsymbol{v}$ 为方向向量的直线上, 因此有

$$\begin{cases} F(x_0, y_0) = 0, \\ z_0 = 0, \\ x = x_0, \\ y = y_0, \\ z = z_0 + u \end{cases} \xrightarrow{\text{消去 } x_0, y_0, z_0} \begin{cases} F(x, y) = 0, \\ z = u. \end{cases}$$

由参数 $u$ 取值的任意性, 得 $\Sigma$ 的方程为 $F(x, y) = 0$.

反之, 任意给定一个不含 $z$ 的曲面方程 $G(x,y)=0$, 考虑以

$$C:\begin{cases} G(x,y)=0, \\ z=0 \end{cases}$$

为准线, 母线平行于 $Oz$ 轴的柱面. 易见, 这个柱面的方程为 $G(x,y)=0$. 因此, 方程 $G(x,y)=0$ 表示一个母线平行于 $Oz$ 轴的柱面.

对于母线平行于 $Ox$ 轴或 $Oy$ 轴的情形可以相似地讨论. □

由上述定理, 易见, 在空间直角坐标系下

$$\frac{x^2}{a^2}+\frac{y^2}{b^2}=1, \quad \frac{x^2}{a^2}-\frac{y^2}{b^2}=1, \quad y^2=2px$$

分别表示母线平行于 $Oz$ 轴的柱面, 它们分别称为**椭圆柱面**、**双曲柱面**和**抛物柱面**, 如图 3.8 所示.

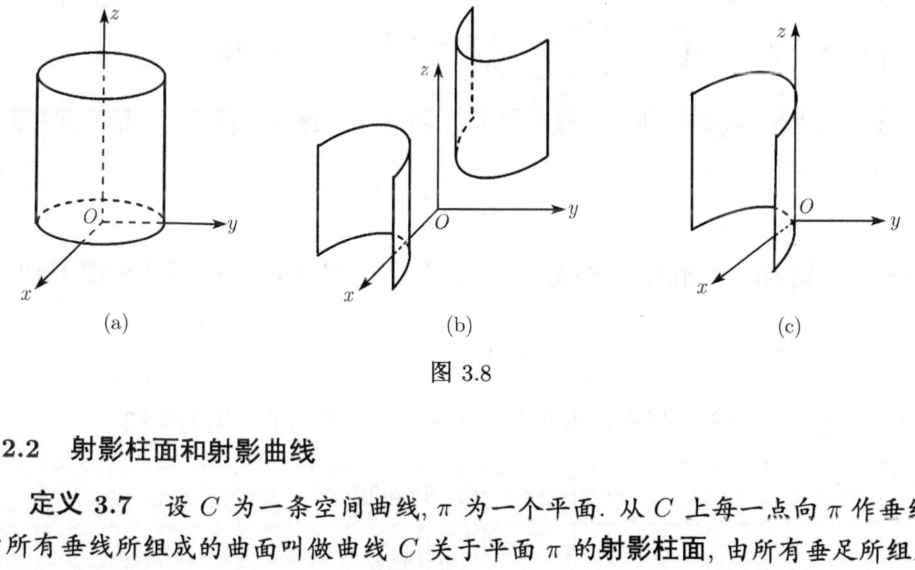


图 3.8

### 3.2.2 射影柱面和射影曲线

**定义 3.7** 设 $C$ 为一条空间曲线, $\pi$ 为一个平面. 从 $C$ 上每一点向 $\pi$ 作垂线, 由所有垂线所组成的曲面叫做曲线 $C$ 关于平面 $\pi$ 的**射影柱面**, 由所有垂足所组成的曲线叫做曲线 $C$ 在平面 $\pi$ 上的**射影曲线**.

显然, 以 $C$ 为准线、以 $\pi$ 的法方向为母线方向的柱面便是曲线 $C$ 关于平面 $\pi$ 的射影柱面, 而该柱面与 $\pi$ 的交线便是曲线 $C$ 在平面 $\pi$ 上的射影曲线.

**例 3.6** 求曲线 $C:\begin{cases} x^2+y^2-z=0, \\ z=x+1 \end{cases}$ 关于三个坐标平面的射影柱面.

**解** 由定理 3.2 可知, 若能在表示曲线 $C$ 的两个方程中消去 $z$, 则得到的方程是一个母线平行于 $Oz$ 轴的柱面. 显然, 曲线 $C$ 在这个柱面上, 因此, 这样得到柱面便是曲线 $C$ 关于 $Oxy$ 平面的射影柱面. 因此

$$x^2+y^2-(x+1)=0$$

便是曲线 $C$ 关于 $Oxy$ 平面上的射影柱面. 同理

$$(z-1)^2+y^2-z=0, \quad z=x+1\ \left(\frac{1-\sqrt{5}}{2}\leqslant x\leqslant\frac{1+\sqrt{5}}{2}\right)$$

分别为曲线 $C$ 关于 $Oyz$ 平面和 $Oxz$ 平面的射影柱面. □

我们知道, 柱面也可以视作是由准线沿母线平行移动所形成的曲面. 因此, 若能作出准线的图形, 便容易作出柱面的图形. 特别地, 对于母线平行于坐标轴柱面, 只要画出此柱面在坐标面上的一条准线, 便可以作出柱面的图形.

借助于柱面的特性, 可以得到空间曲线作图的一种常用方法. 若给定的空间曲线是两个母线平行于坐标轴的柱面的交线, 则可以先画出这些柱面, 然后运用描点法作出空间曲线的简图.

**例 3.7** 作出曲线 $C:\begin{cases}2x^2+z^2+4y-4z=0,\\ x^2+2z^2-4y-8z=0\end{cases}$ 的图形.

**解** 在给定的两个曲面方程中消去 $y$, 得到一个母线平行于 $Oy$ 轴的圆柱面

$$x^2+z^2-4z=0.$$

同理, 在给定的两个曲面方程中消去 $z$, 得到一个母线平行于 $Oz$ 轴的抛物柱面

$$x^2+4y=0.$$

因此, 曲线 $C$ 的方程可以表示为两个母线平行于坐标轴的柱面的交线

$$C:\begin{cases}x^2+z^2-4z=0,\\ x^2+4y=0.\end{cases}$$

为了作出曲线 $C$ 的图形, 首先, 作出这两个柱面 $x^2+(z-2)^2=4$ 和 $x^2+4y=0$; 然后, 在闭区间 $[0,4]$ 上适当选取一些点 $z_i$, 并描出两柱面在平面 $z=z_i$ 上的交点; 最后, 再将这些点平滑连接起来. 如图 3.9 所示. □

### 3.2.3 锥面

**定义 3.8** 由通过空间一个定点 $M_0$ 且与一条定曲线 $C(M_0\notin C)$ 相交的所有直线所组成的曲面称为一个**锥面**. 定点叫做它的**顶点**, 定曲线叫做它的**准线**, 这族直线中的每一条直线都叫做它的一条**母线**, 如图 3.10 所示.

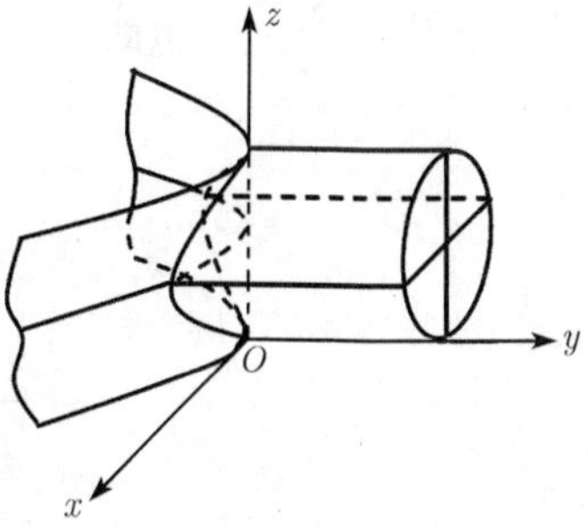


图 3.9

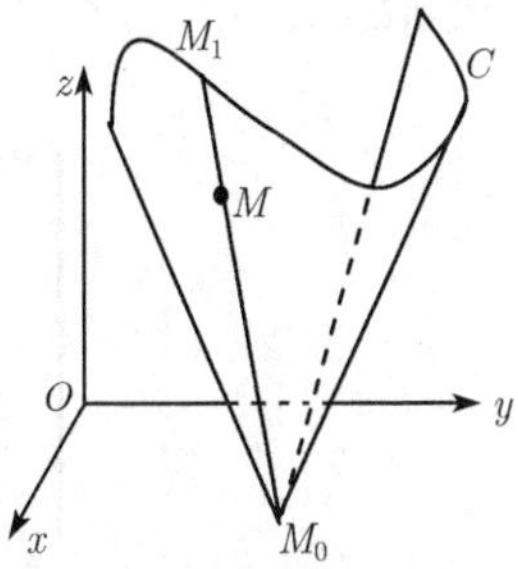


图 3.10

显然, 锥面由它的顶点和准线唯一确定. 但反过来, 对于一个锥面, 它的准线并不是唯一的, 任何一条恰好和每一条母线都相交的锥面上的曲线都可以作为该锥面的一条准线.

设锥面 $\Sigma$ 的顶点为 $M_0(x_0,y_0,z_0)$, 准线 $C$ 的方程为

$$C:\begin{cases}F(x,y,z)=0,\\G(x,y,z)=0.\end{cases}$$

下面来求这个锥面的方程.

点 $M(x,y,z)\in\Sigma$ 的充分必要条件是: $M(x,y,z)$ 在某条母线上, 即存在准线上的一点 $M_1(x_1,y_1,z_1)$, 使得 $M_1$ 在通过 $M_0$ 和 $M$ 的直线上. 因此有

$$\begin{cases}F(x_1,y_1,z_1)=0,\\G(x_1,y_1,z_1)=0,\\x_1=x_0+(x-x_0)u,\\y_1=y_0+(y-y_0)u,\\z_1=z_0+(z-z_0)u.\end{cases}$$

消去 $x_1,y_1,z_1$, 得

$$\begin{cases}F(x_0+(x-x_0)u,y_0+(y-y_0)u,z_0+(z-z_0)u)=0,\\G(x_0+(x-x_0)u,y_0+(y-y_0)u,z_0+(z-z_0)u)=0.\end{cases}$$

再消去 $u$, 得到 $x,y,z$ 的一个方程, 即为所求锥面 $\Sigma$ 的一般方程.

**例 3.8** 求以原点为顶点, 以曲线 $C:\begin{cases}F(x,y)=0,\\z=k\ (k\neq 0)\end{cases}$ 为准线的锥面 $\Sigma$ 的方程.

**解** 注意到 $O(0,0,0)$ 为锥面的顶点. 因此, 一个异于坐标原点的 $M(x,y,z)\in$

$\Sigma$ 当且仅当存在 $M_1(x_1, y_1, z_1) \in C$, 使得 $M$ 在母线 $\dfrac{x_1}{x} = \dfrac{y_1}{y} = \dfrac{z_1}{z}$ 上, 也即

$$\begin{cases} F(x_1, y_1) = 0, \\ z_1 = k, \\ x_1 = xu, \\ y_1 = yu, \\ z_1 = zu. \end{cases}$$

消去参数 $x_1, y_1, z_1, u$, 得锥面方程为 $F\left(\dfrac{kx}{z}, \dfrac{ky}{z}\right) = 0\ (z \neq 0)$ 及原点 $(0,0,0)$. □

特别地, 以原点为顶点、以 $\begin{cases} \dfrac{x^2}{a^2} + \dfrac{y^2}{b^2} = 1, \\ z = c\ (c \neq 0) \end{cases}$ 为准线的锥面方程为

$$\frac{x^2}{a^2} + \frac{y^2}{b^2} - \frac{z^2}{c^2} = 0.$$

为说明以原点为顶点的锥面方程的特点, 首先介绍齐次方程的概念.

**定义 3.9**　一个三元函数 $F(x, y, z)$ 称作一个 $n$ 次**齐次函数** ($n$ 为某个整数), 如果等式

$$F(tx, ty, tz) = t^n F(x, y, z)$$

对于定义域中的任何 $(x, y, z)$ 以及任何非零实数 $t$ 成立. 此时, 称方程 $F(x, y, z) = 0$ 是关于 $x, y, z$ 的 $n$ 次**齐次方程**.

显然, $F\left(\dfrac{kx}{z}, \dfrac{ky}{z}\right) = 0$ 和 $\dfrac{x^2}{a^2} + \dfrac{y^2}{b^2} - \dfrac{z^2}{c^2} = 0$ 分别是 0 次齐次方程和 2 次齐次方程. 进一步, 有如下判断锥面的定理.

**定理 3.3**　每一个关于 $x, y, z$ 的具有非零解的齐次方程所表示的曲面 (可能需要添加原点), 必定是一个以原点为顶点的锥面.

**证**　设 $F(x, y, z) = 0$ 是一个 $n$ 次齐次方程, 它所表示的曲面上添加原点后记作 $\Sigma$. 在 $\Sigma$ 上任取一个异于原点 $O$ 的点 $M_1(x_1, y_1, z_1)$, 令 $l_{M_1}$ 表示连接 $O$ 和 $M_1$ 的直线. 则对于任意 $M(x, y, z) \in l_{M_1}$ 且 $M \neq O$, 有

$$\begin{cases} x = x_1 t, \\ y = y_1 t, \quad t \neq 0. \\ z = z_1 t, \end{cases}$$

从而有

$$F(x, y, z) = F(x_1 t, y_1 t, z_1 t) = t^n F(x_1, y_1, z_1) = 0.$$

因此, 连接 $O$ 和 $M_1$ 的整条直线 $l_{M_1}$ 在 $\Sigma$ 上, 所以, $\Sigma$ 是由过原点的一些直线组成的. 那么, $C:\begin{cases} F(x,y,z)=0, \\ x^2+y^2+z^2=1 \end{cases}$ 是 $\Sigma$ 上的一条曲线, 并且 $\Sigma$ 是一个以原点为顶点、以 $C$ 为准线的锥面. □

**推论 3.1** 一个关于 $x-a, y-b, z-c$ 的齐次方程, 必表示以点 $(a,b,c)$ 为顶点的锥面.

**例 3.9** 求顶点在原点, 准线是抛物线 $\begin{cases} x^2+2py=0, \\ z=1 \end{cases}$ $(p>0)$ 的锥面方程.

**解** 由例 3.8, 所求的锥面方程为 $\left(\dfrac{x}{z}\right)^2+2p\dfrac{y}{z}=0$ 及原点 $(0,0,0)$. □

请读者思考: 例 3.9 中的锥面方程可以写成 $x^2+2pyz=0$ 吗?

利用曲线和曲面的参数方程, 还可以得到以 $M(x_0,y_0,z_0)$ 为顶点、以曲线

$$C:\begin{cases} x=x(t), \\ y=y(t), \quad a\leqslant t\leqslant b \\ z=z(t), \end{cases}$$

为准线的锥面的参数方程为

$$\begin{cases} x=ux(t)+(1-u)x_0, \\ y=uy(t)+(1-u)y_0, \quad a\leqslant t\leqslant b, -\infty<u<+\infty. \\ z=uz(t)+(1-u)z_0, \end{cases}$$

## 习 题 3.2

1. 分别求满足如下条件的柱面方程:

(1) 准线为 $\begin{cases} y^2=2z, \\ x=0 \end{cases}$ 母线平行于 $Ox$ 轴;

(2) 准线为 $\begin{cases} xy=1, \\ z=0 \end{cases}$ 母线方向为 $\{1,-1,1\}$;

(3) 准线为 $\begin{cases} x=y^2+z^2, \\ x=2z \end{cases}$ 母线垂直于准线所在的平面.

2. 求与定直线 $\begin{cases} y=mx, \\ z=nx \end{cases}$ 平行, 且与定圆 $\begin{cases} x^2+y^2+z^2=a^2 \\ z=0 \end{cases}$ 相交的所有直线所产生的曲面的方程, 其中 $n\neq 0$.

3. 分别求下列曲线关于三个坐标面的射影柱面的方程:

(1) $\begin{cases} x^2+y^2+z^2=25, \\ x^2+4y^2-z^2=0; \end{cases}$

(2) $\begin{cases} z=4-x^2-\dfrac{1}{4}y^2, \\ z=3x^2+\dfrac{1}{4}y^2. \end{cases}$

4. 求出满足如下条件的锥面的方程:

(1) 顶点在原点, 准线为 $\begin{cases} y^2=2px, \\ z=k(k\neq 0); \end{cases}$

(2) 顶点为 $(0,-a,0)$, 准线为 $\begin{cases} x^2+y^2+z^2=a^2, \\ y+z=a; \end{cases}$

(3) 顶点为 $(4,0,-3)$, 准线为 $\begin{cases} \dfrac{x^2}{25}+\dfrac{y^2}{9}=1, \\ z=0. \end{cases}$

5. 过 $Ox$ 轴和 $Oy$ 轴分别作动平面, 交角 $\alpha$ 是常数, 求交线的轨迹方程, 并且说明这是何种曲面.

## 3.3 二次曲面

在空间直角坐标系下, 用一个二次方程表示的曲面称作**二次曲面**. 它的一般形式可以表示为

$$a_{11}x^2+a_{22}y^2+a_{33}z^2+2a_{12}xy+2a_{13}xz+2a_{23}yz+2b_1x+2b_2y+2b_3z+c=0,$$

其中, $a_{ij},b_i,c$ 皆为已知常数, 而系数中的 2 是为便于讨论而添加的. 在 3.2 节曾经提到

$$\frac{x^2}{a^2}+\frac{y^2}{b^2}=1,\quad \frac{x^2}{a^2}-\frac{y^2}{b^2}=1,\quad y^2=2px$$

分别表示母线平行于 $Oz$ 轴的椭圆柱面、双曲柱面和抛物柱面; 而

$$\frac{x^2}{a^2}+\frac{y^2}{b^2}-\frac{z^2}{c^2}=0$$

表示以原点为顶点的锥面, 它们都是二次曲面. 本节将讨论另外几种常见的二次曲面, 它们是椭球面、单叶双曲面、双叶双曲面、椭圆抛物面和双曲抛物面. 关于二次曲面一般性讨论, 有赖于高等代数课程中的二次型理论.

### 3.3.1 椭球面

**定义 3.10** 由方程

$$\frac{x^2}{a^2}+\frac{y^2}{b^2}+\frac{z^2}{c^2}=1 \quad a>0,b>0,c>0 \tag{3.13}$$

表示的曲面称为一个**椭球面**, 方程 (3.13) 称为椭球面的**标准方程**.

当 $a=b=c$ 时, 椭球面 (3.13) 就是球面. 由方程 (3.13) 可知, 椭球面有如下基本性质:

(1) 对称性.

根据方程 (3.13) 易见, 坐标为 $(\pm x,\pm y,\pm z)$ 的八个点或者都满足方程, 或者都不满足方程, 因此该椭球面关于三个坐标面、三个坐标轴及原点都是对称的.

(2) 有界性.

由方程 (3.13) 可知, 椭球面上的点的坐标 $x,y,z$ 满足

$$\frac{x^2}{a^2}\leqslant 1,\frac{y^2}{b^2}\leqslant 1,\frac{z^2}{c^2}\leqslant 1 \iff |x|\leqslant a,|y|\leqslant b,|z|\leqslant c.$$

因此, 椭球面包含在由六个平面 $x=\pm a,y=\pm b,z=\pm c$ 所围成的长方体内. 这便是椭球面的有界性.

(3) 与坐标面的交线.

$$\begin{cases}\dfrac{x^2}{a^2}+\dfrac{y^2}{b^2}=1,\\ z=0;\end{cases}$$

$$\begin{cases}\dfrac{y^2}{b^2}+\dfrac{z^2}{c^2}=1,\\ x=0;\end{cases}$$

$$\begin{cases}\dfrac{x^2}{a^2}+\dfrac{z^2}{c^2}=1,\\ y=0.\end{cases}$$

它们都是椭圆.

(4) 与平行平面的交线.

与平行于 $Oxy$ 面的平面的交线 (也称为截口) 为

$$\begin{cases}\dfrac{x^2}{a^2}+\dfrac{y^2}{b^2}=1-\dfrac{h^2}{c^2},\\ z=h,\quad |h|<c.\end{cases}$$

它表示平面 $z=h$ 上的椭圆, 其顶点坐标为 $\left(\pm a\sqrt{1-\dfrac{h^2}{c^2}},0,h\right),\left(0,\pm b\sqrt{1-\dfrac{h^2}{c^2}},h\right)$.

它们分别在两个椭圆

$$\begin{cases} \dfrac{x^2}{a^2}+\dfrac{z^2}{c^2}=1, \\ y=0 \end{cases} \quad \begin{cases} \dfrac{y^2}{b^2}+\dfrac{z^2}{c^2}=1, \\ x=0 \end{cases} \tag{3.14}$$

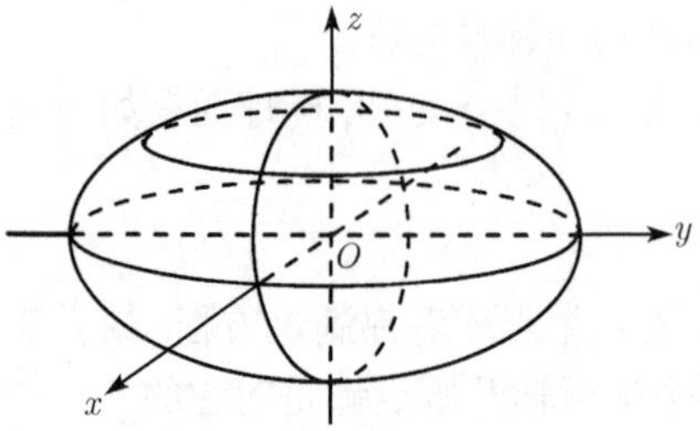

图 3.11

上. 因此, 椭球面可以看成是一族椭圆

$$\begin{cases} \dfrac{x^2}{a^2}+\dfrac{y^2}{b^2}=1-\dfrac{h^2}{c^2}, & -c\leqslant h\leqslant c \\ z=h, \end{cases}$$

所形成的图形. 易见, 这族动椭圆是位于平行于 $Oxy$ 的平面上, 其顶点始终在方程 (3.14) 给出的两个椭圆上. 如图 3.11 所示.

### 3.3.2 单叶双曲面和双叶双曲面

**定义 3.11** *由方程*

$$\frac{x^2}{a^2}+\frac{y^2}{b^2}-\frac{z^2}{c^2}=1, \quad a>0, b>0, c>0 \tag{3.15}$$

*所确定的曲面称为一个***单叶双曲面***, 方程 (3.15) 称为它的***标准方程**.

由方程 (3.15), 可以得到单叶双曲面的几个基本性质:

(1) 对称性.

单叶双曲面关于三个坐标面、三个坐标轴及原点都是对称的.

(2) 与坐标面的交线.

该曲面与 $Oxy$ 平面的交线是椭圆, 它称为单叶双曲面 (3.15) 的**腰椭圆**, 其方程为

$$\begin{cases} \dfrac{x^2}{a^2}+\dfrac{y^2}{b^2}=1, \\ z=0. \end{cases}$$

该曲面与 $Oyz$ 面和 $Ozx$ 面的交线分别是双曲线

$$\begin{cases} \dfrac{y^2}{b^2}-\dfrac{z^2}{c^2}=1, \\ x=0; \end{cases} \tag{3.16}$$

$$\begin{cases} \dfrac{x^2}{a^2}-\dfrac{z^2}{c^2}=1, \\ y=0. \end{cases} \tag{3.17}$$

(3) 与平行平面的交线.

该曲面与平行于 $Oxy$ 面的平面的交线是

$$\begin{cases} \dfrac{x^2}{a^2}+\dfrac{y^2}{b^2}=1+\dfrac{h^2}{c^2}, \\ z=h, \end{cases} \quad -\infty<h<+\infty. \tag{3.18}$$

这是一族椭圆, 它的顶点为

$$\left(\pm a\sqrt{1+\frac{h^2}{c^2}},0,h\right),\quad \left(0,\pm b\sqrt{1+\frac{h^2}{c^2}},h\right).$$

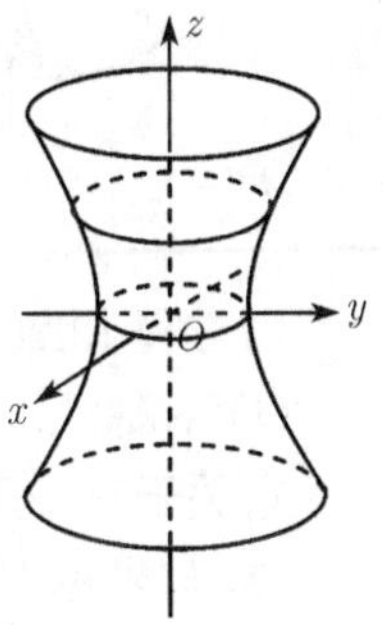

图 3.12

它们分别在双曲线 (3.17) 和 (3.16) 上, 因此单叶双曲面也可以看成是以式 (3.18) 为方程的一族椭圆所组成的图形, 椭圆族中的每一椭圆都在一个平行于 $Oxy$ 面的平面上, 其顶点在双曲线 (3.16) 和 (3.17) 上, 如图 3.12 所示.

单叶双曲面 (3.15) 与平面 $y=h$ 的交线为

$$\begin{cases} \dfrac{x^2}{a^2}-\dfrac{z^2}{c^2}=1-\dfrac{h^2}{b^2}, \\ y=h. \end{cases} \tag{3.19}$$

(i) 当 $|h|<b$ 时, 交线 (3.19) 是实轴平行于 $Ox$ 轴的双曲线, 其顶点

$$\left(\pm a\sqrt{1-\frac{h^2}{b^2}},h,0\right)$$

在腰椭圆上.

(ii) 当 $|h|>b$ 时, 交线 (3.19) 是实轴平行于 $Oz$ 轴的双曲线, 其顶点

$$\left(0,h,\pm c\sqrt{\frac{h^2}{b^2}-1}\right)$$

在双曲线 (3.16) 上.

(iii) 当 $|h|=b$ 时, 交线 (3.19) 表示两条直线, 例如当 $h=b$ 时, 为直线

$$\begin{cases} \dfrac{x}{a}+\dfrac{z}{c}=0, \\ y=b; \end{cases} \qquad \begin{cases} \dfrac{x}{a}-\dfrac{z}{c}=0, \\ y=b. \end{cases}$$

同理, 可考虑它与平面 $x=h$ 的交线, 如图 3.13 所示.

**定义 3.12** 由方程

$$\frac{x^2}{a^2}+\frac{y^2}{b^2}-\frac{z^2}{c^2}=-1,\quad a>0,b>0,c>0 \tag{3.20}$$

表示的曲面称为一个**双叶双曲面**, 方程 (3.20) 称为双叶双曲面的**标准方程**.

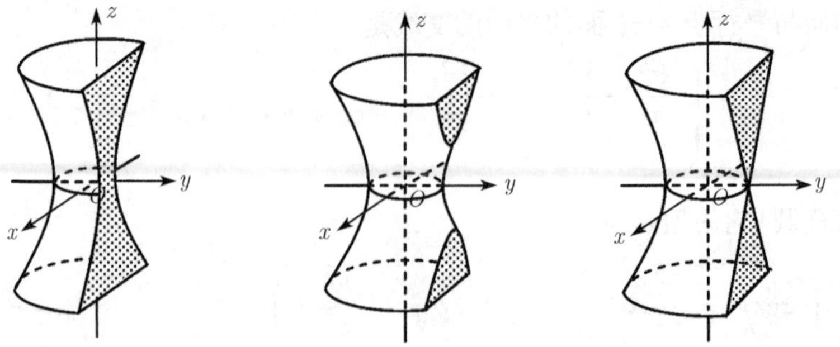


图 3.13

由方程 (3.20), 可以得到双叶双曲面的几个基本性质:

(1) 对称性.

它关于三个坐标面、三个坐标轴及原点都是对称的.

(2) 与坐标面的交线.

双叶双曲面 (3.20) 与 $Oxy$ 平面不相交; 它与 $Oyz$ 平面和 $Ozx$ 平面的交线分别是双曲线

$$\begin{cases} \dfrac{y^2}{b^2} - \dfrac{z^2}{c^2} = -1, \\ x = 0; \end{cases} \tag{3.21}$$

$$\begin{cases} \dfrac{x^2}{a^2} - \dfrac{z^2}{c^2} = -1, \\ y = 0. \end{cases} \tag{3.22}$$

(3) 平行截线.

用平面 $z = h$ ($|h| \geqslant c$) 截双叶双曲面, 得截线方程为

$$\begin{cases} \dfrac{x^2}{a^2} + \dfrac{y^2}{b^2} = \dfrac{h^2}{c^2} - 1, \\ z = h. \end{cases}$$

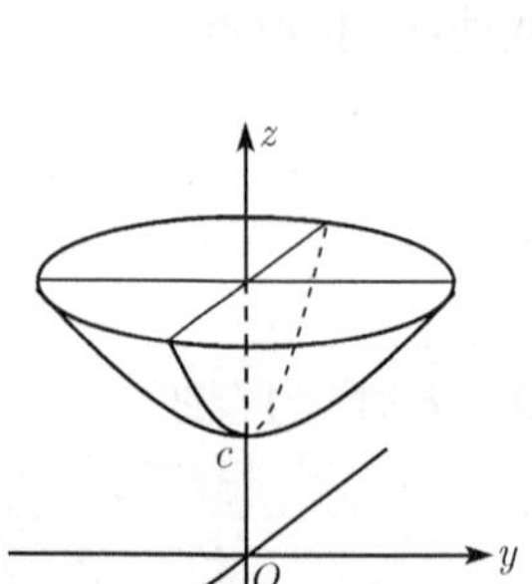


图 3.14

它表示平面 $z = h$ 上的椭圆, 顶点是

$$\left(\pm a\sqrt{\frac{h^2}{c^2} - 1}, 0, h\right), \quad \left(0, \pm b\sqrt{\frac{h^2}{c^2} - 1}, h\right).$$

这些顶点分别在双曲线 (3.22) 和 (3.21) 上, 如图 3.14 所示. 同理可讨论其他类型的平行截线. 单叶双曲面和双叶双曲面统称为**双曲面**.

### 3.3.3 椭圆抛物面和双曲抛物面

**定义 3.13** 由方程

$$\frac{x^2}{a^2}+\frac{y^2}{b^2}=2z,\quad a>0,b>0 \tag{3.23}$$

所确定的曲面称为一个**椭圆抛物面**, 方程 (3.23) 称为椭圆抛物面的**标准方程**.

由方程 (3.23), 可以得到椭圆抛物面的几个基本性质:

(1) 对称性.

曲面 (3.23) 关于 $Oyz$ 平面和 $Oxz$ 平面都是对称的, 并且关于 $Oz$ 轴也是对称的.

(2) 图形的范围.

由方程 (3.23) 得知 $z\geqslant 0$, 因此在 $Oxy$ 平面的下方没有曲面上的点.

(3) 与坐标平面的交线.

曲面 (3.23) 与 $Oxy$ 平面只交一点. 与 $Oyz$ 平面和 $Oxz$ 平面的交线分别是抛物线

$$\begin{cases}\dfrac{y^2}{b^2}=2z,\\ x=0;\end{cases} \tag{3.24}$$

$$\begin{cases}\dfrac{x^2}{a^2}=2z,\\ y=0.\end{cases} \tag{3.25}$$

(4) 与平行平面的交线.

曲面 (3.23) 与平面 $z=h$ $(h>0)$ 的交线是椭圆

$$\begin{cases}\dfrac{x^2}{a^2}+\dfrac{y^2}{b^2}=2h,\\ z=h,\end{cases}\quad h>0. \tag{3.26}$$

椭圆的顶点 $(\pm a\sqrt{2h},0,h)$ 和 $(0,\pm b\sqrt{2h},h)$ 分别在抛物线 (3.25) 和 (3.24) 上.

因此, 可以把椭圆抛物面看成是由以 (3.26) 为方程的一族椭圆所形成的曲面, 而族中的每一个椭圆都位于一个与坐标面 $Oxy$ 平行的平面上, 并且其顶点分别在抛物线 (3.24) 和 (3.25) 上.

与平面 $y=h$ 的交线是抛物线

$$\begin{cases}\dfrac{x^2}{a^2}=2\left(z-\dfrac{h^2}{2b^2}\right),\\ y=h.\end{cases} \tag{3.27}$$

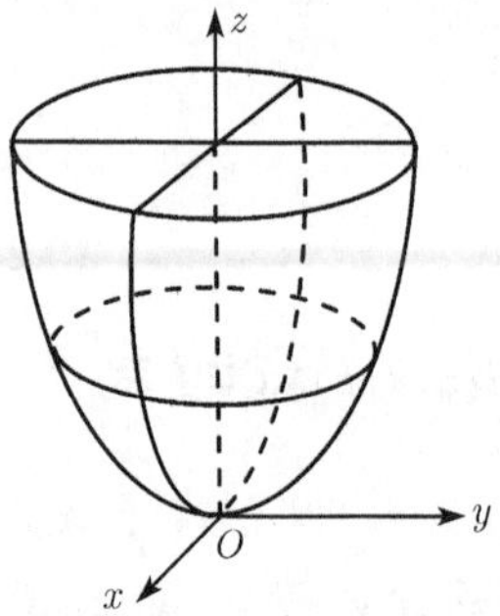

图 3.15

对于所有 $h$ 的值, 抛物线的顶点 $\left(0, h, \dfrac{h^2}{2b^2}\right)$ 是在抛物线 (3.24) 上. 因此, 也可以把椭圆抛物面看成是由一族抛物线 (3.27) 所形成的曲面, 而族中的每一条抛物线对位于一个与坐标面 $Oxz$ 平行的平面上, 并且其顶点始终在抛物线 (3.24) 上, 如图 3.15 所示.

同理可以讨论与 $x = h$ 的交线.

**定义 3.14** 由方程

$$\frac{x^2}{a^2} - \frac{y^2}{b^2} = 2z, \quad a > 0, b > 0 \tag{3.28}$$

所确定的曲面称为一个**双曲抛物面**, 方程 (3.28) 称为双曲抛物面的**标准方程**.

由方程 (3.28), 可以得到双曲抛物面的几个基本性质:

(1) 对称性.

曲面 (3.28) 关于 $Oyz$ 平面和 $Oxz$ 平面对称, 关于 $Oz$ 轴对称.

(2) 与坐标平面的交线.

曲面 (3.28) 与 $Oxy$ 平面的交线是相交于原点的两条直线, 其方程为

$$\begin{cases} \dfrac{x}{a} + \dfrac{y}{b} = 0, \\ z = 0, \end{cases} \qquad \begin{cases} \dfrac{x}{a} - \dfrac{y}{b} = 0, \\ z = 0. \end{cases} \tag{3.29}$$

与 $Oyz$ 平面和 $Ozx$ 平面的交线分别为

$$\begin{cases} y^2 = -2b^2 z, \\ x = 0; \end{cases} \tag{3.30}$$

$$\begin{cases} x^2 = 2a^2 z, \\ y = 0. \end{cases} \tag{3.31}$$

它们都是以 $Oz$ 轴为对称轴、以原点为顶点的抛物线.

(3) 与平行平面的交线.

曲面 (3.28) 与 $z = h$ 的交线方程为

$$\begin{cases} \dfrac{x^2}{a^2} - \dfrac{y^2}{b^2} = 2h, \\ z = h. \end{cases} \tag{3.32}$$

(i) 当 $h > 0$ 时, 它表示实轴平行于 $Ox$ 轴、虚轴平行于 $Oy$ 轴的双曲线, 顶点 $(\pm a\sqrt{2h}, 0, h)$ 在抛物线 (3.31) 上.

(ii) 当 $h=0$ 时, 它表示两条相交直线.

(iii) 当 $h<0$ 时, 它表示实轴平行于 $Oy$ 轴、虚轴平行于 $Ox$ 轴的双曲线, 顶点 $(0,\pm b\sqrt{-2h},h)$ 在抛物线 (3.30) 上, 如图 3.16 所示.

曲面 (3.28) 与 $y=h$ 和 $x=h$ 的交线分别是抛物线

$$\begin{cases} x^2=2a^2\left(z+\dfrac{h^2}{2b^2}\right), \\ y=h; \end{cases} \tag{3.33}$$

$$\begin{cases} y^2=-2b^2\left(z-\dfrac{h^2}{2a^2}\right), \\ x=h. \end{cases} \tag{3.34}$$

其形状分别与抛物线 (3.31) 和 (3.30) 相同, 顶点 $\left(0,h,-\dfrac{h^2}{2b^2}\right)$ 和 $\left(h,0,\dfrac{h^2}{2a^2}\right)$ 分别在抛物线 (3.30) 和 (3.31) 上, 如图 3.16 所示.

与椭圆抛物面相仿, 双曲抛物面也可以看作由抛物线 (3.31) 平行移动, 使其顶点始终位于抛物线 (3.30) 上而产生的曲面. 当然, 也可以看成是由抛物线 (3.30) 平行移动, 使其顶点始终位于抛物线 (3.31) 上而产生的曲面. 在原点附近, 双曲抛物面形状像马鞍, 因此, 它也称为**马鞍面**, 如图 3.17 所示.

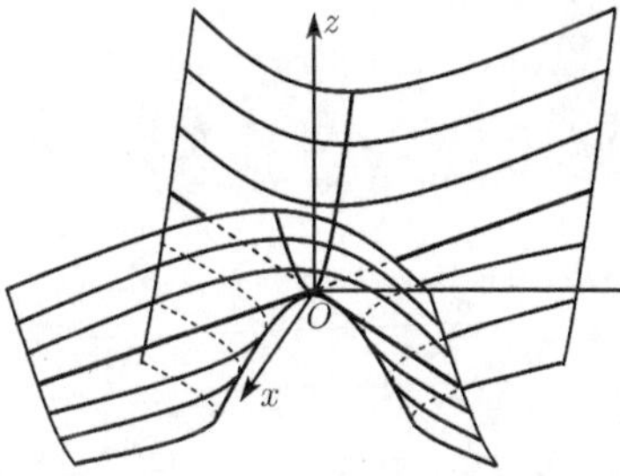


图 3.16

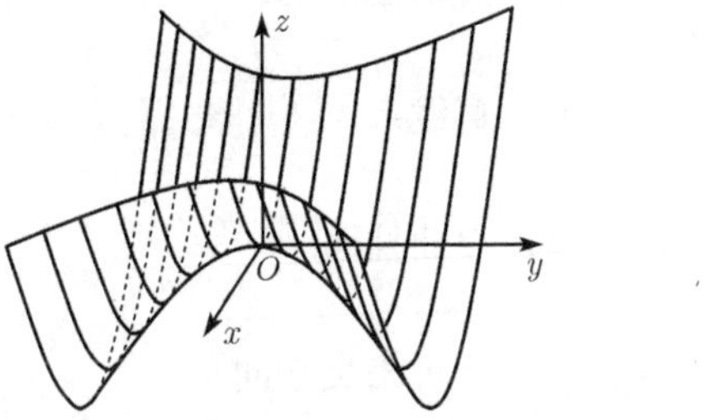


图 3.17

### 3.3.4 二次曲面的种类

以下列出我们学过的 17 种二次曲面. 应用高等代数中提供的工具, 可以证明任何一个二次曲面的方程都可以经过适当的坐标变换化为这 17 种形式之一.

1. 椭球面

① 椭球面: $\dfrac{x^2}{a^2}+\dfrac{y^2}{b^2}+\dfrac{z^2}{c^2}=1;$

② 虚椭球面: $\dfrac{x^2}{a^2}+\dfrac{y^2}{b^2}+\dfrac{z^2}{c^2}=-1;$

③ 点: $\frac{x^2}{a^2}+\frac{y^2}{b^2}+\frac{z^2}{c^2}=0$;

2. **双曲面**

④ 单叶双曲面: $\frac{x^2}{a^2}+\frac{y^2}{b^2}-\frac{z^2}{c^2}=1$;

⑤ 双叶双曲面: $\frac{x^2}{a^2}+\frac{y^2}{b^2}-\frac{z^2}{c^2}=-1$;

3. **抛物面**

⑥ 椭圆抛物面: $\frac{x^2}{a^2}+\frac{y^2}{b^2}=2z$;

⑦ 双曲抛物面: $\frac{x^2}{a^2}-\frac{y^2}{b^2}=2z$;

4. **二次锥面**

⑧ 二次锥面: $\frac{x^2}{a^2}+\frac{y^2}{b^2}-\frac{z^2}{c^2}=0$;

5. **二次柱面**

⑨ 椭圆柱面: $\frac{x^2}{a^2}+\frac{y^2}{b^2}=1$;

⑩ 虚椭圆柱面: $\frac{x^2}{a^2}+\frac{y^2}{b^2}=-1$;

⑪ 直线: $\frac{x^2}{a^2}+\frac{y^2}{b^2}=0$;

⑫ 双曲柱面: $\frac{x^2}{a^2}-\frac{y^2}{b^2}=1$;

⑬ 一对相交平面: $\frac{x^2}{a^2}-\frac{y^2}{b^2}=0$;

⑭ 抛物柱面: $x^2=2py$;

⑮ 一对平行平面: $x^2=a^2$;

⑯ 一对虚平行平面: $x^2=-a^2$;

⑰ 一对重合平面: $x^2=0$.

## 习　题　3.3

1. 求平面 $z=1$ 截椭球面 $\frac{x^2}{16}+\frac{y^2}{12}+\frac{z^2}{4}=1$ 所得的椭圆的四个顶点的坐标, 并作出草图.

2. 设 $P$ 为椭球面 $\frac{x^2}{a^2}+\frac{y^2}{b^2}+\frac{z^2}{c^2}=1$ 上一点. 若令 $\left|\overrightarrow{OP}\right|=r$ 且 $\overrightarrow{OP}$ 的方向余弦为

$\lambda, \mu, \nu$, 试证:

$$\frac{1}{r^2} = \frac{\lambda^2}{a^2} + \frac{\mu^2}{b^2} + \frac{\nu^2}{c^2}.$$

3. 由椭球面 $\frac{x^2}{a^2} + \frac{y^2}{b^2} + \frac{z^2}{c^2} = 1$ 的中心, 引三条两两相互垂直的射线, 分别交该椭球面于 $P_1, P_2, P_3$, 设 $\left|\overrightarrow{OP_1}\right| = r_1, \left|\overrightarrow{OP_2}\right| = r_2, \left|\overrightarrow{OP_3}\right| = r_3$, 试证:

$$\frac{1}{r_1^2} + \frac{1}{r_2^2} + \frac{1}{r_3^2} = \frac{1}{a^2} + \frac{1}{b^2} + \frac{1}{c^2}.$$

4. 求单叶双曲面 $\frac{x^2}{16} + \frac{y^2}{4} - \frac{z^2}{5} = 1$ 与平面 $x - 2z + 3 = 0$ 的交线关于 $Oxy$ 平面的射影柱面.

5. 已知单叶双曲面 $\frac{x^2}{4} + \frac{y^2}{9} - \frac{z^2}{4} = 1$. 试求两对与某坐标面平行的平面, 使得它们与该单叶双曲面的交线分别是一对直线.

6. 给定方程:

$$\frac{x^2}{a^2 - \lambda} + \frac{y^2}{b^2 - \lambda} + \frac{z^2}{c^2 - \lambda} = 1, \quad a > b > c > 0,$$

试对 $\lambda$ 的各种取值 (使得分母非零), 指出方程表示的是何种曲面.

7. 给定二次曲面:

$$\frac{x^2}{a - \lambda} + \frac{y^2}{b - \lambda} = z, \quad a > b > 0,$$

其中 $a, b$ 为常数, $\lambda$ 为参数. 试分别给出使得此曲面为椭圆抛物面和双曲抛物面的参数 $\lambda$ 的取值范围.

8. 验证如下的参数方程

$$\begin{cases} x = au\cos v, \\ y = bu\sin v, \\ z = \frac{1}{2}u^2, \end{cases} \qquad \begin{cases} x = a(u + v), \\ y = a(u - v), \\ z = 2uv \end{cases}$$

分别是椭圆抛物面和双曲抛物面的参数方程.

9. 试根据 $\lambda$ 的值讨论下列方程表示何种曲面:

(1) $3x^2 - 4y^2 = 2z^2 + \lambda$;

(2) $x^2 + 2y^2 + 3z^2 = \lambda + \frac{1}{5}$;

(3) $x^2 = \lambda(y^2 + z^2)$;

(4) $\lambda x^2 + y^2 = (\lambda + 1)z$;

(5) $\lambda x^2 + 2x + 1 + z^2 = 0$.

*10. 给定一个椭球面

$$\Sigma: \frac{x^2}{4} + \frac{y^2}{9} + \frac{z^2}{16} = 1.$$

证明: 过原点且与 $\Sigma$ 的交线为圆的平面存在且仅有两个, 并给出这两个截面的方程.

*11. 设 $l_1$ 和 $l_2$ 是互不垂直的异面直线. 试证明 $l_1$ 绕 $l_2$ 旋转所得的旋转曲面是单叶双曲面.

*12. 试指出一条直线绕另一条直线旋转可能产生的曲面的种类.

## 3.4 直 纹 面

**定义 3.15** 由一族直线产生的曲面称为一个**直纹面**, 这族直线中的每一条直线叫做该直纹面的一条**直母线**.

显然, 柱面、锥面都是直纹面. 本节将证明: 单叶双曲面及双曲抛物面都是直纹面, 并且其上每一点都恰有两条直母线通过.

### 3.4.1 单叶双曲面的直纹性

给定一个单叶双曲面

$$\Sigma: \frac{x^2}{a^2}+\frac{y^2}{b^2}-\frac{z^2}{c^2}=1, \quad a>0, b>0, c>0. \tag{3.35}$$

将上式移项并分解因式, 得到

$$\left(\frac{x}{a}+\frac{z}{c}\right)\left(\frac{x}{a}-\frac{z}{c}\right)=\left(1+\frac{y}{b}\right)\left(1-\frac{y}{b}\right). \tag{3.36}$$

于是, 有如下两个比式相等:

$$\frac{1+\dfrac{y}{b}}{\dfrac{x}{a}+\dfrac{z}{c}}=\frac{\dfrac{x}{a}-\dfrac{z}{c}}{1-\dfrac{y}{b}}\ \left(=\frac{\lambda}{\mu}\right), \tag{3.37}$$

以及

$$\frac{1-\dfrac{y}{b}}{\dfrac{x}{a}+\dfrac{z}{c}}=\frac{\dfrac{x}{a}-\dfrac{z}{c}}{1+\dfrac{y}{b}}\ \left(=\frac{\lambda'}{\mu'}\right). \tag{3.38}$$

将式 (3.37) 和式 (3.38) 视作比式而不视作分式, 这样可以避免分母为零的麻烦, 以简化相关的讨论. 首先讨论比式 (3.37). 如果该比值为 $\lambda:\mu$, 易见, $\lambda$ 和 $\mu$ 不能同时为零. 由式 (3.37) 得到如下方程:

$$l_{\lambda\mu}: \begin{cases} \lambda\left(\dfrac{x}{a}+\dfrac{z}{c}\right)=\mu\left(1+\dfrac{y}{b}\right), \\ \mu\left(\dfrac{x}{a}-\dfrac{z}{c}\right)=\lambda\left(1-\dfrac{y}{b}\right), \end{cases} \tag{3.39}$$

其中 $\lambda, \mu$ 为不同时为零的参数. 易见, 式 (3.39) 表示一族直线.

下面来证明：单叶双曲面 (3.35) 就是由直线族 (3.39) 所生成的曲面. 为此, 需证明如下两点：

(1) 直线族 (3.39) 中的每一条直线都在单叶双曲面上.

实际上, 若 $\lambda\mu \neq 0$, 则从式 (3.39) 消去参数 $\lambda$, $\mu$, 即得式 (3.35); 若 $\lambda = 0$, 则 $\mu \neq 0$, 从而方程 (3.39) 等价于

$$l:\begin{cases} 1+\dfrac{y}{b}=0, \\ \dfrac{x}{a}-\dfrac{z}{c}=0, \end{cases}$$

显然, 直线 $l$ 在曲面 $\Sigma$ 上; 同理, 当 $\mu = 0$ 而 $\lambda \neq 0$ 时, 仍然有方程 (3.39) 表示一条在曲面 $\Sigma$ 上的直线. 综上可知, 直线族 (3.39) 中每一条直线都在曲面 $\Sigma$ 上.

(2) 对于单叶双曲面 $\Sigma$ 上的每一点, 必有直线族 (3.39) 中的一条直线通过该点.

实际上, 任取 $P_0(x_0, y_0, z_0) \in \Sigma$, 注意到 $1-\dfrac{y_0}{b}$ 与 $1+\dfrac{y_0}{b}$ 不同时为零, 因此

$$\begin{cases} \lambda\left(\dfrac{x_0}{a}+\dfrac{z_0}{c}\right)=\mu\left(1+\dfrac{y_0}{b}\right), \\ \mu\left(\dfrac{x_0}{a}-\dfrac{z_0}{c}\right)=\lambda\left(1-\dfrac{y_0}{b}\right) \end{cases} \Longrightarrow \lambda{:}\mu=\begin{cases} \left(1+\dfrac{y_0}{b}\right):\left(\dfrac{x_0}{a}+\dfrac{z_0}{c}\right), & 1+\dfrac{y_0}{b}\neq 0; \\ \left(\dfrac{x_0}{a}-\dfrac{z_0}{c}\right):\left(1-\dfrac{y_0}{b}\right), & 1+\dfrac{y_0}{b}=0. \end{cases}$$

将上述比值 $\lambda{:}\mu$ 代入方程 (3.39), 即得通过 $P_0$ 的一条直母线 (利用 (1) 的结论).

由 (1) 和 (2), 已经证明了直线族 (3.39) 生成单叶双曲面 $\Sigma$.

对于方程 (3.38), 可以将其表示成

$$l_{\lambda'\mu'}:\begin{cases} \lambda'\left(\dfrac{x}{a}+\dfrac{z}{c}\right)=\mu'\left(1-\dfrac{y}{b}\right), \\ \mu'\left(\dfrac{x}{a}-\dfrac{z}{c}\right)=\lambda'\left(1+\dfrac{y}{b}\right), \end{cases} \tag{3.40}$$

其中 $\lambda'$, $\mu'$ 不同时为零. 经相似的讨论可知, 直线族 (3.40) 也是生成单叶双曲面 $\Sigma$ 的一族直母线, 如图 3.18 所示.

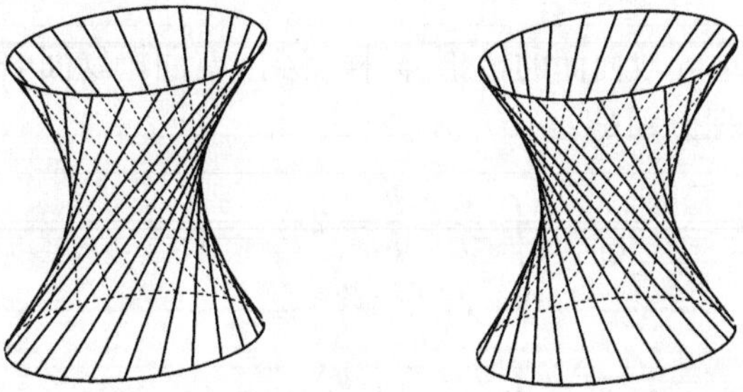

图 3.18

因此, 单叶双曲面是直纹面, 它有两族不同的直母线 (3.39) 和 (3.40), 对于曲面上任意一点 $M$, 在每族直母线中有唯一的一条直母线通过 $M$.

可以证明单叶双曲面的直母线具有如下性质:

(1) 异族的两直母线必共面;

(2) 同族的两直母线必异面;

(3) 同族的任意三条直母线, 不平行于同一个平面;

(4) 每一条直母线都与腰椭圆相交.

**例 3.10**　求单叶双曲面

$$\frac{x^2}{4}+y^2-\frac{z^2}{9}=1$$

上过点 $(2,-1,3)$ 的直母线方程.

**解**　设所求两条直母线的方程为

$$\begin{cases}\lambda\left(\dfrac{x}{2}+\dfrac{z}{3}\right)=\mu(1+y),\\ \mu\left(\dfrac{x}{2}-\dfrac{z}{3}\right)=\lambda(1-y),\end{cases}\qquad \begin{cases}\lambda'\left(\dfrac{x}{2}+\dfrac{z}{3}\right)=\mu'(1-y),\\ \mu'\left(\dfrac{x}{2}-\dfrac{z}{3}\right)=\lambda'(1+y).\end{cases}$$

将 $(2,-1,3)$ 分别代入这两个方程, 由第一个方程求得 $\lambda{:}\mu=0:1$; 由第二个方程求得 $\lambda'{:}\mu'=1{:}1$. 将这两对比分别代入两个方程中, 得到所求的直母线方程为

$$\begin{cases}1+y=0,\\ 3x-2z=0,\end{cases}\qquad \begin{cases}3x+6y+2z-6=0,\\ 3x-6y-2z-6=0.\end{cases}$$ □

### 3.4.2　双曲抛物面的直纹性

给定一个双曲抛物面

$$\frac{x^2}{a^2}-\frac{y^2}{b^2}=2z,\quad a>0,b>0. \tag{3.41}$$

仿照上述对于单叶双曲面的讨论, 同样得到: 双曲抛物面 (3.41) 有两族直母线 (图 3.19) 它们的方程分别是

$$\begin{cases}\dfrac{x}{a}+\dfrac{y}{b}=2\lambda,\\ \lambda\left(\dfrac{x}{a}-\dfrac{y}{b}\right)=z;\end{cases} \tag{3.42}$$

$$\begin{cases}\mu\left(\dfrac{x}{a}+\dfrac{y}{b}\right)=z,\\ \dfrac{x}{a}-\dfrac{y}{b}=2\mu,\end{cases} \tag{3.43}$$

同样, 对于双曲抛物面 (3.41) 上任意一点, 直母线族 (3.42) 与 (3.43) 中分别各有且仅有一条直母线通过该点.

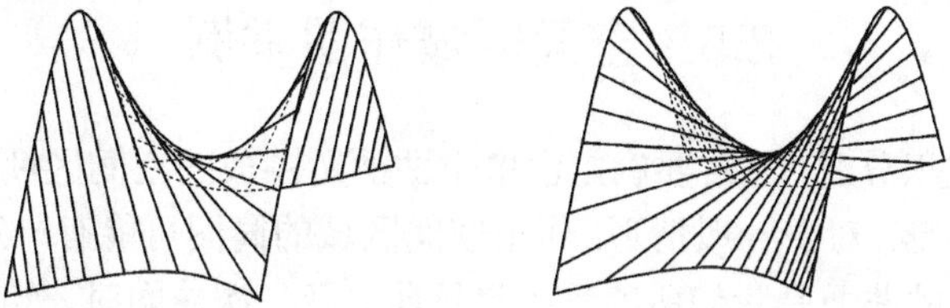

图 3.19

双曲抛物面的直母线有下列性质:

(1) 异族的两条直母线必相交;

(2) 同族的两条直母线必异面;

(3) 同族的所有直母线都垂直于同一条直线.

单叶双曲面和双曲抛物面的直纹性, 在工程中具有十分广泛的应用. 例如, 为了建造一座单叶双曲面形状的建筑物, 可以用直钢筋按照单叶双曲面的两族直母线的分布方式制作它的骨架, 这种结构既坚固耐用, 又便于施工.

## 习 题 3.4

1. 试求单叶双曲面 $\dfrac{x^2}{4}+\dfrac{y^2}{9}-\dfrac{z^2}{16}=1$ 上过点 $(2,3,4)$ 的直母线方程.

2. 在双曲抛物面 $x^2-y^2=2z$ 上, 求平行于平面 $x+y+z=1$ 的直母线方程.

3. 求单叶双曲面 $\dfrac{x^2}{a^2}+\dfrac{y^2}{b^2}-\dfrac{z^2}{c^2}=1$ 上过点 $(a\cos\theta,b\sin\theta,0)$ 的两条直母线.

*4. 证明通过单叶双曲面的腰椭圆的任一直径的两个端点 (即通过腰椭圆的中心、且与腰椭圆在同一平面上的直线与腰椭圆的两个交点) 的异族两条直母线必相互平行.

提示: 利用第 3 题的结论.

*5. 对于双曲抛物面 $\dfrac{x^2}{a^2}-\dfrac{y^2}{b^2}=2z$, 证明:

(1) 异族两条直母线必相交;

(2) 同族两条直母线必异面;

(3) 同族的所有直母线都垂直于同一条直线.

*6. 在双曲抛物面 $x^2-y^2=2z$ 上, 求相互垂直的直母线交点的轨迹.

*7. 对于单叶双曲面 $\dfrac{x^2}{a^2}+\dfrac{y^2}{b^2}-\dfrac{z^2}{c^2}=1$, 证明:

(1) 异族的两直母线必共面;

(2) 同族的两直母线必异面;

(3) 同族的任意三条直母线, 不平行于同一平面;

(4) 每一条直母线都与腰椭圆相交.

## 3.5 空间区域作图举例

在计算三重积分时, 通常要确定由多个曲面所围成的空间区域的大致形状, 并画出它的简单图形. 对于一般情形, 作出空间区域的简图可能有一定的难度. 但是, 当围成空间区域的曲面是我们所熟悉的常见曲面及二次曲面时, 作图的关键是画出这些常见曲面及二次曲面相互之间的交线. 因此, 问题归结为如何画出两个给定曲面的交线.

**例 3.11**　画出由下列不等式所确定的空间区域的简图：$x \geqslant 0, y \geqslant 0, z \geqslant 0, x^2+y^2 \leqslant a^2, y^2+z^2 \leqslant a^2$, 其中 $a>0$.

**解**　这是一个由位于两个柱面的内部且在第一卦限的点所组成的空间区域. 作图步骤如下：

(1) 分别作出柱面 $x^2+y^2=a^2$ 和 $y^2+z^2=a^2$ 与 $Oxy$ 平面和 $Oyz$ 平面的交线 $C_1, C_2$;

(2) 为了得到两个柱面的交线, 在 $Oy$ 轴适当取一点 $P$, 过 $P$ 作 $Ox$ 轴的平行线交 $C_1$ 于 $Q$; 过 $P$ 作 $Oz$ 轴的平行线交 $C_2$ 于 $R$;

(3) 过 $Q, R$ 作各自所在的柱面的母线, 相交于 $S$, 则点 $S$ 在两柱面的交线上;

(4) 在 $Oy$ 轴上再选取若干个点, 重复 (2), (3) 两个步骤, 便得到两个柱面的交线上的若干个点, 把它们圆滑地连接起来便得到了两柱面的交线的简图, 如图 3.20 所示. □

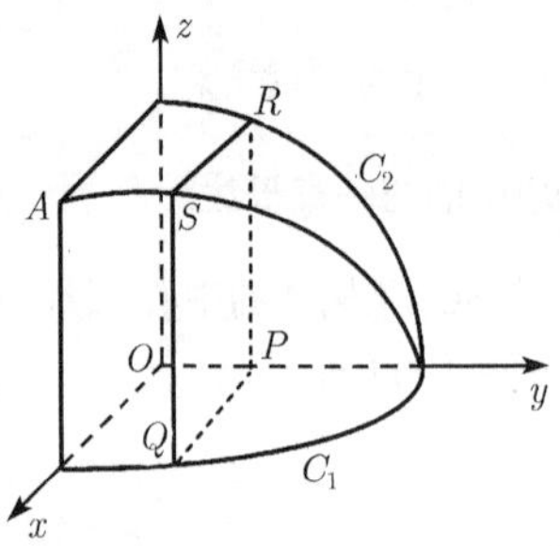


图 3.20

**例 3.12**　作出由三个坐标面、平面 $x+y=2$ 和旋转抛物面 $x^2+y^2-2z=0$ 所围成的空间区域的简图.

**解**　易见, 所求的空间区域是由 $x=0, y=0, x+y=2$ 这三个平面所围成的三棱柱介于 $z=0$ 和旋转抛物面 $x^2+y^2-2z=0$ 之间的部分. 作图步骤如下：

(1) 首先注意到三棱柱的三条棱是过原点、$A(2,0,0)$ 及 $B(0,2,0)$ 分别平行于 $Oz$ 轴的三条直线. 容易计算, 过 $A$ 和 $B$ 的棱与抛物面的交点分别为 $C(2,0,2)$ 和 $D(0,2,2)$. 从而可以画出线段 $AB$, $AC$ 和 $BD$.

(2) 作出抛物面与两个坐标面 $y=0$ 及 $x=0$ 的交线 $\overset{\frown}{OC}$ 和 $\overset{\frown}{OD}$.

(3) 作出抛物面与平面 $x+y=2$ 的交线 $\overset{\frown}{DC}$. 如图 3.21 所示. □

**例 3.13** 作出由曲面 $x^2+y^2=6z$ 和 $x^2+y^2+z^2=16$ 围成的空间区域 $\Omega$ 的简图.

**解** (1) 作出球面 $x^2+y^2+z^2=16$ 的简图.

(2) 作出旋转抛物面 $x^2+y^2=6z$ 的简图.

(3) 作出球面与旋转抛物面的交线

$$\begin{cases} x^2+y^2=12, \\ z=2 \end{cases}$$

的简图.

(4) 作出坐标面 $Ozx$ 和 $Oyz$ 分别与球面和旋转抛物面的交线. 如图 3.22 所示. □

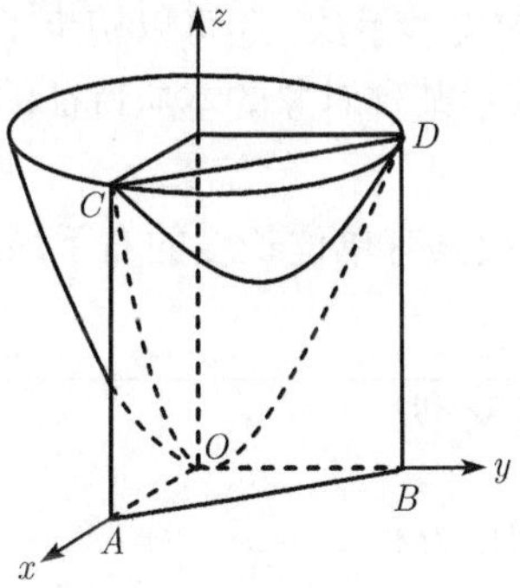


图 3.21

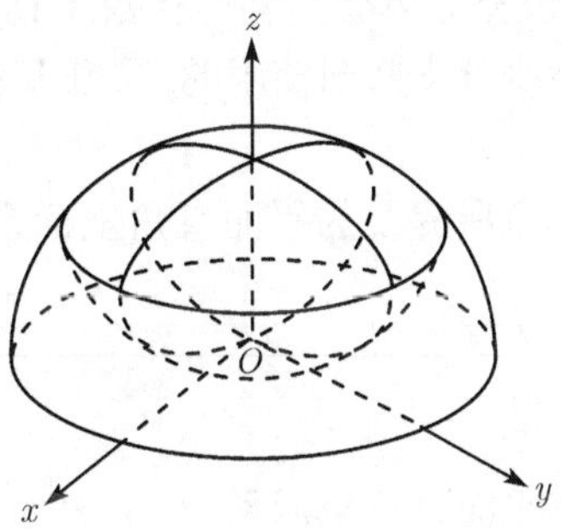


图 3.22

## 习 题 3.5

1. 试作出由 $x=0, y=0, z=0, x+2y=4$ 和 $z=-6-x^2$ 所围成的空间区域的简图.
2. 试作出由 $x^2+y^2=2z, x^2+y^2=4x$ 和平面 $z=0$ 所围成的空间区域的简图.
3. 试作出由 $y=\sqrt{x}, y=0, z=0$ 和 $x+z=\dfrac{\pi}{2}$ 所围成的空间区域的简图.
4. 试作出由 $z=\sqrt{x^2+y^2}, x^2+y^2=2y$ 和 $Oxy$ 平面所围成的空间区域的简图.

# 第 4 章　二次曲线的分类

本章首先介绍具有相同单位长度的平面右手直角坐标系间的变换公式, 并讨论坐标变换对曲线方程的影响. 然后利用坐标变换的工具来研究一般二次曲线的性质和分类, 进而得到二次曲线的分类结果及二次曲线的几个不变量; 利用不变量确定二次曲线的形状及标准方程, 并进而求其各重要数据, 这是平面解析几何的历史上极为漂亮的成就. 读者在学习了中学的平面解析几何及前几章的内容后学习这一部分, 可以充分体会到利用代数工具解决几何问题的美妙手法, 还可以初步了解近代数学不少分支共同使用的, 寻找某种不变量借以表示某种对象的本质特征的基本途径.

本章所提及的平面直角坐标系都是指坐标向量具有单位长度的右手系.

## 4.1　平面的坐标变换

在平面直角坐标系 $\{O;\boldsymbol{i},\boldsymbol{j}\}$ (或 $Oxy$) 下, 考虑由方程 $x^2+y^2-2x-2y+1=0$ 所表示的平面图形. 将上述方程左端关于 $x,y$ 的多项式配方可得 $(x-1)^2+(y-1)^2=1$. 显然这是一个以 $O'(1,1)$ 为圆心, 以 $R=1$ 为半径的圆.

若在另一平面直角坐标系 $\{O';\boldsymbol{i},\boldsymbol{j}\}$ (或 $O'x'y'$) 下, 考虑上述同样圆的新方程, 则我们不难发现其解析表达式为 $x'^2+y'^2=1$.

由此可见, 采用不同的平面直角坐标系, 同一个图形的方程一般是不一样的. 为了便于对方程进行分析, 讨论它所代表图形的性质和形状, 总是尽可能地把坐标系选得适当, 使方程具有最简单的形式. 为此就要研究曲线在新、旧坐标系下方程的变化情况, 需要弄清楚平面上的同一点在两个直角坐标系下的坐标之间的关系, 即坐标变换公式.

本节首先分别介绍两种特殊的坐标变换, 然后研究一般的平面坐标变换.

### 4.1.1　移轴变换

设 $\{O;\boldsymbol{i},\boldsymbol{j}\}$ 与 $\{O';\boldsymbol{i},\boldsymbol{j}\}$ 是同一个平面上的两个坐标系, 它们的坐标轴具有相同的方向, 如图 4.1 所示.

设 $O'$ 在坐标系 $\{O;\boldsymbol{i},\boldsymbol{j}\}$ 下的坐标是 $(x_0,y_0)$, 平面上任一点 $P$ 在坐标系 $\{O;\boldsymbol{i},\boldsymbol{j}\}$ 和 $\{O';\boldsymbol{i},\boldsymbol{j}\}$ 下的坐标分别是 $(x,y)$ 与 $(x',y')$. 利用向量的线性运算可得

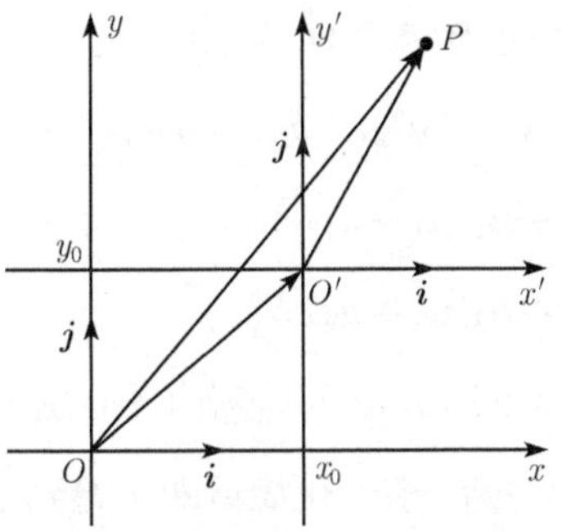


图 4.1

$$
\begin{aligned}
\overrightarrow{OP} &= \overrightarrow{OO'} + \overrightarrow{O'P} \\
&= (x_0\boldsymbol{i} + y_0\boldsymbol{j}) + (x'\boldsymbol{i} + y'\boldsymbol{j}) \\
&= (x_0 + x')\boldsymbol{i} + (y_0 + y')\boldsymbol{j}.
\end{aligned}
$$

另一方面, $\overrightarrow{OP} = x\boldsymbol{i} + y\boldsymbol{j}$. 由同一向量被不共线的两个向量线性表示方法的唯一性(命题 1.7) 可得 $(x, y)$ 与 $(x', y')$ 满足下面的坐标变换公式:

$$
\begin{cases} x = x' + x_0, \\ y = y' + y_0. \end{cases} \tag{4.1}
$$

这种坐标变换, 直观上看是把 $Ox$ 轴和 $Oy$ 轴分别平行移动, 因此被称为**移轴变换**, 简称为**移轴**.

坐标变换公式 (4.1) 中的旧坐标与新坐标是两个相对的概念, 不能绝对化! 如果用旧坐标表示新坐标, 那么就有

$$
\begin{cases} x' = x - x_0, \\ y' = y - y_0. \end{cases} \tag{4.2}
$$

式 (4.1) 和式 (4.2) 都是移轴的坐标变换公式. 因为 $O'$ 在坐标系 $\{O; \boldsymbol{i}, \boldsymbol{j}\}$ 下的坐标 $(x_0, y_0)$ 就完全决定了这个变换, 故今后说"作移轴 $(x_0, y_0)$", 就意味着作上述移轴变换.

现在考察移轴变换对曲线方程的影响.

**命题 4.1** 在平面直角坐标系 $\{O; \boldsymbol{i}, \boldsymbol{j}\}$ 下给定一条曲线 $C$, 假定它的方程为

$$
C: a_{11}x^2 + 2a_{12}xy + a_{22}y^2 + 2a_{13}x + 2a_{23}y + a_{33} = 0.
$$

则在移轴变换 $(x_0, y_0)$ 下, $C$ 的方程仍是一个二次方程. 若记 $C$ 在新坐标系 $\{O'; \boldsymbol{i}, \boldsymbol{j}\}$ 下的方程为

$$
a'_{11}x'^2 + 2a'_{12}x'y' + a'_{22}y'^2 + 2a'_{13}x' + 2a'_{23}y' + a'_{33} = 0,
$$

则新方程的系数与原方程的系数满足如下关系:

$$a'_{11}=a_{11},\quad a'_{12}=a_{12},\quad a'_{22}=a_{22};$$

$$a'_{13}=a_{11}x_0+a_{12}y_0+a_{13},$$

$$a'_{23}=a_{12}x_0+a_{22}y_0+a_{23};$$

$$a'_{33}=a_{11}x_0^2+2a_{12}x_0y_0+a_{22}y_0^2+2a_{13}x_0+2a_{23}y_0+a_{33}.$$

**证** 将式 (4.1) 代入原方程, 整理化简后即可得到上述结论. □

为了便于记忆, 令

$$F(x,y)\equiv a_{11}x^2+2a_{12}xy+a_{22}y^2+2a_{13}x+2a_{23}y+a_{33},$$

$$F_1(x,y)\equiv a_{11}x+a_{12}y+a_{13},$$

$$F_2(x,y)\equiv a_{12}x+a_{22}y+a_{23}.$$

则由命题 4.1 可知, 在移轴 (4.1) 下, 上述曲线方程 $F(x,y)=0$ 的系数的变换规律可归结为:

(1) 二次项系数保持不变;

(2) 一次项系数只和原方程的二次项及一次项系数有关, 分别变为 $2F_1(x_0,y_0)$ 与 $2F_2(x_0,y_0)$;

(3) 常数项变为原方程左端 $F(x,y)$ 在新原点 $(x_0,y_0)$ 处的函数值 $F(x_0,y_0)$.

值得注意的是, 二次项系数保持不变, 是指一开始曲线的方程就已经取定, 且接着仅是代入及整理, 不做同解变换. 否则, 将方程各项系数乘以某个不等于 1 的非零常数, 各项系数全变了. 以下提及的方程的系数不变, 或由某种代入和整理所得到的数值在某种变换下不变, 都遵循如上的约定.

**例 4.1** 设坐标变换公式是

$$\begin{cases} x=x'+x_0, \\ y=y'+y_0. \end{cases}$$

求圆锥曲线 $\dfrac{x^2}{a^2}+\dfrac{y^2}{b^2}=1$, $\dfrac{x^2}{a^2}-\dfrac{y^2}{b^2}=1$, $y^2=2px$ 在坐标系 $\{O';\boldsymbol{i},\boldsymbol{j}\}$ 下的方程.

**解** 将坐标变换公式分别代入题目中给出的三个曲线方程, 不难推得

$$\frac{x'^2}{a^2}+\frac{y'^2}{b^2}+\frac{2x_0}{a^2}x'+\frac{2y_0}{b^2}y'+\left(\frac{x_0^2}{a^2}+\frac{y_0^2}{b^2}-1\right)=0;$$

$$\frac{x'^2}{a^2}-\frac{y'^2}{b^2}+\frac{2x_0}{a^2}x'-\frac{2y_0}{b^2}y'+\left(\frac{x_0^2}{a^2}-\frac{y_0^2}{b^2}-1\right)=0;$$

$$y'^2-2px'+2y_0y'+(y_0^2-2px_0)=0.$$

□

### 4.1.2 转轴变换

设平面直角坐标系 $\{O;\boldsymbol{i},\boldsymbol{j}\}$ 与 $\{O;\boldsymbol{i}',\boldsymbol{j}'\}$ 有相同的原点, 从 $Ox$ 轴的正向逆时针旋转到 $Ox'$ 轴的正向, 转过的角度为 $\theta$. 如图 4.2 所示. 则 $\boldsymbol{i}',\boldsymbol{j}'$ 在旧坐标系 $\{O;\boldsymbol{i},\boldsymbol{j}\}$ 下的坐标为

$$\begin{cases} \boldsymbol{i}' = \boldsymbol{i}\cos\theta + \boldsymbol{j}\sin\theta, \\ \boldsymbol{j}' = -\boldsymbol{i}\sin\theta + \boldsymbol{j}\cos\theta. \end{cases}$$

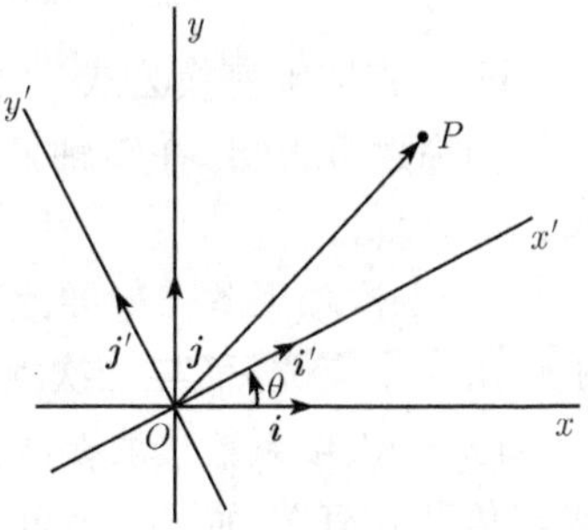


图 4.2

设平面上任一点 $P$ 的旧坐标为 $(x,y)$, 新坐标为 $(x',y')$, 利用向量的线性运算和上式可以推得

$$\begin{aligned} \overrightarrow{OP} &= x'\boldsymbol{i}' + y'\boldsymbol{j}' \\ &= x'(\boldsymbol{i}\cos\theta + \boldsymbol{j}\sin\theta) + y'(-\boldsymbol{i}\sin\theta + \boldsymbol{j}\cos\theta) \\ &= (x'\cos\theta - y'\sin\theta)\boldsymbol{i} + (x'\sin\theta + y'\cos\theta)\boldsymbol{j}. \end{aligned}$$

另外, $\overrightarrow{OP} = x\boldsymbol{i} + y\boldsymbol{j}$. 由此可得

$$\begin{cases} x = x'\cos\theta - y'\sin\theta, \\ y = x'\sin\theta + y'\cos\theta \end{cases} \tag{4.3}$$

或

$$\begin{cases} x' = x\cos\theta + y\sin\theta, \\ y' = -x\sin\theta + y\cos\theta. \end{cases} \tag{4.4}$$

由于此变换原点不变, 只是将坐标轴转了角度 $\theta$, 故被称为**转轴变换**, 简称**转轴** $\theta$. 式 (4.3) 和式 (4.4) 便是转轴 $\theta$ 的坐标变换公式.

下面考察转轴变换对一类曲线方程的影响.

**命题 4.2** *设 $C$ 为一条给定的平面曲线, 在平面直角坐标系 $\{O;\boldsymbol{i},\boldsymbol{j}\}$ 下的方程为*

$$C:\ a_{11}x^2 + 2a_{12}xy + a_{22}y^2 + 2a_{13}x + 2a_{23}y + a_{33} = 0.$$

*则在转轴 $\theta$ 下, $C$ 的方程仍为一个二次方程. 若记 $C$ 在新坐标系 $\{O;\boldsymbol{i}',\boldsymbol{j}'\}$ 下的方程为*

$$a'_{11}x'^2 + 2a'_{12}x'y' + a'_{22}y'^2 + 2a'_{13}x' + 2a'_{23}y' + a'_{33} = 0,$$

*则新方程的系数与原方程的系数满足如下关系:*

$$\begin{aligned} a'_{11} &= a_{11}\cos^2\theta + 2a_{12}\cos\theta\sin\theta + a_{22}\sin^2\theta, \\ a'_{12} &= (-a_{11} + a_{22})\cos\theta\sin\theta + a_{12}(\cos^2\theta - \sin^2\theta), \end{aligned}$$

$$
\begin{aligned}
a'_{22} &= a_{11}\sin^2\theta - 2a_{12}\cos\theta\sin\theta + a_{22}\cos^2\theta;\\
a'_{13} &= a_{13}\cos\theta + a_{23}\sin\theta,\\
a'_{23} &= -a_{13}\sin\theta + a_{23}\cos\theta;\\
a'_{33} &= a_{33}.
\end{aligned}
$$

**证** 将转轴变换公式 (4.3) 代入原曲线方程, 整理后即可得到上述结论. □

由命题 4.2 知, 在转轴 $\theta$ 下, 曲线方程 $F(x,y)=0$ 的系数的变换规律可归结为:

(1) 二次项系数一般要改变. 新方程的二次项系数仅与原方程的二次项系数及旋转角度 $\theta$ 有关, 而与一次项系数和常数项无关.

(2) 一次项系数一般要改变. 新方程的一次项系数仅与原方程的一次项系数及旋转角度 $\theta$ 有关, 而与二次项系数和常数项无关. 如果从其中的

$$
\begin{cases}
a'_{13} = a_{13}\cos\theta + a_{23}\sin\theta,\\
a'_{23} = -a_{13}\sin\theta + a_{23}\cos\theta
\end{cases}
$$

解出 $a_{13}, a_{23}$, 得

$$
\begin{cases}
a_{13} = a'_{13}\cos\theta - a'_{23}\sin\theta,\\
a_{23} = a'_{13}\sin\theta + a'_{23}\cos\theta,
\end{cases}
$$

那么可以进一步看到, 在转轴 $\theta$ 下, 二次曲线方程 $F(x,y)=0$ 的一次项系数 $a_{13}, a_{23}$ 的变换规律与点 $(x,y)$ 的变换规律完全一样. 当方程有一次项时, 通过转轴不能完全消去一次项; 当原方程无一次项时, 通过转轴也不会产生一次项.

(3) 常数项不变.

**注** 特殊地, 将例 4.1 中的三个圆锥曲线作转轴 $\theta$ 变换, 经整理可得

$$
\left(\frac{\cos^2\theta}{a^2} + \frac{\sin^2\theta}{b^2}\right)x'^2 + 2\left(\frac{1}{b^2} - \frac{1}{a^2}\right)\cos\theta\sin\theta x'y' + \left(\frac{\sin^2\theta}{a^2} + \frac{\cos^2\theta}{b^2}\right)y'^2 = 1,
$$

$$
\left(\frac{\cos^2\theta}{a^2} - \frac{\sin^2\theta}{b^2}\right)x'^2 - 2\left(\frac{1}{b^2} + \frac{1}{a^2}\right)\cos\theta\sin\theta x'y' + \left(\frac{\sin^2\theta}{a^2} - \frac{\cos^2\theta}{b^2}\right)y'^2 = 1,
$$

$$
\sin^2\theta x'^2 + 2\sin\theta\cos\theta x'y' + \cos^2\theta y'^2 - 2p\cos\theta x' + 2p\sin\theta y' = 0.
$$

观察这些方程, 可以发现它们的常数项都不变. 椭圆与双曲线没有变出一次项来. 但是, 最引人注目的还是三个原来没有交叉项的方程都变出了交叉项.

### 4.1.3 一般的坐标变换

现在来讨论平面上的一般的坐标变换. 设从坐标系 $\{O;\boldsymbol{i},\boldsymbol{j}\}$ 到 $\{O';\boldsymbol{i},\boldsymbol{j}\}$ 的变换是移轴 $(x_0,y_0)$, 从坐标系 $\{O';\boldsymbol{i},\boldsymbol{j}\}$ 到 $\{O';\boldsymbol{i}',\boldsymbol{j}'\}$ 的变换是转轴 $\theta$, 如图 4.3 所示.

同时设平面上任一点 $P$ 在坐标系 $\{O;\boldsymbol{i},\boldsymbol{j}\}$、$\{O';\boldsymbol{i},\boldsymbol{j}\}$ 及 $\{O';\boldsymbol{i}',\boldsymbol{j}'\}$ 下的坐标分别是 $(x,y)$, $(\bar{x},\bar{y})$ 和 $(x',y')$, 则由式 (4.1) 和式 (4.3) 可得

$$\begin{cases} x=\bar{x}+x_0, \\ y=\bar{y}+y_0, \end{cases}$$

$$\begin{cases} \bar{x}=x'\cos\theta-y'\sin\theta, \\ \bar{y}=x'\sin\theta+y'\cos\theta. \end{cases}$$

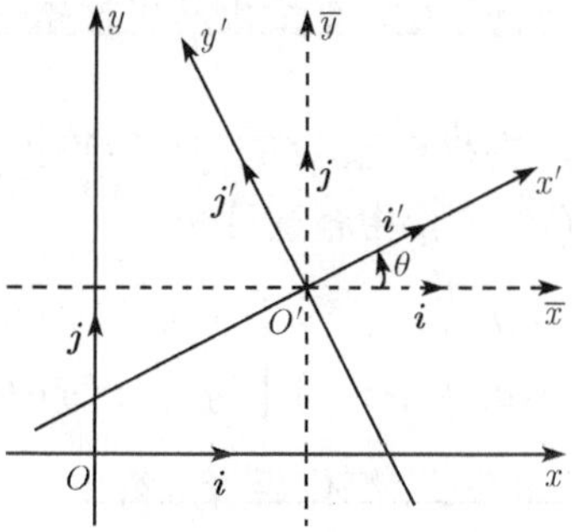


图 4.3

将后者代入前者, 便得到从坐标系 $\{O;\boldsymbol{i},\boldsymbol{j}\}$ 到 $\{O';\boldsymbol{i}',\boldsymbol{j}'\}$ 的坐标变换公式

$$\begin{cases} x=x'\cos\theta-y'\sin\theta+x_0, \\ y=x'\sin\theta+y'\cos\theta+y_0. \end{cases} \tag{4.5}$$

这个坐标变换简称为**变换** $(x_0,y_0;\theta)$, 它表示先移轴 $(x_0,y_0)$, 再转轴 $\theta$.

由式 (4.5) 解出 $x',y'$ 便得到变换 $(x_0,y_0;\theta)$ 的逆变换公式

$$\begin{cases} x'=x\cos\theta+y\sin\theta-(x_0\cos\theta+y_0\sin\theta), \\ y'=-x\sin\theta+y\cos\theta-(-x_0\sin\theta+y_0\cos\theta). \end{cases} \tag{4.6}$$

显然平面坐标变换公式 (4.5) 是由新坐标系原点 $O'$ 的坐标 $(x_0,y_0)$ 与坐标轴的旋转角 $\theta$ 决定的. 因而任一平面直角坐标变换都可以视为某变换 $(x_0,y_0;\theta)$, 因为 $O'$ 在坐标系 $\{O;\boldsymbol{i},\boldsymbol{j}\}$ 下必有坐标 $(x_0,y_0)$, $O'x'$ 轴与 $Ox$ 轴也必有某夹角 $\theta$. 在以后的其他课程中, 还会进一步研究其他不同类型的变换.

**例 4.2** 设从坐标系 $\{O;\boldsymbol{i},\boldsymbol{j}\}$ 到 $\{O;\boldsymbol{i}',\boldsymbol{j}'\}$ 的变换为转轴 $\theta$, 从 $\{O;\boldsymbol{i}',\boldsymbol{j}'\}$ 到 $\{O';\boldsymbol{i}',\boldsymbol{j}'\}$ 的变换为移轴 $(x_0,y_0)$. 试给出从坐标系 $\{O;\boldsymbol{i},\boldsymbol{j}\}$ 到 $\{O';\boldsymbol{i}',\boldsymbol{j}'\}$ 的变换.

**解** 设平面上任一点 $P$ 在坐标系 $\{O;\boldsymbol{i},\boldsymbol{j}\}$、$\{O;\boldsymbol{i}',\boldsymbol{j}'\}$ 及 $\{O';\boldsymbol{i}',\boldsymbol{j}'\}$ 下的坐标分别是 $(x,y)$, $(x'',y'')$ 和 $(x',y')$, 则由题意可知

$$\begin{cases} x = x''\cos\theta - y''\sin\theta, \\ y = x''\sin\theta + y''\cos\theta, \end{cases} \quad \begin{cases} x'' = x' + x_0, \\ y'' = y' + y_0. \end{cases}$$

因此

$$\begin{cases} x = x'\cos\theta - y'\sin\theta + (x_0\cos\theta - y_0\sin\theta), \\ y = x'\sin\theta + y'\cos\theta + (x_0\sin\theta + y_0\cos\theta). \end{cases}$$

所以, 从坐标系 $\{O;\boldsymbol{i},\boldsymbol{j}\}$ 到 $\{O';\boldsymbol{i}',\boldsymbol{j}'\}$ 的变换是 $(x_0\cos\theta - y_0\sin\theta, x_0\sin\theta + y_0\cos\theta;\theta)$. 应特别注意的是: 不要随手写上变换 $(x_0,y_0;\theta)$! □

**例 4.3**　设从坐标系 $\{O;\boldsymbol{i},\boldsymbol{j}\}$ 到 $\{O';\boldsymbol{i}',\boldsymbol{j}'\}$ 的变换为 $(x_1,y_1;\theta_1)$, 从 $\{O';\boldsymbol{i}',\boldsymbol{j}'\}$ 到 $\{O'';\boldsymbol{i}'',\boldsymbol{j}''\}$ 的变换为 $(x_2,y_2;\theta_2)$. 试给出从坐标系 $\{O;\boldsymbol{i},\boldsymbol{j}\}$ 到 $\{O'';\boldsymbol{i}'',\boldsymbol{j}''\}$ 的变换.

**解**　设平面上任一点 $P$ 在坐标系 $\{O;\boldsymbol{i},\boldsymbol{j}\}$, $\{O';\boldsymbol{i}',\boldsymbol{j}'\}$ 及 $\{O'';\boldsymbol{i}'',\boldsymbol{j}''\}$ 下的坐标分别是 $(x,y)$, $(x',y')$ 和 $(x'',y'')$, 由题意可知

$$\begin{cases} x = x'\cos\theta_1 - y'\sin\theta_1 + x_1, \\ y = x'\sin\theta_1 + y'\cos\theta_1 + y_1, \end{cases} \quad \begin{cases} x' = x''\cos\theta_2 - y''\sin\theta_2 + x_2, \\ y' = x''\sin\theta_2 + y''\cos\theta_2 + y_2. \end{cases}$$

将后一个变换公式代入前一个公式, 简化后可推得

$$\begin{cases} x = x''\cos(\theta_1+\theta_2) - y''\sin(\theta_1+\theta_2) + x_1 + x_2\cos\theta_1 - y_2\sin\theta_1, \\ y = x''\sin(\theta_1+\theta_2) + y''\cos(\theta_1+\theta_2) + y_1 + x_2\sin\theta_1 + y_2\cos\theta_1. \end{cases}$$

故从坐标系 $\{O;\boldsymbol{i},\boldsymbol{j}\}$ 到 $\{O'';\boldsymbol{i}'',\boldsymbol{j}''\}$ 的合成变换是 $(x_1 + x_2\cos\theta_1 - y_2\sin\theta_1, y_1 + x_2\sin\theta_1 + y_2\cos\theta_1;\ \theta_1+\theta_2)$. □

确定坐标变换公式除了上面介绍的几种情况外, 还可以用其他的方法. 例如, 给出了新坐标系的两个坐标轴在旧坐标系下的方程, 并规定了一个轴的正方向等. 现在就来介绍这种情况下的坐标变换公式.

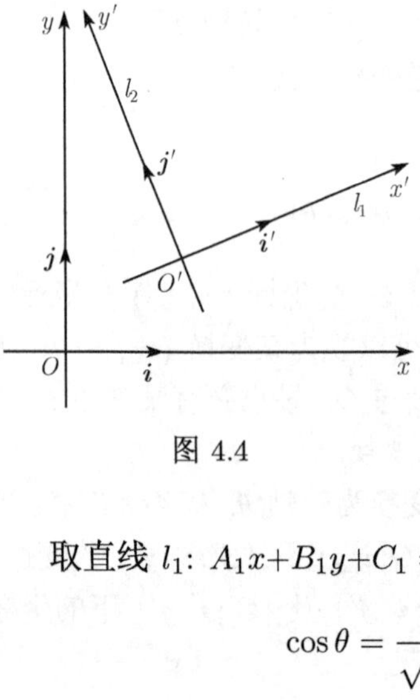


图 4.4

设在直角坐标系 $\{O;\boldsymbol{i},\boldsymbol{j}\}$ 下给定了两条相互垂直的直线 $l_1$: $A_1x+B_1y+C_1=0$, $l_2$: $A_2x+B_2y+C_2=0$, 其中 $A_1A_2+B_1B_2=0$. 如果取直线 $l_1$ 为新坐标系下的横轴 $O'x'$, 而直线 $l_2$ 为纵轴 $O'y'$, 其中 $O'(x_0,y_0)$ 为直线 $l_1$ 与 $l_2$ 的交点, 如图 4.4 所示. 平面上任意点 $M$ 的旧坐标与新坐标分别为 $(x,y)$ 与 $(x',y')$.

取直线 $l_1$: $A_1x+B_1y+C_1=0$ 的方向向量为 $\boldsymbol{v}=\{-B_1,A_1\}$, 则其方向余弦为

$$\cos\theta = \frac{-B_1}{\sqrt{A_1^2+B_1^2}}, \quad \sin\theta = \frac{A_1}{\sqrt{A_1^2+B_1^2}},$$

其中 $\theta$ 为向量 $\boldsymbol{i}$ 到 $\boldsymbol{v}$ 的有向角. 将 $\cos\theta, \sin\theta$ 代入式 (4.5), 即可得到从旧坐标系 $\{O;\boldsymbol{i},\boldsymbol{j}\}$ 到新坐标系 $\{O';\boldsymbol{i}',\boldsymbol{j}'\}$ 的坐标变换公式

$$\begin{cases} x = \dfrac{-B_1}{\sqrt{A_1^2+B_1^2}}x' - \dfrac{A_1}{\sqrt{A_1^2+B_1^2}}y' + x_0, \\ y = \dfrac{A_1}{\sqrt{A_1^2+B_1^2}}x' + \dfrac{-B_1}{\sqrt{A_1^2+B_1^2}}y' + y_0. \end{cases} \tag{4.7}$$

**例 4.4** 设在坐标平面上有直线 $l_1: 2x-y+3=0$ 和 $l_2: x+2y-2=0$. 求坐标系 $\{O;\boldsymbol{i},\boldsymbol{j}\}$ 到以 $l_1$ 为 $O'x'$ 轴以 $l_2$ 为 $O'y'$ 轴的新坐标系 $\{O';\boldsymbol{i}',\boldsymbol{j}'\}$ 的坐标变换.

**解** 经计算不难求得直线 $l_1$ 和 $l_2$ 的交点坐标为 $\left(-\dfrac{4}{5},\dfrac{7}{5}\right)$, 且直线 $l_1 \perp l_2$. 取直线 $l_1: 2x-y+3=0$ 的方向向量为 $\{1,2\}$, 则 $\cos\theta = \dfrac{1}{\sqrt{5}}$, $\sin\theta = \dfrac{2}{\sqrt{5}}$. 由式 (4.7) 可知, 从坐标系 $\{O;\boldsymbol{i},\boldsymbol{j}\}$ 到 $\{O';\boldsymbol{i}',\boldsymbol{j}'\}$ 的坐标变换公式为

$$\begin{cases} x = \dfrac{1}{\sqrt{5}}x' - \dfrac{2}{\sqrt{5}}y' - \dfrac{4}{5}, \\ y = \dfrac{2}{\sqrt{5}}x' + \dfrac{1}{\sqrt{5}}y' + \dfrac{7}{5}. \end{cases}$$

□

### 4.1.4 代数方程的次数与坐标系的选取无关

在直角坐标系 $\{O;\boldsymbol{i},\boldsymbol{j}\}$ 下, 把多项式 $F(x,y)$ 构成的方程 $F(x,y)=0$ 称为**代数方程**, 而由它表示的曲线称为**代数曲线**, 否则, 就称其为**超越曲线**. 例如, 前面提到的直线与圆锥曲线都是代数曲线, 而 $y=\sin x, y=a^x$ 等则是超越曲线. 解析几何主要研究代数曲线.

多项式 $F(x,y)$ 的次数叫做**代数曲线的次数**. 例如, 直线的方程是一次的, 圆锥曲线的方程是二次的, 故它们分别是一次曲线和二次曲线.

**命题 4.3** *设曲线 $S$ 在坐标系 $\{O;\boldsymbol{i},\boldsymbol{j}\}$ 下的方程 $G(x,y)=0, G(x,y)$ 是 $n$ 次多项式. 经坐标变换到 $\{O';\boldsymbol{i}',\boldsymbol{j}'\}$, 方程变化为另一个多项式方程 $H(x',y')=0$, 则 $H$ 的次数仍是 $n$.*

**证** 设 $H$ 的次数是 $m$. 由于坐标变换公式是一次的, 故代入原方程并化简后, 得到的新方程的次数不会增加, 因此 $m \leqslant n$; 反过来将从 $\{O';\boldsymbol{i}',\boldsymbol{j}'\}$ 到 $\{O;\boldsymbol{i},\boldsymbol{j}\}$ 的变换代入 $H(x',y')=0$, 必然得回原方程. 所以根据同样的理由 $n \leqslant m$. 因此 $m=n$. □

**注** 命题 4.3 说明, 平面的直角坐标变换不改变已取定的多项式方程的次数. 事实上, 有下面更为一般的结论: 在直角坐标系下, 方程 $F(x,y)=0$ 所表示的代数

曲线的性质及次数都与坐标系的选取无关. 这个结论不仅是曲线分类的基础, 也是今后利用坐标变换化简二次曲线方程的理论基础, 所以在后面将会多次用到.

## 习 题 4.1

1. 写出下列坐标变换公式:

(1) 移轴 $(3,-5)$;

(2) 移轴 $(-2,5)$;

(3) 转轴 $\dfrac{\pi}{2}$;

(4) 转轴 $-\dfrac{9\pi}{4}$;

(5) 变换 $\left(2,-1;\dfrac{3\pi}{2}\right)$;

(6) 变换 $\left(-7,-8;\dfrac{7\pi}{6}\right)$;

(7) 先转轴 $\dfrac{11\pi}{6}$, 再移轴 $(2,-2)$;

(8) 先转轴 $-\dfrac{2\pi}{3}$, 再移轴 $(-3,0)$;

(9) 先转轴 $\dfrac{\pi}{4}$, 再作变换 $\left(3,3;\dfrac{7\pi}{4}\right)$.

2. 在坐标轴平移后, 旧坐标系下的点 $(2,-1)$ 在新坐标系下为 $(-2,1)$, 求新坐标系的原点在旧坐标系下的坐标.

3. 将坐标系 $\{O;\boldsymbol{i},\boldsymbol{j}\}$ 的轴旋转 $\dfrac{\pi}{6}$, 得到新坐标系 $\{O;\boldsymbol{i}',\boldsymbol{j}'\}$. 求:

(1) 旧坐标系下的点 $(1,2)$ 在新坐标系下的坐标;

(2) 新坐标系下的点 $(3,-2)$ 在旧坐标系下的坐标.

4. 寻求一个适当的移轴, 使下述两条直线:

$$4x-3y-5=0,\quad -x+5y-3=0$$

的方程同时化成无常数项的方程.

5. 给定两个变换:

(a) 变换 $\left(-2,1;\dfrac{4\pi}{3}\right)$;

(b) 变换 $\left(2,-1;\dfrac{2\pi}{3}\right)$.

(1) 试写出下列曲线经过变换 $(a)$ 后在新坐标系下的方程:

$$y^2-2x=0,\quad 2x^2+3y^2-6=0.$$

(2) 试写出下列曲线经过变换 $(b)$ 后在新坐标系下的方程:

$$3x^2+2\sqrt{3}xy+y^2+(4-4\sqrt{3})x-(4+4\sqrt{3})y+20=0,$$
$$11x^2+2\sqrt{3}xy+9y^2-3=0.$$

6. 椭圆的两焦点为 $F_1(2,5), F_2(2,-1)$, 且长半轴为 5, 求这椭圆的方程.

7. 已知双曲线的两焦点为 $F_1(-2,3), F_2(-2,-7)$, 顶点为 $(-2,1)$, 求它的方程.

8. 抛物线的顶点为 $A(2,1)$, 焦点为 $F\left(2,-\dfrac{3}{4}\right)$, 求抛物线的方程.

9. 证明两点的距离在坐标变换 $(x_0, y_0; \theta)$ 下不变.

10. 经转轴变换后方程 $x^2+y^2=a^2$ 是否改变? 图形上同一点在旋转前后的坐标系下的坐标是否相同?

11. 在平面直角坐标系 $\{O; \boldsymbol{i}, \boldsymbol{j}\}$ 下, 已知两条互相垂直的直线:

$$l_1: 3x-4y+6=0, \quad l_2: 4x+3y-17=0.$$

以它们为新坐标轴 ( $l_1$ 为 $O'x'$ 轴, $l_2$ 为 $O'y'$ 轴, 且都以向上的方向为正向), 求坐标变换公式, 且求点 $A(0,1)$ 的新坐标.

12. 在平面直角坐标系 $\{O; \boldsymbol{i}, \boldsymbol{j}\}$ 下, 设抛物线的对称轴是 $x-y-2=0$, 顶点是 $(4,2)$, 焦点是 $(2,0)$, 求该抛物线的方程.

## 4.2 二次曲线的分类

### 4.2.1 二次曲线及其分类问题

**定义 4.1** *设 $S$ 为一条平面曲线. 若在某个直角坐标系 $\{O; \boldsymbol{i}, \boldsymbol{j}\}$ 下, 表示该曲线的方程有一个是二次方程, 则称 $S$ 为***二次曲线**.

按这样的定义, 已学过的圆锥曲线都是二次曲线. 但另一方面, 直线也是二次曲线. 例如, $Ax+By+C=0$ ($A, B$ 不全为 0) 在某直角坐标系下表示直线, 而二次方程 $(Ax+By+C)^2=0$ 同样也是它的方程; 方程 $x^2+y^2=0$ 只代表一个点, 而方程 $x^2+y^2+2=0$ 则不代表任何平面曲线.

以下介绍二次曲线分类的问题时, 承认上述情况. 介绍完之后, 再用“退化”与否来区分出这些特殊情况.

在平面直角坐标系下, 一般二次曲线的方程通常可写成

$$F(x,y)=a_{11}x^2+2a_{12}xy+a_{22}y^2+2a_{13}x+2a_{23}y+a_{33}=0, \tag{4.8}$$

其中六个系数都为实系数, 自然地 $a_{11}, a_{12}, a_{22}$ 不能全为零. 至于几个系数中带有 2, 纯粹是为了以后书写和演算的方便, 免去不少分数系数的麻烦.

与圆锥曲线的作图方法类似, 同样可以用描点法作出这个图来, 但在描绘之前先进行理论分析是非常必要的. 这种分析, 具体步骤是从方程出发, 有目的地进行坐标变换, 将方程逐步化成圆锥曲线的标准形式, 以确定其形状. 这就是本节所要介绍的二次曲线的分类问题.

### 4.2.2 利用转轴分离变量

观察方程 (4.8), 最难处理的莫过于交叉项 $2a_{12}xy$ 了. 在圆锥曲线的标准方程中没有交叉项, 因此, 化简二次方程, 第一步就是寻找适当的坐标变换, 去掉交叉项. 由命题 4.1 可知, 移轴变换与此事无关. 这就意味着, 表示二次曲线 $S$ 的方程中若出现交叉项, 作移轴变换后消不掉它; 若已消掉交叉项, 再作移轴也不会使之再出现. 所以只能用转轴来尝试完成这步. 事实上, 有以下结论.

**命题 4.4** 在二次曲线方程 (4.8) 中, 若 $a_{12} \neq 0$, 则总可以经过适当的转轴消去其中的交叉项 $xy$.

**证** 作转轴 $\theta$, 由命题 4.2 可知, 原方程变为下面的新方程:

$$a'_{11}x'^2 + 2a'_{12}x'y' + a'_{22}y'^2 + 2a'_{13}x' + 2a'_{23}y' + a_{33} = 0. \tag{4.9}$$

新的交叉项的系数 $2a'_{12} = (a_{22} - a_{11})\sin 2\theta + 2a_{12}\cos 2\theta$. 要使 $a'_{12} = 0$, 只要 $\theta$ 取得适当, 使得

$$(a_{22} - a_{11})\sin 2\theta + 2a_{12}\cos 2\theta = 0.$$

由于 $a_{12} \neq 0$, 因而由上式可解得

$$\cot 2\theta = \frac{a_{11} - a_{22}}{2a_{12}}. \tag{4.10}$$

因为余切的值可以是任意的实数, 所以, 这个 $2\theta$ 总是可解的. 在 $[0, 4\pi)$ 中有四个解, 故 $\theta$ 在 $[0, 2\pi)$ 中有四个解, 可根据需要任取一个即可. 换句话说, 总可以经过适当的转轴消去式 (4.8) 中的交叉项 $xy$. □

由命题 4.4 可知, 消去二次曲线方程的交叉项的尝试总可以成功, 即二次方程分离变量的目的必可用一次转轴实现, 得到的方程是

$$a'_{11}x'^2 + a'_{22}y'^2 + 2a'_{13}x' + 2a'_{23}y' + a_{33} = 0. \tag{4.11}$$

**例 4.5** 设曲线 $S$ 在坐标系 $\{O; \boldsymbol{i}, \boldsymbol{j}\}$ 下的方程是

$$x^2 - xy + y^2 - 1 = 0.$$

求作转轴变换消去其交叉项.

**解** 作转轴 $\theta$, 使 $\cot 2\theta = \dfrac{1-1}{-1} = 0$, 取 $2\theta = \dfrac{\pi}{2}$, 则 $\theta = \dfrac{\pi}{4}$. 将相应的转轴公式

$$\begin{cases} x = \dfrac{\sqrt{2}}{2}(x' - y'), \\ y = \dfrac{\sqrt{2}}{2}(x' + y') \end{cases}$$

代入方程整理得到

$$x'^2 + 3y'^2 = 2.$$

这显然是一个椭圆. □

**例 4.6** 用转轴变换消去曲线 $xy = C$ 的交叉项.

**解** 作转轴 $\theta$, 使 $\cot 2\theta = \dfrac{0-0}{1} = 0$, 取 $2\theta = \dfrac{\pi}{2}$, 则 $\theta = \dfrac{\pi}{4}$. 因而所需的转轴变换为

$$\begin{cases} x = \dfrac{\sqrt{2}}{2}(x' - y'), \\ y = \dfrac{\sqrt{2}}{2}(x' + y'). \end{cases}$$

于是原方程可化为

$$\frac{1}{2}x'^2 - \frac{1}{2}y'^2 = C.$$

当 $C \neq 0$ 时, 这是一条双曲线. 当 $C > 0$ 时, $Ox'$ 轴为实轴; 当 $C < 0$ 时, $Oy'$ 轴为实轴. 当 $C = 0$ 时, 这是一对相交直线. □

一对相交直线也算是二次曲线, 这是上述实例中出现的. 它已不是前文所定义的圆锥曲线. 但如果允许截圆锥的平面过锥顶的话, 也截得出来.

**例 4.7** 利用转轴消去曲线 $x^2 + 2xy + y^2 + 2x + y + 1 = 0$ 的交叉项.

**解** 作转轴 $\theta$, 使 $\cot 2\theta = \dfrac{1-1}{2} = 0$, 取 $\theta = \dfrac{\pi}{4}$. 则原方程化为

$$2x'^2 + \frac{3\sqrt{2}}{2}x' - \frac{\sqrt{2}}{2}y' + 1 = 0.$$

这是什么曲线? 暂时不予判断. □

上面已得到了有效的方法, 用一次转轴使二次方程化成了式 (4.11) 的形式. 已知的三种圆锥曲线标准方程都满足这种形式. 但它们的二次项系数 $a'_{11}$ 与 $a'_{22}$ 各有其特点. 椭圆: 二者非 0 且同号; 双曲线: 二者非 0 且异号; 抛物线: 二者有一个为 0. 于是可将此特点抽象出来进行分类.

**定义 4.2** 根据式 (4.11) 中的二次项系数 $a'_{11}$ 与 $a'_{22}$ 的特点可将二次曲线 (4.8) 分为下列的三种类型, 即

(1) $a'_{11}a'_{22} > 0$ 的曲线叫做椭圆型的;

(2) $a'_{11}a'_{22} < 0$ 的曲线叫做双曲型的;

(3) $a'_{11}a'_{22} = 0$ 的曲线叫做抛物型的.

于是椭圆是椭圆型的, 双曲线是双曲型的, 抛物线是抛物型的. 但反之未必成立, 例 4.6 即提供了双曲型而非双曲线的例子. 为了彻底解决二次曲线的分类问题, 需要进一步作坐标变换.

### 4.2.3 利用移轴化为标准型

圆锥曲线的标准方程是没有交叉项的, 而且比式 (4.11) 的形式更简单, 其特点是 $x$ 与 $y$ 各只有一项.

下面从式 (4.11) 出发, 做进一步化简. 如前所述, 移轴的好处是横、纵坐标独立变化, 互不干扰. 因此, 对于椭圆型和双曲型的曲线方程, 可以分别考虑移轴, 各自消去一次项; 对抛物型, 则要先对其二次的坐标移轴, 消去一次项, 再对一次的坐标移轴以消去常数项. 还有一种特殊的抛物型曲线, 其方程中只有一个坐标出现, 此时只对这个坐标移轴便可以了.

首先考虑椭圆型二次曲线的分类问题. 对此, 有下列命题.

**命题 4.5** 椭圆型二次曲线的方程 (4.11), 总可以经适当的移轴变换, 化为

$$a'_{11}x''^2 + a'_{22}y''^2 + a'_{33} = 0. \tag{4.12}$$

(1) 当 $a'_{11}a'_{33} < 0$ 时, 曲线是个椭圆;

(2) 当 $a'_{11}a'_{33} = 0, a'_{33} = 0$ 时, 曲线仅为一点 $O'$;

(3) 当 $a'_{11}a'_{33} > 0$ 时, 曲线是一个虚椭圆.

**证** 因为 $a'_{11}a'_{22} > 0$, 所以 $a'_{11} \neq 0, a'_{22} \neq 0$. 作移轴变换 $(x_0, y_0)$, 则方程 (4.11) 化为

$$a'_{11}x''^2 + a'_{22}y''^2 + 2(a'_{11}x_0 + a'_{13})x'' + 2(a'_{22}y_0 + a'_{23})y'' + a'_{33} = 0,$$

其中 $a'_{33} = a'_{11}x_0^2 + a'_{22}y_0^2 + 2a'_{13}x_0 + 2a'_{23}y_0 + a_{33}$, 恰为新的原点 $(x_0, y_0)$ 代入式 (4.11) 的左端所得到的数值.

为了使 $x'', y''$ 的系数为 0, 只要取

$$x_0 = -\frac{a'_{13}}{a'_{11}}, \quad y_0 = -\frac{a'_{23}}{a'_{22}}$$

即可. 于是, 移轴 $\left(-\dfrac{a'_{13}}{a'_{11}}, -\dfrac{a'_{23}}{a'_{22}}\right)$ 使方程 (4.11) 化为

$$a'_{11}x''^2 + a'_{22}y''^2 + a'_{33} = 0.$$

至此, 便可根据 $a'_{11}$ 与 $a'_{22}$ 的符号以及 $a'_{33}$ 是正负数或零来全部分类椭圆型曲线:

(1) 当 $a'_{11}a'_{33} < 0$ 时, 即 $a'_{33} \neq 0$ 且与 $a'_{11}$ (从而与 $a'_{22}$) 异号, 这时曲线是个椭圆;

(2) 当 $a'_{11}a'_{33} = 0, a'_{33} = 0$ 时, 这时方程只有一个解 (0,0), 即曲线仅为一点 $O'$;

(3) 当 $a'_{11}a'_{33} > 0$ 时, 即 $a'_{33} \neq 0$ 且与 $a'_{11}$ (从而与 $a'_{22}$) 同号, 这时方程无解, 称曲线是一个**虚椭圆**. □

完全类似地, 可以得到双曲型二次曲线的分类问题. 事实上, 有下列命题.

**命题 4.6** 双曲型二次曲线的方程 (4.11), 经适当的移轴可化为 (4.12) 式, 根据 $a'_{33}$ 的值可分类如下:

(1) $a'_{33} \neq 0$, 这时曲线是个双曲线;

(2) $a'_{33} = 0$, 此时曲线是一对相交直线.

现在再考虑抛物型的二次曲线, $a'_{11}$ 与 $a'_{22}$ 一个为 0, 一个不为零. 不妨设 $a'_{11} \neq 0, a'_{22} = 0$. 如果相反, 则当初作转轴 $\theta$ 时改为转轴 $\theta + \dfrac{\pi}{2}$, 就可换过来了. 方程 (4.11) 此时变为 $a'_{11}x'^2 + 2a'_{13}x' + 2a'_{23}y' + a_{33} = 0$. 上式左端关于 $x'$ 配方可得

$$a'_{11}\left(x' + \frac{a'_{13}}{a'_{11}}\right)^2 + 2a'_{23}y' + a_{33} - \frac{a'^2_{13}}{a'_{11}} = 0.$$

取 $x_0 = -\dfrac{a'_{13}}{a'_{11}}, y_0 = 0$, 作移轴变换 $(x_0, y_0)$, 得

$$a'_{11}x''^2 + 2a'_{23}y'' + a_{33} - \frac{a'^2_{13}}{a'_{11}} = 0. \tag{4.13}$$

若 $a'_{23} \neq 0$, 则可进一步作移轴变换 $\left(0, \dfrac{a'^2_{13} - a'_{11}a_{33}}{2a'_{23}a'_{11}}\right)$, 即可将 (4.13) 式化为

$$a'_{11}x^2 + 2a'_{23}y = 0 \quad (\text{省略撇号}).$$

这是个抛物线的标准方程.

若 $a'_{23} = 0$, 则常数项无法再消, 方程 (4.13) 成为

$$a'_{11}x''^2 + \frac{-a'^2_{13} + a'_{11}a_{33}}{a'_{11}} = 0. \tag{4.14}$$

当 $a'^2_{13} - a'_{11}a_{33} > 0$ 时, 方程有两个不同的实解, 曲线便是在这两个横坐标处垂直于 $O''x''$ 轴的一对平行直线;

当 $a'^2_{13} - a'_{11}a_{33} = 0$ 时, 方程有唯一解 $x'' = 0$, 曲线即为 $O''y''$ 轴, 由于此解为二重根, 所以也称为一对重合直线;

当 $a'^2_{13} - a'_{11}a_{33} < 0$ 时, 方程无解, 但因有两个不同的虚根, 所以也可说是一对**虚直线**.

综上所述, 便得到抛物型二次曲线的分类结果.

**命题 4.7** 设抛物型二次曲线的方程为 $a'_{11}x'^2 + 2a'_{13}x' + 2a'_{23}y' + a_{33} = 0$. 若 $a'_{23} \neq 0$, 则总可以经适当的移轴变换化为

$$a'_{11}x''^2 + 2a'_{23}y'' = 0.$$

此时, 曲线是一个抛物线; 若 $a'_{23}=0$, 则也可经适当的移轴化为 (4.14) 式, 根据其系数的特征可分类如下:

(1) $a'^2_{13}-a'_{11}a_{33}>0$ 时, 曲线是垂直于 $O''x''$ 轴的一对平行直线;

(2) 当 $a'^2_{13}-a'_{11}a_{33}=0$ 时, 曲线为一对重合直线;

(3) 当 $a'^2_{13}-a'_{11}a_{33}<0$ 时, 曲线是一对虚直线.

这样, 就穷尽了平面上的二次曲线的所有情况, 得到九种可能: ① 椭圆; ② 单点; ③ 虚椭圆; ④ 双曲线; ⑤ 一对相交直线; ⑥ 抛物线; ⑦ 一对平行直线; ⑧ 一对重合直线; ⑨ 一对虚直线.

从图形上看, 其实只有七种, ③ 和⑨ 两种的图形是空集. 这七种图形中, 有一种单点, 也叫曲“线”; 有三种虽然是线, 却并不“曲”, 我们统一称它们为**退化**的二次曲线. 相应地, 三种圆锥曲线就叫做**非退化**的二次曲线. 对那两种空集, 有时也把虚椭圆归入非退化的, 一对虚直线归入退化的.

**定义 4.3** 有唯一对称中心的二次曲线叫做**中心曲线**; 没有对称中心的二次曲线叫做**无心曲线**; 有无穷多个对称中心, 并且所有对称中心构成一条直线的二次曲线叫做**线心曲线**. 无心与线心曲线又统称为**非中心曲线**.

根据这个定义, 椭圆、双曲线、一对相交直线、单点等, 因为有唯一对称中心, 所以都是中心曲线; 抛物线为无心曲线; 一对平行直线、一对重合直线则是线心曲线. 有时也把虚椭圆归入中心曲线, 把一对虚直线归入线心曲线.

上述二次曲线的分类可归纳如表 4.1 所示:

**表 4.1**

| 类别 | 型别 | 中心情况 | 退化情况 | 标准方程 | 有解与否 |
|---|---|---|---|---|---|
| 椭圆 | 椭圆型 | 中心 | 非退化 | $\frac{x^2}{a^2}+\frac{y^2}{b^2}=1$ | 有 |
| 单点 | 椭圆型 | 中心 | 退化 | $\frac{x^2}{a^2}+\frac{y^2}{b^2}=0$ | 有 |
| 虚椭圆 | 椭圆型 | 中心 | 非退化 | $\frac{x^2}{a^2}+\frac{y^2}{b^2}=-1$ | 无 |
| 双曲线 | 双曲型 | 中心 | 非退化 | $\frac{x^2}{a^2}-\frac{y^2}{b^2}=1$ | 有 |
| 一对相交直线 | 双曲型 | 中心 | 退化 | $\frac{x^2}{a^2}-\frac{y^2}{b^2}=0$ | 有 |
| 抛物线 | 抛物型 | 无中心 | 非退化 | $y^2-2px=0$ | 有 |
| 一对平行直线 | 抛物型 | 线心 | 退化 | $y^2-a^2=0$ | 有 |
| 一对重合直线 | 抛物型 | 线心 | 退化 | $y^2=0$ | 有 |
| 一对虚直线 | 抛物型 | 线心 | 退化 | $y^2+a^2=0$ | 无 |

这样就得到了下面的结论.

**定理 4.1** 通过适当地选取坐标系, 平面上任一二次曲线的方程总可以化为下

列九种标准方程中的某一种形式:

(1) $\dfrac{x^2}{a^2}+\dfrac{y^2}{b^2}=1$(椭圆);

(2) $\dfrac{x^2}{a^2}+\dfrac{y^2}{b^2}=0$(单点);

(3) $\dfrac{x^2}{a^2}+\dfrac{y^2}{b^2}=-1$(虚椭圆);

(4) $\dfrac{x^2}{a^2}-\dfrac{y^2}{b^2}=1$(双曲线);

(5) $\dfrac{x^2}{a^2}-\dfrac{y^2}{b^2}=0$(一对相交直线);

(6) $y^2=2px$(抛物线);

(7) $y^2=a^2$(一对平行直线);

(8) $y^2=0$(一对重合直线);

(9) $y^2=-a^2$(一对平行共轭虚直线).

### 4.2.4 二次曲线方程化简举例

综合前面 4.2.2 节和 4.2.3 节的讨论, 可知二次曲线方程的化简总可以通过以下两个步骤来完成:

第一步, 由式 (4.10) 确定一个坐标变换式 (4.5) 需要的旋转角度 $\theta$, 利用转轴 $\theta$ 消去方程中的交叉项, 使方程得到初步化简;

第二步, 再作移轴变换可消去两个 (或一个) 一次项, 使方程进一步化简, 所作移轴变换如不能观察出来, 可按变元配成完全平方来确定.

通过下面的几个实例, 可以进一步了解并掌握利用坐标变换化简二次曲线方程的具体步骤以及平面作图的基本技巧.

**例 4.8** 化简下列二次曲线方程 $5x^2+4xy+2y^2-24x-12y+18=0$, 并作出它的图形.

**解** 因为二次曲线的方程中含有 $xy$ 项, 所以总可以先通过转轴消去此项. 由式 (4.10) 可得

$$\cot 2\theta=\frac{a_{11}-a_{22}}{2a_{12}}=\frac{3}{4}.$$

因而 $\dfrac{1-\tan^2\theta}{2\tan\theta}=\dfrac{3}{4}$, 即

$$2\tan^2\theta+3\tan\theta-2=0,$$

解得 $\tan\theta=\dfrac{1}{2}$ 或 $-2$.

取 $\tan\theta=\dfrac{1}{2}$, 则 $\sin\theta=\dfrac{1}{\sqrt{5}},\cos\theta=\dfrac{2}{\sqrt{5}}$. 由式 (4.3) 得转轴变换

$$\begin{cases} x=\dfrac{1}{\sqrt{5}}(2x'-y'),\\ y=\dfrac{1}{\sqrt{5}}(x'+2y'). \end{cases}$$

代入原方程, 整理得

$$6x'^2+y'^2-12\sqrt{5}x'+18=0.$$

将上述方程左边按 $x'$ 配方化为 $6(x'-\sqrt{5})^2+y'^2-12=0$.

作移轴 $\begin{cases} x'=x''+\sqrt{5},\\ y'=y''. \end{cases}$ 便可将方程最后化简为 $6x''^2+y''^2-12=0$. 这是一个椭圆, 其标准方程为 $\dfrac{x''^2}{2}+\dfrac{y''^2}{12}=1$.

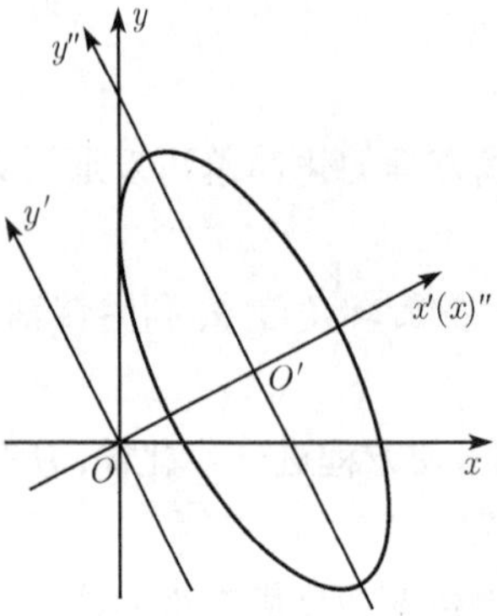


图 4.5

作图步骤:

(1) 将坐标系 $\{O;\boldsymbol{i},\boldsymbol{j}\}$ 转轴 $\theta\left(\tan\theta=\dfrac{1}{2}\right)$, 得 $\{O;\boldsymbol{i}',\boldsymbol{j}'\}$;

(2) 将 $\{O;\boldsymbol{i}',\boldsymbol{j}'\}$ 移轴到 $\{O';\boldsymbol{i}',\boldsymbol{j}'\}$, $O'(\sqrt{5},0)$;

(3) 在坐标系 $\{O';\boldsymbol{i}',\boldsymbol{j}'\}$ 下作出它的图形, 如图 4.5 所示. □

**注**　对于中心二次曲线, 也可以先求出它的中心 $(x_0,y_0)$, 以 $(x_0,y_0)$ 为新坐标系的原点进行移轴变换 (所得方程中无一次项), 然后再进行转轴; 而对于非中心二次曲线, 只能先转轴后移轴.

**例 4.9**　化简二次曲线方程

$$x^2+4xy+4y^2+12x-y+1=0,$$

并作出它的图形.

**解**　设旋转角为 $\theta$, 则由式 (4.10), $\cot 2\theta=\dfrac{a_{11}-a_{22}}{2a_{12}}=-\dfrac{3}{4}$. 由此可得 $\cot 2\theta=\dfrac{1-\tan^2\theta}{2\tan\theta}=-\dfrac{3}{4}$, 所以

$$2\tan^2\theta-3\tan\theta-2=0.$$

从而解得 $\tan\theta=-\dfrac{1}{2}$ 或 2.

取 $\tan\theta=2$, 则 $\sin\theta=\dfrac{2}{\sqrt{5}}$, $\cos\theta=\dfrac{1}{\sqrt{5}}$, 得转轴变换公式

$$\begin{cases} x=\dfrac{1}{\sqrt{5}}(x'-2y'),\\ y=\dfrac{1}{\sqrt{5}}(2x'+y'). \end{cases}$$

将其代入原方程, 化简整理得转轴后的新方程为

$$5x'^2+2\sqrt{5}x'-5\sqrt{5}y'+1=0.$$

利用配方化上式为 $\left(x'+\dfrac{\sqrt{5}}{5}\right)^2-\sqrt{5}y'=0.$

再作移轴 $\begin{cases} x'=x''-\dfrac{\sqrt{5}}{5},\\ y'=y'', \end{cases}$ 曲线方程化为最简形式 $x''^2-\sqrt{5}y''=0$. 这是一条抛物线, 其标准方程为 $x''^2=\sqrt{5}y''$, 它的顶点是新坐标系 $\{O'';\boldsymbol{i}',\boldsymbol{j}'\}$ 的原点. 原方程的图形可以根据它在坐标系 $\{O'';\boldsymbol{i}',\boldsymbol{j}'\}$ 下的标准方程作出, 如图 4.6 所示. □

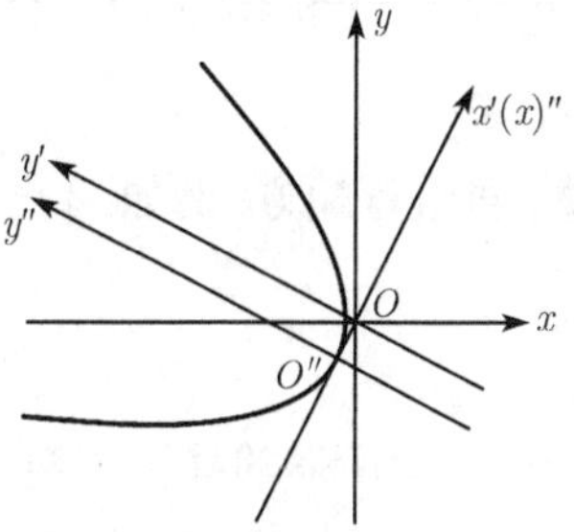

图 4.6

**例 4.10** 化简二次曲线方程

$$x^2-3xy+y^2+10x-10y+21=0,$$

并作出它的图形.

**解** 先通过转轴消去 $xy$ 项. 设旋转角为 $\theta$, 由式 (4.10) 可知, $\cot 2\theta=0$. 因而 $\dfrac{1-\tan^2\theta}{2\tan\theta}=0$, 即 $\tan^2\theta-1=0$, 解得 $\tan\theta=\pm1$. 取 $\tan\theta=1$, 则 $\sin\theta=\cos\theta=\dfrac{\sqrt{2}}{2}$, 得转轴变换公式

$$\begin{cases} x=\dfrac{\sqrt{2}}{2}(x''-y''),\\ y=\dfrac{\sqrt{2}}{2}(x''+y''). \end{cases}$$

将其代入原方程, 整理得转轴后的新方程为

$$-\frac{1}{2}x''^2+\frac{5}{2}y''^2-10\sqrt{2}y''+21=0.$$

利用配方将上式化为

$$-\frac{1}{2}x''^2+\frac{5}{2}(y''-2\sqrt{2})^2+1=0.$$

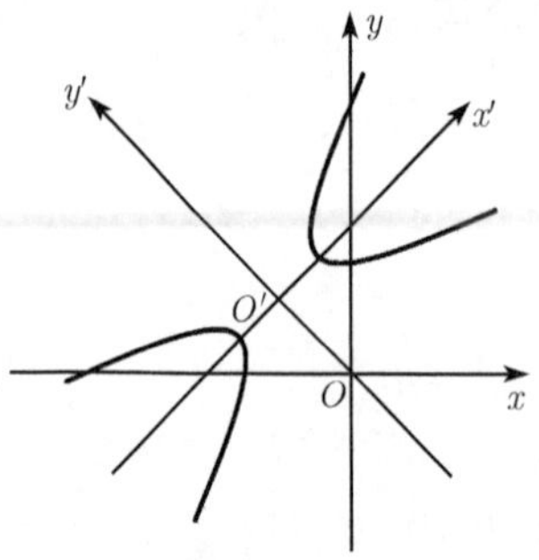


图 4.7

作移轴 $\begin{cases} x'' = x', \\ y'' = y' + 2\sqrt{2}, \end{cases}$ 曲线方程化为最简形式 $-\frac{1}{2}x'^2 + \frac{5}{2}y'^2 + 1 = 0$, 其标准方程为 $\frac{x'^2}{2} - \frac{y'^2}{\frac{2}{5}} = 1$, 这是一条双曲线. 原方程所表示的图形可以根据它在坐标系 $\{O'; \boldsymbol{i}', \boldsymbol{j}'\}$ 下的标准方程作出, 其图形如图 4.7 所示. □

**注** 例 4.8～ 例 4.10 都利用到配方法寻求移轴变换. 在应用配方法时必须注意: 应分别先对有关 $x$ 的项与 $y$ 的项进行集项, 然后分别提取 $x^2$ 与 $y^2$ 项的系数, 再进行配方. 例如, $4x^2 + 9y^2 - 40x + 36y + 100 = 0$, 利用配方法可化为

$$4(x-5)^2 + 9(y+2)^2 = 36.$$

由此可得所需的移轴变换为

$$\begin{cases} x = x' + 5, \\ y = y' - 2. \end{cases}$$

但如果把上式配方写成下列形式 $(2x-10)^2 + (3y+6)^2 = 36$, 在这里是不正确的, 因为如果令

$$\begin{cases} x' = 2x - 10, \\ y' = 3y + 6, \end{cases}$$

即

$$\begin{cases} x = \frac{1}{2}(x' + 10), \\ y = \frac{1}{3}(y' - 6), \end{cases}$$

那么这个变换就不是直角坐标变换的移轴了.

对于线心曲线, 可以直接从原方程入手, 将其分解为两个一次因式, 从而可以立刻作出它的图形.

**例 4.11** 化简二次曲线方程 $x^2 - 2xy + y^2 + 2x - 2y - 3 = 0$, 并作出它的图形.

**解** 仔细观察原二次曲线方程 $x^2 - 2xy + y^2 + 2x - 2y - 3 = 0$ 的结构, 不难发现其可以因式分解为 $(x-y+3)(x-y-1) = 0$. 因此原方程表示两条直线

$$x - y + 3 = 0, \ x - y - 1 = 0,$$

其图形不难在原坐标系 $\{O; \boldsymbol{i}, \boldsymbol{j}\}$ 下直接作出. □

## 习 题 4.2

1. 作移轴, 化简下列二次曲线的方程, 并画出新、旧坐标轴与它们的图形.

(1) $4x^2+9y^2-16x+18y-11=0$;

(2) $y^2-6x-4y+10=0$.

2. 作转轴, 化简下列二次曲线的方程, 并画出新、旧坐标轴与它们的图形.

(1) $4x^2+8xy-2y^2-7=0$;

(2) $x^2+2\sqrt{3}xy-y^2=4$;

(3) $x^2-2xy+y^2+2x+2y=0$.

3. 作坐标变换, 化简下列二次曲线的方程, 并画出它们的图形.

(1) $8x^2+4xy+5y^2+8x-16y-16=0$;

(2) $2xy-4x-2y+3=0$;

(3) $x^2+2xy+y^2-4x+y-1=0$.

4. 利用坐标变换, 讨论分式线性函数 $y=\dfrac{ax+b}{cx+d}$ 的图形, 其中 $ad-bc\neq 0$.

5. 设二次曲线 $(A_1x+B_1y+C_1)^2+(A_2x+B_2y+C_2)^2=1$ 满足 $A_1B_2-A_2B_1<0$, $A_1A_2+B_1B_2=0$. 利用坐标变换把它化成标准形式, 并指出这是什么曲线.

# 4.3 二次曲线的不变量

表 4.1 中有个重要的缺陷: 没有给出从原方程直接判别其所属类型的方法, 即对一个二次方程 (4.8) 在坐标系 $\{O;\boldsymbol{i},\boldsymbol{j}\}$ 下到底表示什么曲线, 需要等到作完了转轴和移轴变换后才能揭晓.

但是, 有些判别并不需要作完坐标变换才可得到, 这是因为二次曲线的一切性质都已由方程 (4.8) 的系数完全决定了. 因此, 其所有的信息已都包含在这些系数中了. 可以经过一些简单计算完成上述判别的工作. 本节所要介绍的不变量, 就是为此目的而给出的.

**定义 4.4** *设 $f$ 是一个关于方程 $F(x,y)=0$ 系数的函数, 如果在任意一个直角坐标变换下, 它的函数值不变, 那么就称 $f$ 为这条曲线的一个***不变量***; 如果这个函数的值, 只是在转轴变换下不变, 那么就称 $f$ 为这条曲线的一个***半不变量***.*

根据这个定义, 不变量既然与坐标系的选择无关, 于是它就反映了曲线本身的几何性质. 因此找出曲线方程的不变量就是解析几何研究的一个重要课题. 例如, 常数项就在转轴下不变, 二次项系数在移轴下不变. 可惜它们都在另一个变换下发生改变, 不是这里所要的不变量. 但至少说明, 不变量是可能存在的.

### 4.3.1　三个不变量

先从转轴来分析. 转轴 $\theta$ 后, 方程 (4.8) 化为 (4.9). 而在命题 4.2 中已经得到

$$a_{11}' = a_{11}\cos^2\theta + 2a_{12}\cos\theta\sin\theta + a_{22}\sin^2\theta, \tag{4.15}$$

$$a_{22}' = a_{11}\sin^2\theta - 2a_{12}\cos\theta\sin\theta + a_{22}\cos^2\theta. \tag{4.16}$$

这两个系数与原方程的二次项系数有关, 与其他系数无关. 同时, 它们还与 $\theta$ 有关. 但不难发现, 中间项二者刚好互为相反数; 两式的第一项恰是同一个数分别乘以一个角的正弦与余弦的平方; 两式的第三项也有这个性质. 这样, 将这两式加起来便成为

$$a_{11}' + a_{22}' = a_{11} + a_{22}.$$

这说明两个平方项系数的和不受转轴的影响. 而它们各自也不受移轴的影响. 故得到第一个不变量, 记作

$$I_1 = a_{11} + a_{22}.$$

请读者注意, 此处的"不变"仍然遵从命题 4.1 后的相关约定.

其次, 研究式 (4.11) 的二次项部分

$$a_{11}'x'^2 + a_{22}'y'^2.$$

如定义 4.2 所述, 当 $a_{11}'a_{22}' > 0$ 时, 曲线属于椭圆型; 当 $a_{11}'a_{22}' = 0$ 时, 曲线属于抛物型; 当 $a_{11}'a_{22}' < 0$ 时, 曲线属于双曲型. 将 $a_{11}'$ 与 $a_{22}'$ 的表达式 (4.15) 与 (4.16) 相乘, 注意到 $\theta$ 满足方程 (4.10), 得到

$$a_{11}'a_{22}' = a_{11}a_{22} - a_{12}^2.$$

这就是说, 可以不经转轴, 直接从式 (4.8) 来判断二次曲线的类型. 若记

$$I_2 = a_{11}a_{22} - a_{12}^2,$$

则 $I_2 > 0$ 便表明曲线属于椭圆型; $I_2 = 0$ 曲线属于抛物型; $I_2 < 0$ 曲线属于双曲型.

现在的问题是: 这 $I_2$ 是否在任意转轴 $\theta$ 下不变呢?

事实上, 由命题 4.2 可知, 在转轴 $\theta$ 下, 二次曲线方程 $F(x, y) = 0$ 的二次项系数的变换规律为

$$\begin{aligned}
a_{11}' &= a_{11}\cos^2\theta + 2a_{12}\cos\theta\sin\theta + a_{22}\sin^2\theta,\\
a_{12}' &= (-a_{11} + a_{22})\cos\theta\sin\theta + a_{12}(\cos^2\theta - \sin^2\theta),\\
a_{22}' &= a_{11}\sin^2\theta - 2a_{12}\cos\theta\sin\theta + a_{22}\cos^2\theta.
\end{aligned}$$

利用三角函数关系

$$\cos^2\theta=\frac{1+\cos 2\theta}{2},\quad \sin^2\theta=\frac{1-\cos 2\theta}{2},\quad \sin\theta\cos\theta=\frac{\sin 2\theta}{2},$$

可将 $a'_{11},a'_{12},a'_{22}$ 化为

$$\begin{aligned}a'_{11}&=\frac{a_{11}+a_{22}}{2}+\frac{a_{11}-a_{22}}{2}\cos 2\theta+a_{12}\sin 2\theta,\\a'_{22}&=\frac{a_{11}+a_{22}}{2}-\frac{a_{11}-a_{22}}{2}\cos 2\theta-a_{12}\sin 2\theta,\\a'_{12}&=\frac{a_{22}-a_{11}}{2}\sin 2\theta+a_{12}\cos 2\theta.\end{aligned}$$

所以

$$\begin{aligned}a'_{11}a'_{22}-a'^2_{12}&=\left(\frac{a_{11}+a_{22}}{2}\right)^2-\left[\left(\frac{a_{11}-a_{22}}{2}\right)\cos 2\theta+a_{12}\sin 2\theta\right]^2\\&\quad-\left[\left(\frac{a_{22}-a_{11}}{2}\right)\sin 2\theta+a_{12}\cos 2\theta\right]^2\\&=\left(\frac{a_{11}+a_{22}}{2}\right)^2-\left(\frac{a_{11}-a_{22}}{2}\right)^2-{a_{12}}^2\\&=a_{11}a_{22}-{a_{12}}^2=I_2.\end{aligned}$$

另外, $I_2$ 在移轴下显然不变. 这样便得到第二个不变量, 用二阶行列式的记号便有

$$I_2=\begin{vmatrix}a_{11}&a_{12}\\a_{12}&a_{22}\end{vmatrix}.$$

这个不变量的"不变", 与 $I_1$ 的有相同的涵义. 但它是一个二次式, 且是齐次的. 因此, 尽管原方程乘以非 0 常数可以使它改变, 却改变不了它是否为 0 及在非零时的符号. 由此可见, 正是 $I_2$ 的这个特征标志了曲线的类型, 成为曲线自身的特征了.

第三个有用的不变量是

$$I_3=\begin{vmatrix}a_{11}&a_{12}&a_{13}\\a_{12}&a_{22}&a_{23}\\a_{13}&a_{23}&a_{33}\end{vmatrix}.$$

证明它在直角坐标变换下不变, 可以将变换公式代入直接验证. 虽然不会有什么困难, 却有很大的计算量. 这个不变量是怎样看出来的? 有没有简捷明晰的证明? 等在高等代数课程中进一步学习了矩阵理论之后, 便一目了然了.

综上所述, 便得到下述定理.

**定理 4.2** 二次曲线 (4.8) 在直角坐标变换 $(x_0,y_0;\theta)$ 下, 有三个不变量 $I_1,I_2,I_3$.

### 4.3.2 利用不变量研究二次曲线

了解一条二次曲线的性质, 首要的是确定其形状, 就是弄清它属于 4.2 节提到的九大类中的哪一类, 这叫**定性**. 然后就要具体算出其主要尺寸：椭圆的离心率、焦距、长轴、短轴; 双曲线的离心率、焦距、实轴; 抛物线焦点与顶点的距离; 相交直线的交角; 平行直线的距离. 这叫**定量**. 这些才是它们真正的不变性质与不变量, 不依赖坐标系的选取, 也不依赖一开始方程的选定. 三个不变量 $I_1, I_2, I_3$ 的作用就在于：利用它们来分类曲线; 利用它们来求所需要的一些尺寸.

由第 4.3.1 段的讨论, 已经看到, $I_2$ 的符号可用来区分二次曲线的类型：

(1) $I_2>0$, 曲线属于椭圆型;

(2) $I_2=0$, 曲线属于抛物型;

(3) $I_2<0$, 曲线属双曲型.

这是第一个重要作用. 但每一类型还分几类, 需要继续深入探究.

回忆 4.2.3 节的讨论, 中心曲线经过适当的转轴 $\theta$ 与移轴 $(x_0, y_0)$ 后, 方程化为式 (4.12). 至此, 决定它在每一类型中属于哪类的是常数项 $a'_{33}$, 所以, 要用这些不变量来表示 $a'_{33}$. 三个不变量中出现常数项的只有 $I_3$. 因此, 从式 (4.12) 来研究 $I_3$:

$$I_3=\begin{vmatrix} a'_{11} & 0 & 0 \\ 0 & a'_{22} & 0 \\ 0 & 0 & a'_{33} \end{vmatrix}=a'_{11}a'_{22}a'_{33}=I_2a'_{33}.$$

故

$$a'_{33}=\frac{I_3}{I_2}.$$

于是便有下述分类的讨论：

(1) $I_2>0$, 曲线属于椭圆型. 此时 $a'_{33}$ 与 $I_3$ 同号, $a'_{11}$ 与 $a'_{22}$ 同号, 因此也与 $I_1=a'_{11}+a'_{22}$ 同号. 故 $a'_{33}$ 与 $a'_{11}$ 是否同号, 就决定于 $I_3$ 与 $I_1$ 是否同号. $a'_{33}$ 是否为 0 就决定于 $I_3$ 是否为 0.

综上所述, 有以下命题.

**命题 4.8** 若 $I_2>0$, 则椭圆型二次曲线可如下分类:

(Ⅰ) $I_3I_1<0$, 曲线是椭圆;

(Ⅱ) $I_3I_1=0$, 曲线为单点;

(Ⅲ) $I_3I_1>0$, 曲线是虚椭圆.

在曲线是椭圆时, 只要有了标准方程, 那些重要的尺寸便都容易算出了. 而标准方程可否不用求转轴的 $\theta$ 和移轴的 $(x_0, y_0)$, 就直接从不变量算出呢?

我们已知, $a'_{33}$ 就是 $\dfrac{I_3}{I_2}$, 还剩下 $a'_{11}$ 与 $a'_{22}$. 因为 $a'_{11}+a'_{22}=I_1, a'_{11}a'_{22}=I_2$. 由韦达定理, $a'_{11}$ 与 $a'_{22}$ 恰为一元二次方程

$$\lambda^2 - I_1\lambda + I_2 = 0 \tag{4.17}$$

的两个根.

**定义 4.5** 方程 (4.17) 称为由方程 (4.8) 所描述的二次曲线 $S$ 的**特征方程**, 特征方程的根叫做二次曲线的**特征根**.

因为特征方程 (4.17) 的判别式

$$\begin{aligned}\Delta &= I_1^2 - 4I_2 = (a_{11} + a_{22})^2 - 4(a_{11}a_{22} - a_{12}^2)\\ &= (a_{11} - a_{22})^2 + 4a_{12}^2 \geqslant 0,\end{aligned}$$

所以, 二次曲线的特征根均为实根. 若这两个特征根分别记为 $\lambda_1$ 与 $\lambda_2$, 则显然它们不能全为零. 至于哪一个特征根为 $a'_{11}$, 哪一个为 $a'_{22}$ 是无法确定的, 因为把转轴 $\theta$ 改为转轴 $\theta + \dfrac{\pi}{2}$, 二者便互换. 但并不需要追究这个问题. 只要算出两个特征根, 简化方程便得到了. 把常数项移到等号的右侧, 再以该项同时除等式两边, 便得到两个半轴长

$$\sqrt{-\frac{I_3}{\lambda_1 I_2}}, \quad \sqrt{-\frac{I_3}{\lambda_2 I_2}}.$$

哪一个是长半轴, 一比即知. 两半轴长一样时, 则为圆.

(2) $I_2 < 0$, 曲线属双曲型. 同样, 由于 $a'_{33} = \dfrac{I_3}{I_2}$, $a'_{33}$ 与 $I_3$ 同为 0 或同不为 0. 因此, 我们有如下命题.

**命题 4.9** 若 $I_2 < 0$, 则双曲型二次曲线可如下分类:

(Ⅰ) $I_3 \neq 0$, 曲线是双曲线;

(Ⅱ) $I_3 = 0$, 曲线为相交直线.

在情况 (Ⅰ), $a'_{11}$ 与 $a'_{22}$ 仍是特征方程 (4.17) 的两个实根 $\lambda_1$ 与 $\lambda_2$, 一正一负. 令 $\lambda_1 > 0, \lambda_2 < 0$. 于是:

当 $I_3 > 0$ 时, $a'_{33} < 0$, 此时以 $\lambda_1 > 0$ 为系数的那个坐标便在实轴上. 实半轴为 $\sqrt{-\dfrac{I_3}{\lambda_1 I_2}}$, 虚半轴为 $\sqrt{\dfrac{I_3}{\lambda_2 I_2}}$;

当 $I_3 < 0$ 时, $a'_{33} > 0$, 此时以 $\lambda_2 < 0$ 为系数的那个坐标便在实轴上. 实半轴为 $\sqrt{\dfrac{-I_3}{\lambda_2 I_2}}$, 虚半轴为 $\sqrt{\dfrac{I_3}{\lambda_1 I_2}}$.

对于相交直线, 同样如此算出方程, 分解出两条直线的方程即可.

综上所述, 关于中心型二次曲线的简化方程有如下定理.

**定理 4.3** 如果二次曲线 (4.8) 是中心曲线, 那么它的简化方程为

$$\lambda_1 x^2 + \lambda_2 y^2 + \frac{I_3}{I_2} = 0, \tag{4.18}$$

其中 $\lambda_1, \lambda_2$ 为二次曲线特征方程 (4.17) 的两个根 (其中方程中的撇号已略去).

(3) $I_2=0$, 曲线属于抛物型.

由于 $a'_{11}$ 与 $a'_{22}$ 中有一个是 0, 另一个不是零, 不妨认为 $a'_{11}\neq 0, a'_{22}=0$, 否则, 改转轴 $\theta$ 为 $\theta+\dfrac{\pi}{2}$ 即可. 于是

$$I_1=a'_{11}+a'_{22}=a'_{11}.$$

方程 (4.13) 化为 $I_1x''^2+2a'_{23}y''+a'_{33}=0$. 于是

$$I_3=\begin{vmatrix} I_1 & 0 & 0\\ 0 & 0 & a'_{23}\\ 0 & a'_{23} & a'_{33}\end{vmatrix}=-I_1{a'_{23}}^2.$$

(Ⅰ) $I_3\neq 0$, 从而 $a'_{23}\neq 0$, 此时曲线是抛物线. 解出 $a'_{23}=\pm\sqrt{-\dfrac{I_3}{I_1}}$, $a'_{33}$ 可以通过移轴消去. 因此有下述命题.

**命题 4.10** 如果二次曲线 (4.8) 是无心曲线, 那么它变换后的简化方程为

$$I_1x^2\pm 2\sqrt{-\frac{I_3}{I_1}}y=0, \tag{4.19}$$

其中正负号可以任意选取 (方程中的撇号已略去).

(Ⅱ) $I_3=0$, 则 $a'_{23}=0$, 曲线退化. 此时方程为 $I_1x''^2+a'_{33}=0$.

当 $a'_{33}\neq 0$ 且与 $I_1$ 异号时, 该曲线是一对平行直线;

当 $a'_{33}=0$ 时, 该曲线为重合直线;

当 $a'_{33}\neq 0$ 且与 $I_1$ 同号时, 该曲线是一对虚直线.

但此时 $I_2$ 和 $I_3$ 皆为 0, $a'_{33}$ 又无法从 $I_1$ 求得, 只好另寻其他途径.

在 4.2 节已提到, 对于退化的抛物型曲线, 作完转轴后便已显示出来, 两个变量消失了一个, 成为下列两个方程之一:

$$a'_{11}x'^2+2a'_{13}x'+a_{33}=0,$$
$$a'_{22}y'^2+2a'_{23}y'+a_{33}=0.$$

当其判别式

$$\varDelta=4a'^2_{13}-4a'_{11}a_{33}=-4\begin{vmatrix} a'_{11} & a'_{13}\\ a'_{13} & a_{33}\end{vmatrix}>0,$$

即 $\begin{vmatrix} a'_{11} & a'_{13}\\ a'_{13} & a_{33}\end{vmatrix}\left(\text{或}\begin{vmatrix} a'_{22} & a'_{23}\\ a'_{23} & a_{33}\end{vmatrix}\right)<0$ 时, 意味着方程有两根; 当 $\varDelta=0$ 时, 方程有一根; 当 $\varDelta<0$, 则意味着方程无根. 相应地曲线是一对平行直线, 重合实直线或虚直线. 这说明, 若令

$$K_1=\begin{vmatrix} a'_{11} & a'_{13}\\ a'_{13} & a_{33}\end{vmatrix}+\begin{vmatrix} a'_{22} & a'_{23}\\ a'_{23} & a_{33}\end{vmatrix},$$

则或许它也是个有用的不变量. 经过验证, 不难得出: 这个 $K_1$ 仅仅是在 $I_2=I_3=0$ 时, 是不变量; 在 $I_2\neq 0$ 或 $I_3\neq 0$ 时, 仅对转轴变换是不变的, 因而 $K_1$ 是一个**半不变量**. 因此 $K_1$ 可定义为

$$K_1=\begin{vmatrix} a_{11} & a_{13} \\ a_{13} & a_{33} \end{vmatrix}+\begin{vmatrix} a_{22} & a_{23} \\ a_{23} & a_{33} \end{vmatrix}.$$

当 $I_2=I_3=0$ 时, 若 $K_1<0$, 则曲线为一对平行直线; 若 $K_1=0$, 则曲线为一条 (或叫一对重合) 直线; 若 $K_1>0$, 则曲线为一对虚直线. 变换后的方程是

$$I_1x''^2+a'_{33}=0 \text{ 或 } I_1y''^2+a'_{33}=0.$$

二者都有

$$K_1=\begin{vmatrix} I_1 & 0 \\ 0 & a'_{33} \end{vmatrix}=I_1a'_{33},$$

故 $a'_{33}=\dfrac{K_1}{I_1}$. 因此有以下命题.

**命题 4.11**　如果二次曲线 (4.8) 是线心曲线, 那么它的简化方程为

$$I_1x^2+\frac{K_1}{I_1}=0, \tag{4.20}$$

其中方程中的撇号已略去.

综上所述, 可以得到用二次曲线的三个不变量 $I_1,I_2,I_3$ 和一个半不变量 $K_1$ 化简二次曲线方程的方法. 这种方法可以不必求出具体的坐标变换公式, 只要计算一下这些不变量和半不变量就可以决定二次曲线的简化方程, 并进而写出它的标准方程. 至此, 二次曲线的分类问题就得到了彻底的解决. 这样就得到了下面的结论.

**定理 4.4**　设二次曲线 $S$ 的方程为式 (4.8). 则用它的三个不变量 $I_1,I_2,I_3$ 和一个半不变量 $K_1$ 来判定 $S$ 为何种曲线的条件是:

(1) 椭圆: $I_2>0, I_1I_3<0$;

(2) 点 (或一对相交于实点的共轭虚直线): $I_2>0, I_3=0$;

(3) 虚椭圆: $I_2>0, I_1I_3>0$;

(4) 双曲线: $I_2<0, I_3\neq 0$;

(5) 一对相交直线: $I_2<0, I_3=0$;

(6) 抛物线: $I_2=0, I_3\neq 0$;

(7) 一对平行直线: $I_2=I_3=0, K_1<0$;

(8) 一对重合直线: $I_2=I_3=K_1=0$;

(9) 一对虚的平行直线: $I_2=I_3=0, K_1>0$.

为了方便记忆, 上述讨论可再列成表 (表 4.2), 以补充表 4.1 的不足.

表 4.2

| 型别 | 判别法 | 类别 | 不变量特征 | 规范方程 |
|---|---|---|---|---|
| 椭圆型 | $I_2 > 0$ | 椭圆 | $I_1 I_3 < 0$ | $\lambda_1 x'^2 + \lambda_2 y'^2 + \frac{I_3}{I_2} = 0$, 其中 $\lambda_1, \lambda_2$ 是特征方程 $\lambda^2 - I_1\lambda + I_2 = 0$ 的两个根. |
| | | 点 | $I_3 = 0$ | |
| | | 虚椭圆 | $I_1 I_3 > 0$ | |
| 双曲型 | $I_2 < 0$ | 双曲线 | $I_3 \neq 0$ | |
| | | 相交直线 | $I_3 = 0$ | |
| 抛物型 | $I_2 = 0$ | 抛物线 | $I_3 \neq 0$ | $I_1 x'^2 \pm 2\sqrt{-\frac{I_3}{I_1}}y' = 0$ |
| | | 平行直线 | $I_3 = 0, K_1 < 0$ | $I_1 x'^2 + \frac{K_1}{I_1} = 0$ |
| | | 重合直线 | $I_3 = 0, K_1 = 0$ | |
| | | 虚平行直线 | $I_3 = 0, K_1 > 0$ | |

**注** 由上述讨论可知, 二次曲线方程的系数构成的不变量完全可以刻画二次曲线的形状与大小, 更能深刻地反映方程与曲线的关系, 因此, 研究二次曲线的不变量也就成为解析几何的一个十分重要的中心问题. 与此同时, 它也将对数形结合问题的认识水平提高到了一个新的层次.

### 4.3.3 用不变量化简二次曲线方程的实例

本节最后, 具体讨论几个利用不变量化简二次曲线方程的实例, 以进一步理解和巩固前面所学的内容.

**例 4.12** 计算方程

$$x^2 + xy + y^2 - 4x - 5y + 1 = 0$$

的不变量及所代表曲线的标准方程.

**解** $I_1 = 2, I_2 = \frac{3}{4}, I_3 = -\frac{9}{2}$. 因为 $I_2 > 0, I_1 I_3 < 0$, 故曲线为椭圆.

解特征方程

$$\lambda^2 - 2\lambda + \frac{3}{4} = 0,$$

求得 $\lambda_1 = \frac{1}{2}, \lambda_2 = \frac{3}{2}$. 故经变换后方程化为 (略去撇号)

$$\frac{1}{2}x^2 + \frac{3}{2}y^2 - 6 = 0.$$

其标准方程是 $\frac{x^2}{12} + \frac{y^2}{4} = 1$. □

**例 4.13** 利用不变量求二次曲线 $xy = c$ 的简化方程与标准方程.

**解** $I_1 = 0, I_2 = -\frac{1}{4}, I_3 = \frac{c}{4}$. 因为 $I_2 < 0$, 所以曲线属于双曲型.

解特征方程 $\lambda^2-\dfrac{1}{4}=0$, 解得 $\lambda_1=\dfrac{1}{2},\lambda_2=-\dfrac{1}{2}$. 故变换后的方程化为 (略去撇号)

$$\frac{x^2}{2}-\frac{y^2}{2}-c=0.$$

当 $c=0$ 时, 曲线退化为相交直线;

当 $c\neq 0$ 时, $I_3\neq 0$, 是双曲线, 其标准方程为 $\dfrac{x^2}{2c}-\dfrac{y^2}{2c}=1$. □

**例 4.14** 利用不变量和半不变量判别下面的二次曲线为何种曲线, 并求出它的简化方程和标准方程

$$4x^2+4xy+y^2+2mx+4y+1=0.$$

**解** $I_1=5,I_2=0,I_3=-(m-4)^2$. 因为 $I_2=0$, 故曲线属于抛物型.

当 $m\neq 4$ 时, $I_3\neq 0$ 时, 曲线是抛物线, 其方程为 (略去撇号, 下同)

$$5y^2\pm\frac{2(m-4)}{\sqrt{5}}x=0.$$

再化为标准方程

$$y^2\pm\frac{2(m-4)}{5\sqrt{5}}x=0.$$

当 $m=4$ 时, 曲线退化. 再求

$$K_1=1-m^2=-15<0.$$

故曲线为一对平行直线, 方程化为 $5y^2-3=0$. 这两条直线分别是

$$y+\frac{\sqrt{15}}{5}=0,\quad y-\frac{\sqrt{15}}{5}=0.$$ □

**例 4.15** 证明: 方程 $x^2+4xy+4y^2-20x+10y-50=0$ 表示抛物线, 并求出它的焦点参数 $p$.

**解** 因为 $I_2=0,I_3=-625\neq 0$, 所以, 方程所表示的曲线为抛物线;

又因为 $I_1=5$, 所以该抛物线的焦点参数 $p=\sqrt{-\dfrac{I_3}{I_1^3}}=\sqrt{\dfrac{625}{125}}=\sqrt{5}$. □

通过这些例子可以看到, 利用不变量判别曲线的形状及求其标准方程, 确实简捷方便. 有了标准方程, 再求其重要尺寸, 如椭圆的焦距、离心率等, 都是很容易的了.

但是, 这个方法却有个明显的不足, 即没有直接给出所作的坐标变换. 换言之, 新的坐标系 $\{O';\boldsymbol{i}',\boldsymbol{j}'\}$ 在哪里, 并未显示出来. 因此, 当根据标准方程来求曲线的焦点, 准线, 对称轴, 抛物线的顶点等时, 只得到它们在坐标系 $\{O';\boldsymbol{i}',\boldsymbol{j}'\}$ 下的坐标或方程; 也只能在这个坐标系下作图. 而求这个坐标系则还要回到前边分两步的做法, 即回到消交叉项求一次转轴的 $\theta$, 再配方求移轴的位置的做法上去.

## 习　题　4.3

1. 利用不变量判断下列二次曲线为何种曲线, 并求出它的简化方程与标准方程:

(1) $x^2+6xy+y^2+6x+2y-1=0$;

(2) $3x^2-2xy+3y^2+4x+4y-4=0$;

(3) $x^2-4xy+3y^2+2x-2y=0$;

(4) $x^2-4xy+4y^2+2x-2y-1=0$;

(5) $x^2-2xy+2y^2-4x-6y+29=0$;

(6) $\sqrt{x}+\sqrt{y}=\sqrt{a}$;

(7) $x^2+2xy+y^2+2x+2y-4=0$;

(8) $4x^2-4xy+y^2+12x-6y+9=0$;

(9) $6xy+8y^2-12x-26y+11=0$.

2. 当 $\lambda$ 取何值时, 方程 $\lambda x^2+4xy+y^2-4x-2y-3=0$ 表示两条直线?

3. 试证明方程

$$\begin{cases} x=a\cos\theta+b\sin\theta, \\ y=c\cos\theta+d\sin\theta, \end{cases} \quad 0\leqslant\theta<2\pi$$

表示的曲线是一个椭圆, 其中 $\begin{vmatrix} a & b \\ c & d \end{vmatrix}\neq 0$.

4. 试证: 如果二次曲线的 $I_2=0, I_3\neq 0$, 那么 $I_1\neq 0$ 而且 $I_1I_3<0$.

5. 已知椭圆 $\dfrac{x^2}{a^2}+\dfrac{y^2}{b^2}=1$ 的面积等于 $\pi ab$, 这里的 $a$ 与 $b$ 分别是椭圆的长、短半轴. 试求椭圆 $Ax^2+2Bxy+Cy^2=1$ 的面积 (设 $AC-B^2>0$).

6. 设 $a_{11}x^2+2a_{12}xy+a_{22}y^2+2a_{13}x+2a_{23}y+a_{33}=0$ 表示两条平行直线, 证明这两条直线间的距离是 $d=\sqrt{-\dfrac{4K_1}{I_1^2}}$.

7. 证明方程

$$a_{11}x^2+2a_{12}xy+a_{22}y^2+2a_{13}x+2a_{23}y+a_{33}=0$$

(1) 确定一个圆, 必须且只需 $I_1^2=4I_2, I_1I_3<0$;

(2) 表示一条等轴双曲线或两条互相垂直的直线, 必须且只需 $a_{11}+a_{22}=0$.

8. 已知方程 $x^2-2xy\cos\theta+y^2=2a^2(a\neq 0)$, 当 $0<\theta<\dfrac{\pi}{2}$ 时, 它表示什么曲线; 当 $\theta=0$ 或 $\dfrac{\pi}{2}$ 时, 它又表示什么曲线?

9. 设曲线 $S$ 的方程为 $(A_1x+B_1y+C_1)^2+(A_2x+B_2y+C_2)^2=1$, 其中 $A_1B_2-A_2B_1=1, A_1A_2+B_1B_2=0$. 证明 $S$ 为椭圆, 并求它的标准方程.

10. 已知方程 $x^2-4\lambda x+4y+8\lambda-12=0$,

(1) 证明: 无论 $\lambda$ 取何实数, 方程表示的曲线都是过一定点的抛物线, 并求出这个定点.

(2) 求这族抛物线的顶点的轨迹方程.

# 习题答案与提示

## 习题 1.1

1. $\overrightarrow{AB}=\overrightarrow{OC}=-\overrightarrow{OF}=-\overrightarrow{DE}$, $\overrightarrow{BC}=\overrightarrow{OD}=-\overrightarrow{OA}=-\overrightarrow{EF}$, $\overrightarrow{CD}=\overrightarrow{OE}=-\overrightarrow{OB}=-\overrightarrow{FA}$.

2. (1) 以点 $O$ 为心, 2 为半径的球面; (2) 过点 $O$ 且与平面 $\pi$ 平行的平面;
(3) 过点 $O$ 且与直线 $l$ 平行的直线; (4) 过点 $O$ 且与平面 $\pi$ 垂直的直线.

3. 略.

## 习题 1.2

1. (1) $\overrightarrow{AC_1}=\boldsymbol{a}+\boldsymbol{b}+\boldsymbol{c}$; (2) $\overrightarrow{BD_1}=-\boldsymbol{a}+\boldsymbol{b}+\boldsymbol{c}$; (3) $\overrightarrow{AF}=\dfrac{1}{2}\boldsymbol{a}+\boldsymbol{b}+\boldsymbol{c}$;
(4) $\overrightarrow{EF}=-\dfrac{1}{2}\boldsymbol{a}+\dfrac{1}{2}\boldsymbol{b}+\boldsymbol{c}$.

2. (1) $\boldsymbol{a},\boldsymbol{b}$ 同向; (2) $\boldsymbol{a},\boldsymbol{b}$ 反向且 $|\boldsymbol{a}|\geqslant|\boldsymbol{b}|$; (3) $\boldsymbol{a},\boldsymbol{b}$ 同向且 $|\boldsymbol{a}|\geqslant|\boldsymbol{b}|$;
(4) $\boldsymbol{a},\boldsymbol{b}$ 反向; (5) $\boldsymbol{a}\perp\boldsymbol{b}$.

3. (1) $2x\boldsymbol{a}-2y\boldsymbol{b}$; (2) $2\boldsymbol{a}+\boldsymbol{b}=5\boldsymbol{e}_1+2\boldsymbol{e}_2-\boldsymbol{e}_3$, $3\boldsymbol{a}-2\boldsymbol{b}=-3\boldsymbol{e}_1+10\boldsymbol{e}_2-5\boldsymbol{e}_3$;
(3) $\boldsymbol{a}=\dfrac{3}{17}\boldsymbol{e}_1+\dfrac{4}{17}\boldsymbol{e}_2$, $\boldsymbol{b}=\dfrac{2}{17}\boldsymbol{e}_1-\dfrac{3}{17}\boldsymbol{e}_2$.

4. $3\boldsymbol{a}+3\boldsymbol{b}-5\boldsymbol{c}$.

5. 提示: $\overrightarrow{AD}/\!/\overrightarrow{BC}$ 但 $\overrightarrow{AB}\not\parallel\overrightarrow{DC}$.

6. 略.

7. 略.

8. 略.

9. 略.

## 习题 1.3

1. (1) 不正确; (2) 不正确.

2. $\boldsymbol{c}\not\parallel\boldsymbol{d}$

3. 实际上 $\boldsymbol{a}+\boldsymbol{b}=\dfrac{2}{3}(\boldsymbol{a}+2\boldsymbol{b}-\boldsymbol{c})+\dfrac{1}{3}(\boldsymbol{a}-\boldsymbol{b}+2\boldsymbol{c})$.

4. 提示: 点 $M$ 在平面 $ABC$ 上的充分必要条件是 $\overrightarrow{AM},\overrightarrow{AB},\overrightarrow{AC}$ 共面.

5. 提示: 设 $\overrightarrow{BE}=\lambda\overrightarrow{BD}$, $\overrightarrow{EP}=k\overrightarrow{AP}$, 通过 $\overrightarrow{BP}=\overrightarrow{BE}+\overrightarrow{EP}$ 将 $\overrightarrow{BP}$ 表示为 $\overrightarrow{BA},\overrightarrow{BC}$ 的线性组合, 同时注意到 $\overrightarrow{BP}=\dfrac{1}{2}\overrightarrow{BC}$, 可解得 $\lambda=\dfrac{1}{3}$.

6. 略.

7. 略.

## 习题 1.4

1. (1) $-5$; (2) 1; (3) 1; (4) 2; (5) $-22$; (6) $x^3+y^3+z^3-3xyz$.

2. (1) $x=1, y=-1$; (2) $x=-\frac{6}{7}, y=\frac{6}{7}, y=\frac{27}{7}$.

3. (1) 不共面; (2) 不共面.

4. (1) $\boldsymbol{v}=(3-2k)\boldsymbol{a}+(3-k)\boldsymbol{b}+3k\boldsymbol{c}$, 其中 $k$ 为任意实数; (2) $\boldsymbol{v}=2\boldsymbol{a}+\boldsymbol{b}-\boldsymbol{c}$; (3) $\boldsymbol{v}$ 不能由 $\boldsymbol{a},\boldsymbol{b},\boldsymbol{c}$ 线性表示.

## 习题 1.5

1. $2\boldsymbol{a}+\boldsymbol{c}=\{0,13,3\}$, $-3\boldsymbol{a}+2\boldsymbol{b}+4\boldsymbol{c}=\{-11,-9,-2\}$.

2. $C(5,-3,-1)$, $D(0,1,0)$.

3. 适当建立仿射坐标系, 求出每一条中线上 3:1 分点的坐标, 证明四点重合.

4. 适当建立仿射坐标系 (如上题), 求出重心及两对对棱中点连线的中点的坐标, 证明三点重合.

5. 略.

6. (1) 共线, $\overrightarrow{AB}+\overrightarrow{AC}=\boldsymbol{0}$; (2) 不共线.

7. (1) 共面, $\boldsymbol{c}$ 不能由 $\boldsymbol{a},\boldsymbol{b}$ 线性表示; (2) 共面, $\boldsymbol{c}=2\boldsymbol{a}-\boldsymbol{b}$.

8. (1) 共面; (2) 不共面; (3) 不共面; (4) 不共面.

## 习题 1.6

1. (1) 正确; (2) 正确; (3) 不正确.

2. (1) 不正确; (2) 不正确; (3) 不正确; (4) 不正确; (5) 不正确; (6) 正确; (7) 不正确; (8) 不正确.

3. 略.

4. 设四边形四边顺次表示向量 $\boldsymbol{a},\boldsymbol{b},\boldsymbol{c},\boldsymbol{d}$, 两条对角线分别表示向量 $\boldsymbol{a}+\boldsymbol{b}$ 和 $\boldsymbol{b}+\boldsymbol{c}$, 也可分别表示为 $-\boldsymbol{c}-\boldsymbol{d}$ 和 $-\boldsymbol{a}-\boldsymbol{d}$. 两对角线上向量之内积可表示为 $(\boldsymbol{a}+\boldsymbol{b})\cdot(\boldsymbol{b}+\boldsymbol{c})$, 也可表示为 $(\boldsymbol{c}+\boldsymbol{d})\cdot(\boldsymbol{a}+\boldsymbol{d})$. 试将两个表达式相加.

5. (1) $\arccos\frac{-2}{\sqrt{14}}$; (2) $\arccos\frac{-7}{6\sqrt{3}}$.

6. (1) $\frac{2}{\sqrt{3}}$; (2) 0.

7. 略.

8. 10.

9. $14-33\sqrt{3}$.

10. $\arccos\frac{302}{\sqrt{361830}}$.

11. (1) $\frac{2}{7}, -\frac{3}{7}, -\frac{6}{7}$; (2) $\frac{2}{\sqrt{113}}, \frac{3}{\sqrt{113}}, -\frac{10}{\sqrt{113}}$.

12. 设 $\boldsymbol{x}=x\boldsymbol{a}+y\boldsymbol{b}+z\boldsymbol{c}$, 则 $\boldsymbol{x}^2=(x\boldsymbol{a}+y\boldsymbol{b}+z\boldsymbol{c})\cdot\boldsymbol{x}=0$.

13. 提示: 由第 12 题, $x\boldsymbol{a}+y\boldsymbol{b}+z\boldsymbol{c}=\boldsymbol{0}$ 的充分必要条件是 $x\boldsymbol{a}+y\boldsymbol{b}+z\boldsymbol{c}$ 与 $\boldsymbol{a},\boldsymbol{b},\boldsymbol{c}$ 之内积均为零.

## 习题 1.7

1. (1) $\boldsymbol{a}\perp\boldsymbol{b}$; (2) $\boldsymbol{a}//\boldsymbol{b}$; (3) $\boldsymbol{a}//\boldsymbol{b}$; (4) $\boldsymbol{a}//\boldsymbol{b}$.
2. (1) $\boldsymbol{a}\times\boldsymbol{b}$; (2) $7(\boldsymbol{a}\times\boldsymbol{b})$; (3) $\boldsymbol{i}-3\boldsymbol{k}$.
3. 提示: 证明 $\overrightarrow{AB}\times\overrightarrow{AC}=\boldsymbol{0}$.
4. 提示: 证明 $\boldsymbol{r}//\overrightarrow{AB}\times\overrightarrow{AC}$.
5. 提示: 存在实数 $\lambda,\mu,\gamma$, 使 $\boldsymbol{r}=\lambda\boldsymbol{a}+\mu\boldsymbol{b}+\gamma\boldsymbol{c}$.
6. $\boldsymbol{x}=\left\{\dfrac{m-a_2b_2+a_3b_1}{a_1},b_2,-b_1\right\}$.
7. 提示: $\boldsymbol{a}+\boldsymbol{b}+\boldsymbol{c}=\boldsymbol{0}$ 当且仅当 $\boldsymbol{a}+\boldsymbol{b}+\boldsymbol{c}$ 与 $\boldsymbol{a},\boldsymbol{b}$ 外积均为 $\boldsymbol{0}$.
8. $\{14,10,-12\}$.
9. (1) $\boldsymbol{c}=\left\{\dfrac{-2}{\sqrt{45}},\dfrac{5}{\sqrt{45}},\dfrac{4}{\sqrt{45}}\right\}$, 或 $\left\{\dfrac{2}{\sqrt{45}},\dfrac{-5}{\sqrt{45}},\dfrac{-4}{\sqrt{45}}\right\}$;

(2) $\boldsymbol{c}=\left\{\dfrac{-1}{\sqrt{30}},\dfrac{2}{\sqrt{30}},\dfrac{5}{\sqrt{30}}\right\}$, 或 $\left\{\dfrac{1}{\sqrt{30}},\dfrac{-2}{\sqrt{30}},\dfrac{-5}{\sqrt{30}}\right\}$.

10. (1) $12\sqrt{2}$; (2) $AB,BC,AC$ 边上的高线长分别为 $\dfrac{24}{\sqrt{33}},8,2\sqrt{3}$.

## 习题 1.8

1. (1) 1; (2) 2; (3) $(\boldsymbol{a},\boldsymbol{b},\boldsymbol{c})$; (4) $-(\boldsymbol{a},\boldsymbol{b},\boldsymbol{c})$.
2. 提示: 利用混合积的性质和行列式的定义直接计算证明.
3. 提示: 利用混合积的定义.
4. 提示: $A,B,C,P$ 共面的充分必要条件是 $(\overrightarrow{AB},\overrightarrow{AC},\overrightarrow{AP})=0$.
5. (1) 不共面, 右手系; (2) 不共面, 右手系; (3) 不共面, 左手系;

(4) 共面. 另外, 在仿射坐标系下可以解答前面各问题.

6. (1) 共面; (2) 不共面, 22, $\dfrac{33}{\sqrt{17}}$.

## 习题 1.9

1. 利用定理 1.18 及向量运算性质直接计算证明.
2. 提示: 利用第 1 题第 (3) 小题的结论.
3. 提示: 直接计算证明.

## 习题 2.1

1. 略.
2. (1) $D=0$; (2) $A=0$, $D\neq 0$; (3) $B=C=0$, $D\neq 0$; (4) $B=D=0$.
3. (1) $x+2y+z-9=0$; (2) $x+2z-1=0$; (3) $x-2z=0$;

(4) $x-2y+4z-17=0$; (5) $x+y+z-1=0$.

4. $\dfrac{x}{-4}+\dfrac{y}{-2}+\dfrac{z}{4}=1$; $\begin{cases} x=-4+2u+v, \\ y=-u, \\ z=v. \end{cases}$

5. (1) 平行; (2) 相交; (3) 重合.

6. 提示: 将点 $M$ 的坐标代入平面 $\pi$ 的方程.

## 习题 2.2

1. (1) $\begin{cases} x=1+4t, \\ y=2t, \\ z=-2-3t, \end{cases}$ $\begin{cases} x-2y-1=0, \\ 3y+2z+4=0, \end{cases}$ $\dfrac{x-1}{4}=\dfrac{y}{2}=\dfrac{z+2}{-3}$;

(2) $\begin{cases} x=1+t, \\ y=-2t, \\ z=-2-5t, \end{cases}$ $\begin{cases} 2x+y-2=0, \\ 5y-2z-4=0, \end{cases}$ $\dfrac{x-1}{1}=\dfrac{y}{-2}=\dfrac{z+2}{-5}$;

(3) $\begin{cases} x=\sqrt{2}+2t, \\ y=3, \\ z=-1-3t, \end{cases}$ $\begin{cases} 3x+2z+2-3\sqrt{2}=0, \\ y=3, \end{cases}$ $\dfrac{x-\sqrt{2}}{2}=\dfrac{y-3}{0}=\dfrac{z+1}{-3}$.

2. (1) $\dfrac{x-\dfrac{7}{3}}{4}=\dfrac{y-\dfrac{2}{3}}{-1}=\dfrac{z}{-3}$; (2) $\dfrac{x+2}{3}=\dfrac{y-5}{2}=\dfrac{z-1}{1}$.

3. (1) $\begin{cases} 5x+2y-1=0, \\ 7y+5z-6=0; \end{cases}$ (2) $\begin{cases} x=0, \\ 2y-3z-7=0; \end{cases}$ (3) $\begin{cases} y=3, \\ z=7. \end{cases}$

4. $x+5y+z-1=0$.

5. (1) $D_1=D_2=0$; (2) $A_1=A_2=0$, $D_1^2+D_2^2\neq 0$; (3) $\dfrac{D_1}{B_1}=\dfrac{D_2}{B_2}$, $B_1^2+B_2^2\neq 0$;

(4) $C_1=C_2=D_1=D_2=0$; (5) $\dfrac{A_1}{A_2}=\dfrac{C_1}{C_2}=\dfrac{D_1}{D_2}$ 或 $\dfrac{A_2}{A_1}=\dfrac{C_2}{C_1}=\dfrac{D_2}{D_1}$.

6. (1) 相交; (2) 异面; (3) 异面; (4) 平行.

7. $\dfrac{x-11}{6}=\dfrac{y-9}{8}=\dfrac{z}{-1}$.

8. $\begin{cases} 4x+3z=0, \\ y+2z+9=0. \end{cases}$

9. (1) 两个点 $\left(\dfrac{43}{45},\dfrac{-2}{15},\dfrac{44}{45}\right)$, $\left(\dfrac{47}{45},\dfrac{2}{15},\dfrac{46}{45}\right)$; (2) 除去点 $\left(1,-\dfrac{1}{2},-\dfrac{1}{2}\right)$ 外的所有点.

(3) $l_1$ 上不存在这样的点.

10. $\begin{cases} 2y-z+2=0, \\ x-7y+3z-17=0. \end{cases}$

## 习题 2.3

1. $-x+2y+1=0$.
2. $\dfrac{x-1}{-4}=\dfrac{y}{50}=\dfrac{z+2}{31}$.
3. $(4,-1,2)$.
4. (1) 相邻二面角内; (2) 对顶二面角内.

## 习题 2.4

1. (1) $9x+3y+5z=0$; (2) $21x+14z-3=0$.
2. $x+2y=0$.
3. 略.

## 习题 2.5

1. $2x+3y+z=0$.
2. (1) $\dfrac{\pi}{4}$; (2) $\arccos\dfrac{8}{21}$.
3. $x\pm\sqrt{26}y+3z-3=0$.
4. $\dfrac{3}{133}$.
5. $\dfrac{x-2}{2}=\dfrac{y}{3}=\dfrac{z+1}{-1}$.
6. 提示: $\sin^2\lambda+\sin^2\mu+\sin^2\nu=1$.
7. (1) $\theta=\arccos\dfrac{72}{77}$; (2) $\theta=\arccos\dfrac{98}{195}$.
8. $\dfrac{x-2}{6}=\dfrac{y+1}{-5}=\dfrac{z-3}{3}$.
9. $\begin{cases} y-z=0, \\ x+y+z=0. \end{cases}$
10. $x-z+2=0$ 及 $x+20y+7z-6=0$.
11. $(4,\ -1,\ 3)$.
12. $(2,\ 9,\ 6)$.

## 习题 2.6

1. 15.
2. $\dfrac{\sqrt{66}}{6}$.
3. $d=4\sqrt{2}$, $\begin{cases} 2x+y+2z-6=0, \\ x-4y+z-17=0. \end{cases}$

4. 提示: 取 $l_1$ 为 $Ox$ 轴, $l_1$ 和 $l_2$ 的公垂线为 $Oz$ 轴建立空间直角坐标系.

5. (1) $k=\pm 2$; (2) $k=\pm\dfrac{1}{4}$.

6. $\left(0,-\dfrac{4}{3},0\right)$ 及 $(0,-8,0)$.

7. $23x-y-4z-24=0$.

8. 8.

## 习题 3.1

1. (1) 球心为 $(6,-2,3)$, 半径为 7; (2) 球心为 $(1,-2,3)$, 半径为 6;
(3) 球心为 $(-4,0,0)$, 半径为 4.

2. (1) 半径为 3, 圆心为 $\left(\dfrac{10}{3},\dfrac{-14}{3},\dfrac{5}{3}\right)$;

(2) 令 $d=\dfrac{|D|}{\sqrt{A^2+B^2+C^2}}$, 当 $d<R$ 时, 半径为 $\sqrt{R^2-d^2}$, 圆心为

$$\left(-\frac{AD}{A^2+B^2+C^2},-\frac{BD}{A^2+B^2+C^2},-\frac{CD}{A^2+B^2+C^2}\right).$$

3. (1) 半径为 $\dfrac{\sqrt{74}}{4}$, 圆心为 $\left(\dfrac{7}{4},1,\dfrac{3}{4}\right)$; (2) 提示: 设半径为 $R$, 则圆心为 $(R,R,R)$;
(3) 提示: 设球心为 $(0,0,z_0)$, 则半径为 $\sqrt{z_0^2+5}$.

4. $x=\pm y=\pm z$.

5. 取 $l$ 为 $Oz$ 轴, $M_0$ 为原点, 则 $(1-\lambda^2)x^2+(1-\lambda^2)y^2+z^2=0$.

6. 提示: 应用两条直线的夹角公式.

7. (1) $\begin{cases} y^2=4x, \\ y+z-1=0; \end{cases}$ (2) $\begin{cases} x^2+4(y-2)^2-4=0, \\ z=2. \end{cases}$

8. 提示: 将原曲线表示为一个平面与一个球面的交线.

9. 原方程消去参数 $t$ 化为 $\begin{cases} x+y=a, \\ \left(x-\dfrac{a}{2}\right)^2+\left(y-\dfrac{a}{2}\right)^2+z^2=\dfrac{a^2}{2}. \end{cases}$

圆心为 $\left(\dfrac{a}{2},\dfrac{a}{2},0\right)$, 半径为 $\dfrac{\sqrt{2}a}{2}$.

10. (1) $\dfrac{x^2}{9}+\dfrac{y^2}{4}+\dfrac{z^2}{4}=1$; (2) $(x^2+y^2+z^2)^2-16(x^2+z^2)=0$;

(3) $x^2+y^2=1\ (z\in[0,1])$;

(4) 绕 $Ox$ 轴旋转的曲面方程为 $x^2(y^2+z^2)=a^4$, 绕 $Oy$ 轴选择的曲面方程为 $(x^2+y^2)z^2=a^4$;

(5) $27x^2-30y^2+27z^2+76xy-76yz-152xz-180x-90y+180z+153=0$;

(6) $5x^2+5y^2+23z^2-12xy-24yz+24xz-24x+24y-46z+23=0$; (7) $\dfrac{x^2}{a^2}+\dfrac{y^2}{a^2}-\dfrac{z^2}{a^2b^2}=1$.

## 习题 3.2

1. (1) $y^2=2z$; (2) $xy-yz+xz-z^2=1$; (3) $4x^2+25y^2+z^2+4xz-20x-10z=0$.

2. $n^2x^2+n^2y^2+(1+m^2)z^2-2nxz-2nmyz-n^2a^2=0$.

3. 提示: 分别消去 $x,y,z$.

4. (1) $k\dfrac{y^2}{z}=2px$ 及原点; (2) $x^2+z^2-yz-az=0$;

(3) $9x^2+25y^2-9z^2+24xz-150z-225=0$.

5. 任取交线上一点 $M(x,y,z)$, 并设 $M$ 不是原点. 则过 $M$ 和 $Ox$ 轴的平面的法向量为 $\boldsymbol{v}_1=\overrightarrow{OM}\times\boldsymbol{i}$; 过 $M$ 和 $Oy$ 轴的平面的法向量为 $\boldsymbol{v}_2=\overrightarrow{OM}\times\boldsymbol{j}$. 由 $\boldsymbol{v}_1$ 和 $\boldsymbol{v}_2$ 的夹角为 $\alpha$, 可求出交线的轨迹方程为

$$(x^2+z^2)(y^2+z^2)=(1+\tan^2\alpha)x^2y^2.$$

这是一个关于 $x,y,z$ 的齐次方程, 所以它是一个以原点为顶点的锥面.

## 习题 3.3

1. $(\pm2\sqrt{3},0,1),(0,\pm3,1)$. 图形略.

2. 提示: 将 $P(r\lambda,r\mu,r\nu)$ 的坐标代入椭球面的方程.

3. 提示: 令 $\overrightarrow{OP}_i=r_i\{\cos\alpha_i,\cos\beta_i,\cos\gamma_i\}(i=1,2,3)$. 则易得

$$\sum_i\frac{1}{r_i^2}=\frac{\sum\limits_i\cos^2\alpha_i}{a^2}+\frac{\sum\limits_i\cos^2\beta_i}{b^2}+\frac{\sum\limits_i\cos^2\gamma_i}{c^2}.$$

考虑 $\boldsymbol{i},\boldsymbol{j},\boldsymbol{k}$ 在坐标系 $\{O;\overrightarrow{OP}_1^\circ,\overrightarrow{OP}_2^\circ,\overrightarrow{OP}_3^\circ\}$ 下的坐标, 可以证明上式右端三个分子皆为 1.

4. $x^2+20y^2-24x-116=0$.

5. $x=\pm2$ 和 $y=\pm3$.

6. 提示: 依原方程左端三个分母的符号讨论.

7. 提示: 依原方程左端两个分母的符号讨论.

8. 提示: 直接消参.

9. (1) $\lambda>0$ 时为双叶双曲面; $\lambda=0$ 时为二次锥面; $\lambda<0$ 时为单叶双曲面.

(2), (3), (4), (5) 略.

10. 提示: 设通过原点的平面 $\pi$ 与 $\Sigma$ 的交线是以 $R$ 为半径的圆 $C$. 则必有圆 $C$ 位于球面 $S:\dfrac{x^2}{R^2}+\dfrac{y^2}{R^2}+\dfrac{z^2}{R^2}=1$ 上. 根据方程

$$F:\left(\frac{1}{2^2}-\frac{1}{R^2}\right)x^2+\left(\frac{1}{3^2}-\frac{1}{R^2}\right)y^2+\left(\frac{1}{4^2}-\frac{1}{R^2}\right)z^2=0$$

证明 $R=3$.

11. 提示: 取 $l_2$ 为 $Oz$ 轴, 并且 $l_1$ 的方程为 $\dfrac{x-a}{0}=\dfrac{y}{m}=\dfrac{z}{1}$, 其中 $a>0$ 为 $l_1$ 与 $l_2$ 的距离, $m$ 为非零常数. 则旋转曲面的方程为 $x^2+y^2=a^2+m^2z^2$.

12. 提示：共有 5 种.

## 习题 3.4

1. $l_1:\begin{cases}2x-z=0,\\ y-3=0,\end{cases}$ 以及 $l_2:\begin{cases}6x-4y+3z-12=0,\\ 6x+4y-3z-12=0.\end{cases}$

2. $l_1:\begin{cases}x+y=0,\\ z=0;\end{cases}$ $l_2:\begin{cases}x+y+z=0,\\ x-y+2=0.\end{cases}$

3. $l_1:\begin{cases}(1+\sin\theta)\left(\dfrac{x}{a}+\dfrac{z}{c}\right)=\cos\theta\left(1+\dfrac{y}{b}\right),\\ \cos\theta\left(\dfrac{x}{a}-\dfrac{z}{c}\right)=(1+\sin\theta)\left(1-\dfrac{y}{b}\right)\end{cases}\left(\theta\neq\dfrac{\pi}{2}\right);\begin{cases}1+\dfrac{y}{b}=0,\\ \dfrac{x}{a}-\dfrac{z}{c}=0\end{cases}\left(\theta=\dfrac{\pi}{2}\right);$

$l_2:\begin{cases}(1-\sin\theta)\left(\dfrac{x}{a}+\dfrac{z}{c}\right)=\cos\theta\left(1-\dfrac{y}{b}\right),\\ \cos\theta\left(\dfrac{x}{a}-\dfrac{z}{c}\right)=(1-\sin\theta)\left(1+\dfrac{y}{b}\right)\end{cases}\left(\theta\neq\dfrac{\pi}{2}\right);\begin{cases}1+\dfrac{y}{b}=0,\\ \dfrac{x}{a}+\dfrac{z}{c}=0\end{cases}\left(\theta=\dfrac{\pi}{2}\right).$

4. 提示：利用第 3 题的结论.

5. (1) 提示：设两族直母线分别为 $l_\lambda:\begin{cases}\dfrac{x}{a}+\dfrac{y}{b}=2\lambda,\\ \lambda\left(\dfrac{x}{a}-\dfrac{y}{b}\right)=z;\end{cases}$ $l_\mu:\begin{cases}\dfrac{x}{a}-\dfrac{y}{b}=2\mu,\\ \mu\left(\dfrac{x}{a}+\dfrac{y}{b}\right)=z.\end{cases}$ 则直接验证可得

$$\begin{vmatrix}b & a & 0 & 2\lambda ab\\ \lambda b & -\lambda a & -ab & 0\\ b & -a & 0 & 2\mu ab\\ \mu b & \mu a & -ab & 0\end{vmatrix}=0.$$

(2) 提示：直接验证可知，当 $\lambda_1\neq\lambda_2$ 且 $\mu_1\neq\mu_2$ 时，有

$$\begin{vmatrix}b & a & 0 & 2\lambda_1 ab\\ \lambda_1 b & -\lambda_1 a & -ab & 0\\ b & a & 0 & 2\lambda_2 ab\\ \lambda_2 b & -\lambda_2 a & -ab & 0\end{vmatrix}\neq 0 \text{ 且 } \begin{vmatrix}b & -a & 0 & 2\mu_1 ab\\ \mu_1 b & \mu_1 a & -ab & 0\\ b & -a & 0 & 2\mu_2 ab\\ \mu_2 b & \mu_2 a & -ab & 0\end{vmatrix}\neq 0.$$

(3) 提示：注意到向量 $\{b,a,0\}\times\{\lambda b,-\lambda a,-ab\}$ 垂直于常向量 $\{b,a,0\}$；以及向量 $\{b,-a,0\}\times\{\mu b,\mu a,-ab\}$ 垂直于常向量 $\{b,-a,0\}$.

6. $\begin{cases}x^2-y^2=0,\\ z=0.\end{cases}$

7. 提示：用类似于第 5 题的方式讨论.

## 习题 3.5

1. 如附图 1(a) 所示.

2. 如附图 1(b) 所示.

3. 如附图 2(a) 所示.

4. 如附图 2(b) 所示.

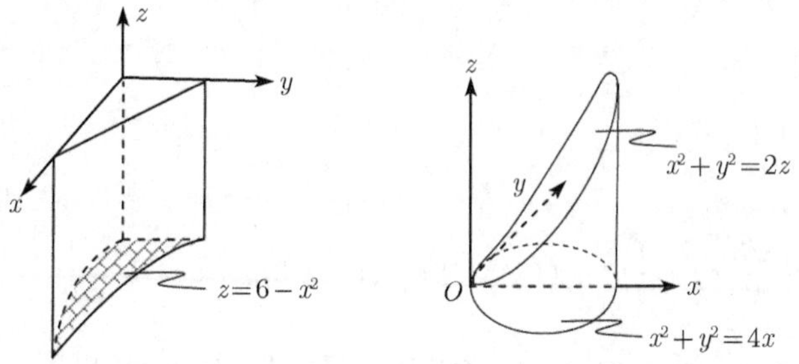


(a) (b)

附图 1

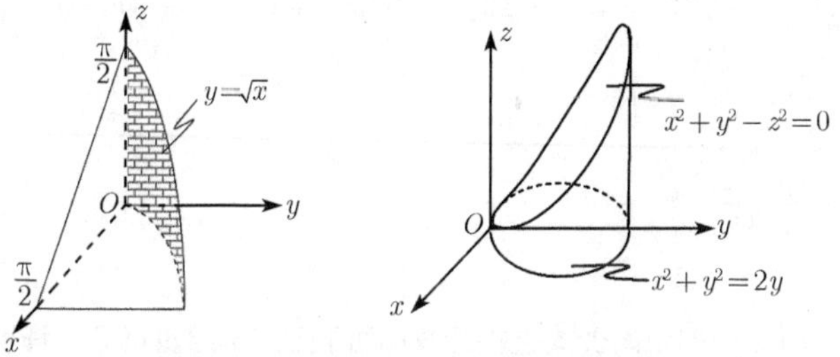


(a) (b)

附图 2

## 习题 4.1

1. (1) $\begin{cases} x = x' + 3, \\ y = y' - 5; \end{cases}$ (2) $\begin{cases} x = x' - 2, \\ y = y' + 5; \end{cases}$ (3) $\begin{cases} x = -y', \\ y = x'; \end{cases}$

(4) $\begin{cases} x = \dfrac{\sqrt{2}}{2}(x' + y'), \\ y = -\dfrac{\sqrt{2}}{2}(x' - y'); \end{cases}$ (5) $\begin{cases} x = y' + 2, \\ y = -x' - 1; \end{cases}$

(6) $\begin{cases} x = -\dfrac{\sqrt{3}}{2}x' + \dfrac{1}{2}y' - 7, \\ y = -\dfrac{1}{2}x' - \dfrac{\sqrt{3}}{2}y' - 8; \end{cases}$ (7) $\begin{cases} x = \dfrac{\sqrt{3}}{2}x' + \dfrac{1}{2}y' + (\sqrt{3} - 1), \\ y = -\dfrac{1}{2}x' + \dfrac{\sqrt{3}}{2}y' - (\sqrt{3} + 1); \end{cases}$

(8) $\begin{cases} x = -\dfrac{1}{2}x' + \dfrac{\sqrt{3}}{2}y' + \dfrac{3}{2}, \\ y = -\dfrac{\sqrt{3}}{2}x' - \dfrac{1}{2}y' + \dfrac{3\sqrt{3}}{2}; \end{cases}$ (9) $\begin{cases} x = x', \\ y = y' + 3\sqrt{2}; \end{cases}$

2. $\begin{cases} x_0 = 4, \\ y_0 = -2. \end{cases}$

3. (1) $\left(\dfrac{\sqrt{3}}{2}+1, \sqrt{3}-\dfrac{1}{2}\right)$;　(2) $\left(\dfrac{3\sqrt{3}}{2}+1, \dfrac{3}{2}-\sqrt{3}\right)$.

4. $\begin{cases} x = x' + 2, \\ y = y' + 1. \end{cases}$

5. (略去撇号)

(1) $\begin{cases} \dfrac{3}{4}x^2 + \dfrac{\sqrt{3}}{2}xy + \dfrac{1}{4}y^2 + (1-\sqrt{3})x - (1+\sqrt{3})y + 5 = 0, \\ \dfrac{11}{4}x^2 + \dfrac{\sqrt{3}}{2}xy + \dfrac{9}{4}y^2 + (4-3\sqrt{3})x - (3+4\sqrt{3})y + 5 = 0; \end{cases}$

(2) $\begin{cases} 4y^2 - 8x = 0, \\ 8x^2 + 12y^2 - 8(2+\sqrt{3})x + 12(1-2\sqrt{3})y + (50-4\sqrt{3}) = 0. \end{cases}$

6. $\dfrac{(x-2)^2}{4^2} + \dfrac{(y-2)^2}{5^2} = 1.$

7. $\dfrac{(x+2)^2}{4^2} - \dfrac{(y+2)^2}{3^2} = -1.$

8. $(x-2)^2 = -7(y-1).$

9. 提示：利用两点间的距离公式直接计算即可验证; 本题也可分别证明在移轴和转轴下不变, 从而得出在一般坐标变换下也不变的结论.

10. 提示：方程及图形保持不变, 但点的坐标一般情况下要发生改变.

11. (1) $\begin{cases} x' = \dfrac{1}{5}(4x + 3y - 17), \\ y' = \dfrac{1}{5}(-3x + 4y - 6); \end{cases}$　(2) $\left(-\dfrac{14}{5}, -\dfrac{2}{5}\right)$.

12. $x^2 - 2xy + y^2 + 12x + 20y - 92 = 0.$

## 习题 4.2

1. (1) 移轴：$\begin{cases} x = x' + 2, \\ y = y' - 1. \end{cases}$ 简化方程：$4x'^2 + 9y'^2 = 36$. 图略.

(2) 移轴：$\begin{cases} x = x' + 1, \\ y = y' + 2. \end{cases}$ 简化方程：$y'^2 = 6x'$. 图略.

2. (1) 转轴：$\begin{cases} x = \dfrac{1}{\sqrt{5}}(2x' - y'), \\ y = \dfrac{1}{\sqrt{5}}(x' + 2y'). \end{cases}$ 简化方程：$6x'^2 - 4y'^2 - 7 = 0$. 图略.

(2) 转轴：$\begin{cases} x=\dfrac{1}{2}(\sqrt{3}x'-y'), \\ y=\dfrac{1}{2}(x'+\sqrt{3}y'). \end{cases}$ 简化方程：$2x'^2-2y'^2-4=0$(或$x'^2-y'^2=2$). 图略.

(3) 转轴：$\begin{cases} x=\dfrac{1}{\sqrt{2}}(x'-y'), \\ y=\dfrac{1}{\sqrt{2}}(x'+y'). \end{cases}$ 简化方程：$2y'^2+\dfrac{4}{\sqrt{2}}x'=0$(或$y'^2=-\sqrt{2}x'$). 图略.

3. (1) 坐标变换：$\begin{cases} x=\dfrac{2}{\sqrt{5}}x'-\dfrac{1}{\sqrt{5}}y'-1, \\ y=\dfrac{1}{\sqrt{5}}x'+\dfrac{2}{\sqrt{5}}y'+2, \end{cases}$ 简化方程：$9x'^2+4y'^2-36=0$. 图略.

(2) 坐标变换：$\begin{cases} x=\dfrac{1}{\sqrt{2}}x'-\dfrac{1}{\sqrt{2}}y'+1, \\ y=\dfrac{1}{\sqrt{2}}x'+\dfrac{1}{\sqrt{2}}y'+2, \end{cases}$ 简化方程：$x'^2-y'^2-1=0$. 图略.

(3) 坐标变换：$\begin{cases} x=\dfrac{\sqrt{2}}{2}x'-\dfrac{\sqrt{2}}{2}y'+\dfrac{1}{16}, \\ y=\dfrac{\sqrt{2}}{2}x'+\dfrac{\sqrt{2}}{2}y'+\dfrac{11}{16}, \end{cases}$

简化方程：$2x'^2+\dfrac{5\sqrt{2}}{2}y'=0\left(\text{或}x'^2=-\dfrac{5\sqrt{2}}{4}y'\right)$. 图略.

4. 当 $c\neq 0$ 时, 利用坐标变换：$\begin{cases} x=\dfrac{\sqrt{2}}{2}x'-\dfrac{\sqrt{2}}{2}y', \\ y=\dfrac{\sqrt{2}}{2}x'+\dfrac{\sqrt{2}}{2}y', \end{cases}$ 消去交叉项 $xy$.

5. $\begin{cases} x'=\dfrac{1}{\sqrt{A_2^2+B_2^2}}(A_2x+B_2y+C_2), \\ y'=-\dfrac{1}{\sqrt{A_1^2+B_1^2}}(A_1x+B_1y+C_1), \end{cases}$ 椭圆.

## 习题 4.3

1. (1) 双曲线, $4x^2-2y^2-2=0, \dfrac{x^2}{\frac{1}{2}}-y^2=1$;

(2) 椭圆, $2x^2+4y^2-8=0, \dfrac{x^2}{4}+\dfrac{y^2}{2}=1$;

(3) 两相交直线, $(2+\sqrt{5})x^2+(2-\sqrt{5})y^2=0,\ \dfrac{x^2}{\frac{1}{\sqrt{5}+2}}-\dfrac{y^2}{\frac{1}{\sqrt{5}-2}}=0$;

(4) 抛物线, $5y^2-\dfrac{2}{5}\sqrt{5}x=0, y^2=\dfrac{2\sqrt{5}}{25}x$;

(5) 点, $\frac{3+\sqrt{5}}{2}x^2+\frac{3-\sqrt{5}}{2}y^2=0$, $\frac{x^2}{\frac{1}{3+\sqrt{5}}}+\frac{y^2}{\frac{1}{3-\sqrt{5}}}=0$;

(6) 抛物线的一部分, $2y^2-2\sqrt{2}ax=0$, $y^2=\sqrt{2}ax(0\leqslant x,y\leqslant a)$;

(7) 两平行直线, $2y^2-5=0$, $y^2=\frac{5}{2}$;

(8) 两重合直线, $5y^2=0$, $y^2=0$;

(9) 双曲线, $9x^2-y^2-9=0$, $x^2-\frac{y^2}{9}=1$.

2. $\lambda=4$.

3. 提示: 消去参数 $\theta$, 得关于 $x,y$ 的二元二次方程:

$$(c^2+d^2)x^2-2(bd+ac)xy+(a^2+b^2)y^2-(ad-bc)^2=0.$$

然后计算得 $I_2>0, I_1I_3<0$, 所以方程表示一个椭圆.

4. 略.

5. $S=\frac{\pi}{\sqrt{AC-B^2}}$.

6. 提示: 把二次曲线方程写成简化形式.

7. 提示: 圆为椭圆的特例, 在特征方程中有等根.

8. 提示: 当 $0<\theta\leqslant\frac{\pi}{2}$ 时, 方程表示椭圆; 当 $\theta=0$ 时, 方程表示一对平行直线.

9. 提示: 参考 4.2 节第 5 题的答案.

10. 提示: (1) 因为 $I_2=0, I_3=-4\neq 0$, 所以不论 $\lambda$ 取何实数, 方程总表示抛物线, 定点坐标为 $(2,2)$;

(2) 这族抛物线的顶点的轨迹方程为 $(x-2)^2=4(y-2)$.

# 参 考 文 献

陈抚良, 张振兰, 黄浩然. 2005. 解析几何. 北京: 科学出版社
陈志杰. 2001. 高等代数与解析几何. 北京：高等教育出版社
华南师范大学数学系几何教研室. 1992. 解析几何讲义. 广州: 广东高等教育出版社
丘维声. 1996. 解析几何. 第 2 版. 北京: 北京大学出版社
宋卫东. 2003. 解析几何. 北京: 高等教育出版社
王敬庚, 傅若男. 2003. 空间解析几何. 北京: 北京师范大学出版社

# 名词索引